지리쌤과 함께하는
우리나라 도시 여행 3

지리쌤과 함께하는

우리나라 도시 여행 3

전국지리교사모임 지음

전국지리교사모임 선생님들이 들려주는 대한민국 20개 도시의 지리와 역사, 문화 이야기

폭스코너

2015년 어느 날이었습니다

"지리학과 하면 '답사'를 떠올리고, 지리교사 하면 '여행'을 가장 많이 다니기로 유명한데, 왜 우리나라 구석구석을 보여주는 지리 여행 책이 없을까요?"

"대학이나 교사 모임에서 가는 학술적 답사 자료집 말고, 지역 유적지나 특산물을 소개하는 어린이용 책 말고요. 청소년과 성인들을 위한 지리 여행 책이 있으면 좋겠어요."

전국지리교사모임의 선생님들이 모이면 종종 나누는 대화였어요. 그런데 왜 이런 책이 나오지 않았을까요? 조금만 생각해보면 알 수 있답니다. 이런 책을 쓰기가 굉장히 어렵다는 걸요.

지리는 공간을 다루는 학문입니다. 어떤 공간의 자연환경과 인문환경, 그 속에 살고 있는 사람들이 상호작용하면서 공간을 만들고, 그 공간으로부터 다시 영향을 받아 삶이 변화해가요. 그런 이유로 공간들은 열이면 열, 백이면 백, 다 '다른' 장소성과 지역성을 갖게 됩니다. 이 또한 고정되는 게 아니라 어제와 오늘, 그리고 내일의 현장이 켜켜이 쌓이면서 변화해가죠. 우리가 바라보는 공간은 그렇게 유기체처럼 복합적이고 살아 움직여요. 누군가 "그곳이 왜 그렇게 되었어요?", "그게 왜 거기에 있죠?" 물으면 지리인(人)들은 "글쎄요. 그게 원인이 한두 가지가 아니라서요"라고 운을 뗄 가능성이 커요. 설명은 하겠지만 그것이 모든 것을 담아내는 원인이 아닐 수 있음을 알고 있는 거죠. 또한 시간이 흐르면 다른 결과가 나올 수 있다는 것도요.

용기가 필요했어요

"쉽지 않겠지만 우리가 시작해봐요."

"그 지역의 자연과 역사, 문화 그리고 산업과 미래까지 아우르는 글이면 좋겠어요."

"독자들이 내가 사는 지역부터 도보 여행을 시작할 수 있도록 '도시 여행'이 어떨까요?"

그렇게 2015년, 지리교사 13명이 뜻을 모아 《지리쌤과 함께하는 우리나라 도시 여행》을 출간했습니다. 맡은 도시에 관한 자료를 찾아 읽고, 수차례 답사를 다녀오고, 직접 사진을 찍고, 글을 써 서로 검토하며 수정을 거듭해 책이 나오게 된 거예요. 선생님들끼리 미리 맞춘 것도 아닌데, 1권은 '도시재생'과 '공정여행'으로 주제가 통하더라고요. 많은 분들이 이 책을 사랑해주시고, 내가 살고 있는 도시는 왜 없냐고 아쉬워하셔서 《지리쌤과 함께하는 우리나라 도시 여행》 2권에 도전하게 되었습니다.

2018년 여름, 2권에는 강원도, 충청도, 전라도, 경상도 등 그 지역에 살고 있는 지리 선생님들 여러 분이 동참했습니다. 울릉도, 독도를 수차례 다녀온 선생님까지 합류하며 18명이 2권을 함께 썼습니다. 도시마다 품고 있는 '개성'과 '다양성'을 담아냈고, 지역적 특성을 살려나가는 주민들의 노력에 힘을 싣고자 했습니다.

그리고 2019년 여름, 16명의 지리 선생님들이 《지리쌤과 함께하는 우리나라 도시 여행》 3권을 위한 마지막 여정에 나섰습니다. 3권에서는 도시마다 '변화'의 여정과 그 길이 향하고 있는 지역의 '비전'을 담고자 했습니다. 이 책의 한 장 한 장 페이지를 넘길 때마다 도시 공간에 새겨진 역사와 문화를 이해하고, 특유의 자연적 매력, 지역공동체가 꿈꾸는 미래에 대해 공감해보시길 바랍니다.

5년 동안 25명의 지리 선생님들이 59개 도시를 누비며 쓴 오늘의 기록

《지리쌤과 함께하는 우리나라 도시 여행》 1, 2, 3권의 이야기가 써지는 동안 5년의 시간이 흘렀습니다. 서울에서 제주도까지 전국의 59개 도시를 책 속에 생생하게 담기 위해 지리 선생님들은 주말을 반납하고 자료를 찾고 직접 발로 뛰었습니다. 그렇게 도시 구석구석을 누비며 남긴 '오늘'의 기록이 바로 《지리쌤과 함께하는 우리나라 도시 여행》 시리즈입니다. 혼자서는 엄두도 낼 수 없었던 일, 25명의 열정적인 선생님들이 함께했기에 가능한 일이었습니다.

또한 《지리쌤과 함께하는 우리나라 도시 여행》이 세상에 나올 수 있도록 지리 선생님들을 믿어주고 도움을 준 폭스코너 출판사에 깊은 감사를 드립니다. 무엇보다 책장을 넘겨 '지리 여행'에 함께해주신 독자 여러분들께 진심으로 고마움을 전합니다.

지리쌤과 함께하는 도시 여행은 진행형입니다

어쩌면 이 글은 《지리쌤과 함께하는 우리나라 도시 여행》의 프롤로그이자 에필로그입니다. 이 책을 포함해 세 권 속에 담지 못한 도시들이 아직 많이 남아 있지만, 아쉬움을 뒤로하고 3권을 끝으로 도시 여행 시리즈를 마무리하려 합니다. 이 책을 통해 지역을 보는 눈, 공간을 읽는 힘이 길러졌다면 그 이후의 여행은 여행자 각자의 몫으로 남겨놓는 것이 좋겠다고 생각했습니다.

'프롤로그'와 '에필로그'란 말은 《그리스 로마 신화》에서 왔다고 하죠. 프롤로그는 그리스어로 '먼저 생각하는 사람'인 프로메테우스에서, 에필로그는 '나중에 깨우치는 사람'인 에피메테우스에서 유래되었다고 합니다. 먼저 생각한 이들의 글을 통해 일어나는 배움도 중요하지만, 독서 후 여행을 통해 직접 경험하며 얻는 깨우침도 소중한 법입니다. 이 책의 진정한 에필로그는 글을 읽고 도시 여행을 나선 여러분들이 현장에서 느끼는 마음의 소리일 것입니다.

그럼, 친절한 지리쌤과 함께 대한민국 구석구석 도시 여행을 떠나볼까요?

2020년 8월
전국지리교사모임

p.s. 감염병 시대, 슬기로운 여행자 생활

코로나19로 만남과 여행이 자유롭지 않은 시대가 되었습니다. 기존에 누렸던 자유로운 일상과 여행이 얼마나 소중한 시간이자 경험이었는지 느끼게 됩니다. 감염병의 치료제가 나올 때까지는 모두가 조심해야겠지요.
해외여행을 가야만 이색적인 경험을 할 수 있는 것은 아니랍니다. 대한민국에도 구석구석 느낌이 살아 있는 여행지가 많습니다.
감염병의 위험이 여전하다면 독서를 통한 간접 여행, 사람들 간 거리를 두고 진행하는 도보 여행을 추천합니다. 우리 동네를 걸으며 '낯설게' 바라보기도 좋은 여행법이랍니다.

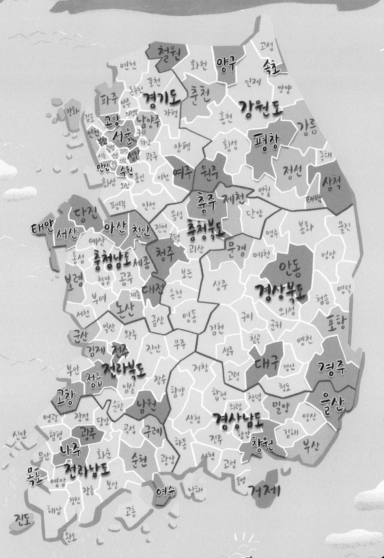

지리쌤과 여행한 도시

1권
2권
3권

제주시 제주도
서귀포시

차례

1부 서울

4부 충청도

5부 전라도

6부 경상도

1부

서울

CITY

강남

트렌디하고 역동적인 공간, 강남

코엑스 앞에 설치된 강남의 랜드마크 조형물이 보이시나요? 한눈에 싸이의 〈강남스타일〉 속 말춤 동작을 소재로 했다는 걸 알 수 있죠. "오빠 강남스타일~"로 시작하는 노래, 기억하시죠? 〈강남스타일〉 뮤직비디오는 2012년 유튜브에 게시된 지 7년여가 지난 현재, 조회 수가 37억이 넘어섰어요. 〈강남스타일〉에 중독된 외국인들은 궁금해하며 묻죠. "도대체 강남이 어디야?"

〈강남스타일〉의 말춤 조각상

그렇다면 '강남'은 어디를 가리킬까요? 넓게 보면 한강의 남쪽이 강남일 테지만, 사람들은 보통 강남 3구, 즉 강남구, 서초구, 송파구를 강남이라고 말해요. 더 좁게는 강남구를 뜻하죠. 재미있는 건 '강남'을 강남 거주민들은 자신의 거주지를 포함해 최소한의 범위로 잡고, 외부인들은 대체로 넓게 잡는다는 거예요. 외부인들은 강남을 부동산 투기, 외제 차, 명품, 성형 등 표면적 화려함으로 특징짓는 반면에, 강남 거주민들은 세련, 편리, 쾌적, 여유, 교양 등 강남만의 문화적 생활양식을 강조하고 있죠. 실제로 강남은 우리 사회의 다양한 관계와 욕망이 충돌하며 끊임없이 스타일이 변화하는 상징적인 공간이랍니다. 그럼, 지금부터 강남의 거리로 여행을 떠나볼까요?

오-오-오빠 강남스타일~

해외에선 'Korean Wave', 'Hallyu'가 인기라는데, 실감이 되시나요? 해외로 배낭여행을 다녀온 한국 젊은이들의 말로는, 현지인들이 한국인을 보고 환호하며 사진을 같이 찍자고 몰려든다고 해요. 그런 현상을 보며 한류의 인기를 체감한다고요. K-POP뿐만 아니라 드라마, 영화, 온라인게임, 패션, 화장품, 음식 등 그야말로 다채로운 분야에서 한류는 지구촌에 영향을 미치고 있어요. 2019년 기준 세계 한류 팬은 약 7천만 명으로 대한민국 국내 거주자보다 많게 추정해요. 해외의 팬층이 두터워지면서 종교인들이 성지순례하듯 드라마 촬영지, 한류스타 단골식당 등을 찾아 한국을 방문하는 사람들이 늘고 있는 거죠. 한 경제기관의 연구보고서에 따르면, 가수 방탄소년단(BTS) 효

한류 복합문화공간, SM타운

한류스타거리의 '강남돌' 조형물　　　　　　　한류스타거리의 미디어폴

과만으로 외국인 방문객이 연간 80만 명 늘었다네요.

　서울 삼성동 SM타운에 설치된 대형 LED 전광판에선 K-POP 가수의 영상이 나와 사람들의 시선을 끌어요. 농구장의 네 배 크기인 이 전광판을 배경으로 사진을 찍으려는 한류 팬들이 몰려듭니다. 청담동에 자리한 SM, FNC 등 엔터테인먼트 회사 건물 앞에는 한류 스타들을 보기 위해 무작정 기다리는 국내 팬들뿐만 아니라 외국인 팬들도 볼 수 있어요. 새로운 한류 관광명소가 되고 있는 거죠.

　이런 한류 팬들을 위해 대표적인 연예기획사들이 밀집해 있는 구역에 'K-STAR ROAD(한류스타거리)'가 조성됐어요. K-POP을 사랑하는 관광객들의 필수 코스라는 '한류스타거리'를 걸어볼까요? 트렌디한 여행을 즐기는 여행객들이 많이 찾는 코스로 들어선 거예요. 압구정로데오역에서부터 청담사거리 방향으로 한류 스타들을 상징하는 '강남돌' 조형물을 만나볼 수 있어요. 강남돌은 한류를 이끄는 지역 강남(Gangnam)과 아이돌(Idol)의 합성어랍니다. 직접 만나지는 못했지만 아이돌 그룹의 대형 곰돌이 앞에

청담동 명품거리 플래그십 스토어

서 인증샷을 찍는 여행객들 얼굴이 즐거워 보여요. 거리를 걷다 보면 12개의 미디어폴을 통해 한류스타 영상을 내보내는 '미디어스트리트'도 시선을 끈답니다.

이어지는 '청담동 명품거리'에는 특정 브랜드의 홍보를 위한 플래그십 스토어가 40여 개나 몰려 있고, 다양한 패션 아이템을 선보이는 편집매장들도 많아요. 갤러리아 백화점부터 청담사거리까지 이어지는 대로뿐 아니라 사이사이 골목길에도 디스플레이가 화려한 멀티숍들이 들어서 있어 패션 트렌드를 읽을 수 있죠. 소비자의 반응에 민감하고, 임대료도 워낙 비싸다 보니 폐업하는 매장, 새로 입점하는 매장들을 간간이 볼 수 있어요.

미국 LA 비벌리힐스의 패션 거리인 로데오 드라이브를 본떠 만든 '압구정 로데오거리'도 유행에 민감한 패션 리더들이 모이는 공간이에요. 우아한 건물들이 개성 있는 분위기를 자아내고, 패션의 거리답게 구석구석 세련된 연출이 돋보입니다. 이런 관광명소들을 일일이 찾아다니려면 다리깨나 아프겠죠? 그래서 생긴 게 관광명소들을 순환하는 강남시티투어 '트롤리버스'예요. '트롤리'는 1900년대 세계 유명도시에서 유행한 무궤도 전차인데, 외관만 따라해 클래식한 분위기를 연출한 버스랍니다.

젊은이의 공간 하면 강남역을 빼놓을 수 없잖아요. 강남역 일대는 서울의 대표적인 약속장소로 유동 인구가 많기로 유명해요. 늘 새로운 문화와 유행이 유입되고 전파되는 진원지로 손꼽히죠. 그만큼 골목마다 맛집과

스터디 모임 공간, 특색 있는 카
페들이 빼곡해요. 수많은 의류
매장과 액세서리 매장이 펼쳐
진 강남역 지하 쇼핑센터도 인
기입니다. IT기반의 첨단 디자
인거리를 표방한 강남역 일대
는 밤이면 '빛의 거리'를 선보

트롤리버스와 미디어폴

이는데요, 강남역부터 신논현역에 이르는 570미터 거리에 설치된 미디어
폴에서 빛을 쏴 도시 경관과 어우러진 레이저쇼를 감상할 수 있어요. 저녁
7시부터 밤 11시까지 정시에 맞춰 10분간 진행된답니다.

강남구는 2012년부터 '강남페스티벌'을 개최해오고 있습니다. 10월 초
강남구 구석구석에서 뮤직&비보이 파티, K-POP광장 야외시네마, 영동

강남역 주변 강남대로

19

대로 K-POP콘서트, 패션쇼, 음식 축제 등이 열리죠. 젊은이들에게 '새해 맞이 카운트다운 축제'도 인기예요. 코엑스 광장과 영동대로에서 열리는 이 축제는 SM타운, 코엑스 미디어타워 등의 초대형 옥외 LED 스크린을 활용한 카운트다운 세리머니와 함께 화려한 불꽃쇼와 레이저 퍼포먼스가 펼쳐져 볼만하답니다.

아기자기한 개성과 감성의 모자이크, 신사동 가로수길

강남처럼 '디지털 유목민'이 모여드는 곳은 나름의 아이덴티티가 확실한 매장이 많을수록 인기를 끈다고 해요. 이제 개성 있는 상점들은 제품을 전시, 판매하는 공간을 넘어서 고객들에게 즐거운 체험과 유익한 정보를 제공하는 장소가 되었어요.

강남구 신사동에 사람들을 끌어 모으는 개성 있는 거리가 있는데요, 바로 2차선 도로 구간이 655미터가량 이어진 '가로수길'이에요. 1982년 예화랑 등 다양한 갤러리들이 모여들며 패션거리로 시작했는데, 이후 가구, 디자인 거리로 변모했고, 최근에는 트렌디한 카페, 옷가게, 액세서리숍, 레스토랑으로 인기를 끌고 있는 번화가입니다. 핸드폰 매장부터 외국산 자동차 매장까지 점포의 업종도 다양하고, 핸드백 박물관도 눈길을 끌어요. 독특한 외관을 자랑하는 매장들 덕분에 다양성이 돋보이는 공간이 연출되어 있죠. 무엇

신사동 가로수길

보다 길 양쪽에 길게 늘어선 노란 은행나무가 알록달록한 디자인의 가게들과 어울려 아름답습니다. 나무에 예술작품을 입혀 놓아 그 자체로 멋을 더하고요. 그야말로 감성을 돋우는 길이라 할 수 있죠. 가로수길에서 가지처럼 옆으로 뻗어 있는 좁은 골목에는 '세로수길'이라는

이름이 지어졌어요. 가로수길의 '가로(街路)'를 길이 아닌 가로세로의 가로(橫)로 해석해 재미있는 명칭이 탄생한 거죠. 하지만 세로수길의 탄생 배경은 그다지 재미있지만은 않아요. 2010년대 초 가로수길 임대료가 높아지자 상점들과 카페들이 뒷길로 밀려나면서 생긴 골목상권이니까요. 이런 세로수길에도 대형 브랜드 매장들이 입점하자 개성 있는 작은 점포들이 조금씩 밀려나고 있어 아쉬움이 커요. 가로수길이 톡톡 튀는 아티스트들의 감성이 살아 있는 정겨운 골목길로 남아주길 바라는 마음입니다.

강남은 어떻게 '강남'이 되었을까?

강남은 언제부터 이렇게 주목받는 공간이 되었을까요? 강남은 1960년대에서 1970년대에 걸쳐 아주 짧은 기간에 압축 성장한 곳이에요. 그럼 그에 맞게 우리도 강남 개발의 역사를 아주 압축적으로 들여다볼까요?

1960년대까지 '서울=한강 북쪽'이란 인식이 강해 현재의 강남은 '남서울' 또는 '영동(永東)'이라 불렸어요. 영등포의 동쪽이란 뜻이죠. 당시 정부는 도심 인구 과밀 문제와 북한과의 전쟁 시 강북이 위험할 수 있다는 안보문제를 해소하고자 강남의 허허벌판을 개발해 강북의 인구와 기능을 분산하려고 했어요. 1963년 서울의 행정구역을 한강 이남으로 확대하고, 1966년 제3한강교(한남대교) 착공을 시작했죠. 원래 너비 20미터, 4차선으로 설계된 다리였지만 평양 대동강에 25미터 교량이 건설 중이란 이야기를 듣고, 북한을 앞지르기 위해 급히 26미터, 6차선으로 변경해 확장공사가 진행됐다고 해요. 이어 현재의 강남인 영동지구를 개발하고, 강북 개발을 억제하는 정책이 실행되었어요. 서울시는 도심에서 호텔, 유흥업소, 카바레, 백화점 등의 신규 허가를 내주지 않기로 결정했는데, 이에 종로구나 중구의 수많은 유흥업소들이 강남으로 터를 옮겼죠. 1970년대 영동 개발로 강남 땅값이 천정부지로

압축 성장한 강남

오르자 땅 투기 대박을 노리며 '말죽거리 신화'를 꿈꾸는 사람들과 복덕방이 넘쳐나게 되었고요. 땅을 팔아 갑작스럽게 큰돈을 거머쥔 사람들을 대상으로 강남에는 유흥업소들이 성행하게 되었답니다. 이것이 오늘날 핫한 강남의 유흥가, 나이트클럽 문화로 이어지게 된 거예요.

대한민국 아파트의 역사도 이즈음부터 시작됐어요. 1973년 대한주택공사가 대한민국 최초의 아파트 대단지인 반포 주공아파트를 건설했고, 1976년에는 서울시장이 강남 6곳(반포, 압구정, 청담, 도곡, 잠실, 이수)을 '아파트지구'로 지정해 아파트 외에는 지을 수 없도록 했죠. 이후 압구정 현대아파트, 대치동 은마아파트 등 대단지 건설이 본격화되었어요. 정부는 강남 개발에 다각도의 특혜를 주며 강북 인구의 강남 이전을 정책적으로 강제했어요. 아파트 단지 밖에는 공공시설이 부족한 상황인데도 단지 내 상가에

압구정 현대아파트와 반포 주공아파트

서 많은 것이 해결되고, 방범, 보안, 난방 등 여러모로 편리한 아파트가 인기를 끌게 되었죠. 강남이 신흥 중산층의 주거지를 상징하는 공간이 되면서 당시에는 "아직도 강북에 사십니까?", "강남특별시, 강북보통시" 등의 유행어까지 돌았답니다. 프랑스 도시지리학자 줄레조가 한국을 '아파트공화국'이라 지칭해 많은 이들이 공감했는데, 이런 '아파트공화국'의 시초가 바로 강남인 셈이에요.

1986년 아시안게임과 1988년 서울올림픽을 앞두고 강남은 완연한 신도시로 변신하게 되었어요. 잠실 올림픽주경기장을 비롯해 종합 스포츠타운이 건설됐고, 국제사회에 한국의 발전상을 보여주고자 테헤란로 개발이 본격화되었죠. 올림픽 시범 도로로서 상징성을 높이겠다는 의도였어요. 테헤란로는 강남역부터 삼성교까지 강남구를 동서로 가로지르는 왕복 10차선 도로인데, 1977년 이란의 테헤란 시와 서울시가 자매결연을 맺으면서 테헤란 시장이 도시 명칭을 딴 도로명 교환을 제안해 삼릉로였던 이름이 테헤란로가 되었답니다. 테헤란로 동쪽에는 한국종합무역센터를 비롯해 호텔, 백화점 등을 갖춘 복합단지가 개발되었고, 이는 향후 이 지역이

테헤란로

교역·업무 중심지로 성장할 거라는 기대감을 높였어요. 실제로 1990년대 이후 오피스가 대거 들어서고 대기업·금융기관·벤처기업이 밀집하며 신산업의 대표 거리인 '테헤란 밸리'가 되었답니다.

　강남 거리를 걷다 보면 크고 작은 호텔들을 마주치게 되는데요, 강남의 발전 과정에서 호텔의 역할은 주목할 만해요. 줄레조는 고급 호텔을 '도시의 창'이라고 했어요. 호텔은 숙박뿐 아니라 연회나 회의, 레저 등 각종 도시적 서비스와 결합해 도시의 인프라로서 기능을 하죠. 강남 개발에서도 호텔은 큰 몫을 담당했어요. 1980년부터 2000년까지 서울에 지어진 특급 호텔 23개 중 16개가 강남 3구에 지어졌으니까요. 호텔들은 주민을 대상으로 생활 교양강좌, 미술 강연, 클래식 감상, 요리교실, 스키·골프 패키지 등을 선보이며 문화자본의 학습 공간으로 거듭났어요. 이렇게 교류하며 형성된 네트워크는 그들만의 커뮤니티를 형성하는 데 일조했죠.

메리어트 호텔과 고속버스터미널 앞 센트럴 포인트 육교

이런 일련의 강남 개발을 뒷받침한 것은 정부에서 구축한 교통 인프라였답니다. 강남 3구는 도시개발 초기부터 격자형 대로를 기준으로 설계되었고, 이로 인해 사람들은 계획적인 공간, 곧게 뻗은 큰길, 정돈된 공간으로 강남을 인식하게 되었죠. 강남은 서울의 동남쪽에 위치하지만 교통 인프라 덕분에 서울뿐 아니라 전국의 교통 중심이 되어가고 있어요. 1970년 경부고속도로가 개통되면서 서울의 관문이 된 강남에는 고속버스터미널과 남부화물터미널이 입지해 있죠. 또한 지하철 2, 3, 7, 9호선, 분당선, 신분당선이 강남을 지나가 "온 동네가 역세권"이란 말이 나올 정도예요. 수도권 일대 아파트를 분양

교통 접근성이 높은 강남역

할 때 "강남까지 소요 시간 ○○분"을 내세워 홍보하기도 합니다. 게다가 2016년 수서역에서 출발하는 고속철도 SRT가 개통되면서 지방에서 강남에 닿는 게 수월해졌어요. 최근 착공한 수도권광역급행철도(GTX) 역시 강남을 통과하는 노선이라니, 서울 강남의 교통 접근성은 더욱 높아질 전망이랍니다.

고급 아파트, 8학군, 성형으로 점철된 강남의 경쟁문화

한국 사회에는 강남의 변화에 민감하게 반응하는 사람들이 많아요. 강남은 한국 사회에서 '부의 공간적 불균등, 부동산 투기, 과열된 교육열, 과소비, 사치문화' 등으로 상징되는 곳이기도 합니다. 이처럼 강남을 부정적으로 바라보면서도 강남으로의 이주를 희망하는 이중적인 태도를 보이기도 하죠. 그것은 강남이 급성장한 한국 자본주의의 최첨단에 놓이며 경쟁적 체제 아래 형성된 지역이기 때문이에요. 경쟁에서의 우위가 성공이라 여기며 과시적인 문화가 발달했는데, 이것은 주거, 교육, 외모 등 일상생활에 큰 영향을 미치며 독특한 경관을 만들어냈죠.

우선, 강남을 상징하는 주거 경관으로 '아파트'를 살펴볼까요? 지금은 어딜 가나 아파트가 흔하지만 1970년대까지는 단독주택이 대표적 주거양식이었어요. 오늘날의 아파트 단지와 신도시 개발로 특징지어지는 현대적인 도시화가 시작된 곳이 바로 강남이에요. 1963년부터 1979년 사이 강북 용산의 지가(地價)는 25배 상승했는데, 강남의 지가는 무려 800~1,300배 상승했다고 해요. 이때부터 땅과 아파트는 자산 증식의 수단이 되었죠. 오늘날까지 강남의 집값은 고공행진하며 정치경제의 주요 이슈가 되고 있어요. 2000

상가와 대로에 접해 있어 편리한 아파트

년대 들어 강남 3구와 강북 3구를 비교한 논문도 여럿 나왔는데, 강남이 강북에 비해 재정 자립도가 높고, 아파트 단지를 중심으로 문화시설, 복지, 의료시설, 교육환경, 교통시설 전반에서 우월하다는 거예요. 예를 들어 강남의 아파트 단지는 25미터 이상의 대로와 접해 있다면, 비강남 지역은 도로 폭이 좁고 보행로와 차도가 분리되지 않은 곳들이 많죠. 그렇다 보니 강남은 타 지역에 비해 자동차 등록대수가 상대적으로 많아요. 서울 자치구 25곳 가운데 가장 많은 지하철역을 보유한 곳은 강남구로 무려 28개 역이 있답니다. 이런 생활환경의 격차가 부동산 가격으로 이어져 사회·경제적 지위에 따라 거주지가 분리되는 현상이 나타나고 있는 거죠.

2002년, 도곡동에 고급 주상복합아파트 타워팰리스가 지어지며 상류층의 주거지역으로 관심을 끌었어요. 외부인들의 출입을 엄격히 제한하면서 공동시설물을 내부인들만 이용했는데, 이런 폐쇄적이고 배타적인 공동체를 '게이티드 커뮤니티(gated community)'라고 합니다. 고급 아파트 단지가 많은 강남은 다수의 게이티드 커뮤니티가 군집한 '빗장도시'로 불리기도 해요.

이번에는 '교육 특구' 강남의 경관을 살펴볼까요? 강남에는 경기고, 경기여고, 서울고, 숙명여고, 휘문고, 중동고 등 역사가 오래된 학교들이 많습니다. 강남 개발 초기에 사람들이 이주를 꺼리자 정부가 강북의 명문 고등학교를 강남으로 이전시키기 위해 행·재정적인 지원에 나섰어요. 때마침 고교평준화와 학군제가 도입되면서 중학생이 거주지 기준으로 고등학교를 배정받게 되었죠. 이로 인해 종로와 중구에 있던 많은 중고등학교가 강남 이전을 선택하게 된 거예요. 강남은 고학력 부모와 경제적 자산을 바탕으로 1990년대 입시 명문 '8학군'으로 명성을 떨쳤어요. 당시 강남 중심부에 비해 상대적으로 임대료가 저렴했던 대치동으로 사교육 업체들이 몰려들면서 대치동 학원가는 '사교육 1번지'로 유명세를 탔죠. 특화된 사교육 상품과 이를 소비하러 모여드는 사람들로 인해 대치동은 매년 3월이 되면 학령인구의 자녀를 둔 중산층 가구가 이사를 오고, 사교육이 필요 없어진 이들이 이사를 나가는 독특한 이주 특성을 보입니다. 부모의 경제력과 학력이 대물림되면서 교육이 더 이상 계층 이동의 사다리를 제공하지 못한다는 우려가 커지자 한국 사회의 입시 논쟁도 거세졌어요. 대치동의 거리를 걷다 보면 상가빌딩에 빼곡하게 자리 잡은 학원 간판들이 보이죠. 오늘도 밤늦도록 불이 꺼지지 않는 학원들과

대치동 학원가

각종 병원이 밀집해 있는 강남   압구정 골목골목 들어서 있는 성형외과

시간을 아끼려고 인스턴트 길밥으로 끼니를 때우는 아이들, 밤이면 자녀를 태워가려고 학원가 앞에 길게 늘어선 자동차들…. 대한민국 자화상의 한 장면입니다.

마지막으로 강남을 상징하는 경관으로 '외모 경쟁'의 현장을 둘러볼까요? 강남은 미용과 성형의 메카로 여겨지고 있어요. 한편에선 외모 경쟁시대를 조장하고, 한편에선 외모 지상주의가 지나치다 비판해요. 사회적 논란 속에서도 머리부터 발끝까지 '나만을 위한 스타일'을 만들기 위해 사람들은 강남을 찾아요. 1988년 압구정동에 최초의 차밍스쿨이 생겼다고 해요. 현재 신사, 압구정, 청담 일대에는 1,000여 곳이 넘는 성형외과와 피부과 등 병원이 들어서 있고, 헤어숍, 코스메틱 관련 점포들이 모여 있어 '강남뷰티 벨트'라고 불린답니다. 한류열풍을 타고 미를 추구하는 여성들에게 미용 관광으로 인기 있는 곳이기도 하고요. '의료 관광'이 블루오션이라고 여긴 강남구는 강남관광정보센터에서 관광안내와 통역 서비스뿐만 아니라 의료정보 안내 및 예약까지 해주고 있어요. 실제 병원 직원들이 지원

강남관광정보센터

을 나와 검진, 성형, 피부, 한방 등에 대한 상담도 해주고요. 사실 강남에는 아산병원, 삼성병원, 가톨릭대 서울성모병원, 영동 세브란스병원 등 대형 병원들이 집중 분포해 있답니다. 서울시에서 강남 3구 주민들의 기대수명이 가장 긴 것은 이런 의료시설의 분포와 관련이 있을지도 모르겠어요.

자연과 역사가 어우러진 여유의 공간

강남은 치열한 일상의 공간 사이사이에 여유를 찾을 수 있는 푸른 녹지 대를 보유하고 있어요. 그럼, 역동적인 도시 속에서 느린 삶을 누릴 수 있는 공간을 소개해드릴게요.

먼저 높게 자란 나무들과 너른 뜰로 여유를 선사하는 '선정릉'에 가볼까요? 빽빽한 마천루 빌딩 사이에 우거진 숲길이 펼쳐져 아늑한데, 때론 호 젓함마저 느껴져요. 오피스타운 한복판에 숨은 오아시스라고 해야 할까

선릉

정릉의 능선

요. 선릉은 조선 9대 임금 성종과 그 계비인 정현왕후의 능이고, 정릉은 11대 임금 중종의 능이랍니다. 효를 중시하는 유교문화권에서 조선의 왕릉은 당대 최고의 예술과 기술이 집약된 곳이라 해도 과언이 아니에요. 이런 조선 왕릉의 가치가 인정되어 2009년에 유네스코 세계문화유산에 지정되기도 했답니다. 벤치에 앉아 부드럽게 펼쳐진 능선을 응시하다 보면 마음이 편안해지면서 선조들의 지혜가 느껴집니다.

봉은사

　이번에는 영동대로 마천루 사이에 자리한 '봉은사'에 가볼게요. 강남이 개발되기 전 봉은사는 서울 나들이의 최고 명소였어요. 뚝섬에서 배를 타고 한강을 건너 고즈넉한 봉은사를 다녀오는 길이 서울에서 손꼽히던 여행 코스였거든요. 봉은사 앞에는 여행객들이 숙식을 해결할 수 있는 여관들이 늘어서 있었죠. 강남 학생들의 단골 소풍지도 봉은사였답니다. 학생들은 봉은사 대웅전을 배경으로 단체사진을 찍곤 했죠. 그랬던 봉은사는 이제 도심 속 사찰이 되었습니다. 초고층 빌딩에 둘러싸인 천년 고찰이라니, 도심 속을 걷다가 경내로 들어서는 그 자체가 신비로운 경험이에요. 23미터 높이의 미륵대불 앞에서 합장을 하고, 판전에 들러 추사 김정희의 마지막 작품인 '판전(板殿)' 현판을 감상할 수 있어요. 경내 오솔길을 따라 올라가다 뒤돌아본 경관은 강남의 천년 과거와 현재를 이어주며 상상의 나래를 펴게 합니다.

　독립운동가 안창호 선생을 기리기 위해 조성한 '도산공원'도 빼놓을 수 없겠죠? 공원에 들어서면 바로 도산 안창호 기념관이 보여요. 안창호 선생의 유품과 태극기, 관련 사진들이 전시되어 있어 경건한 마음을 갖게 합니다. 일

도산 안창호 기념관

제강점기 독립운동가이자 교육자로 살다 간 그의 무거운 삶의 궤적이 느껴집니다. 중앙광장에는 안창호 선생의 동상이 우뚝 서 있고, 울창한 나무들 사이로 산책로가 둥글게 조성되어 있어요. 걷다 보니 공원 안쪽으로 안창호 선생과 이혜련 지사의 묘가 있네요. 남편이 독립운동에 투신할 때, 아내 이혜련 지사는 미국에서 홀로 다섯 명의 자녀를 키우며 대한여자애국단을 조직해 모금에 나서는 등 그녀 역시 독립운동을 펼쳤다고 해요. 2008년, 뒤늦게나마 이혜련 지사에게 애족장이 추서되었다니 다행이죠. 도산공원은 이름 없이 스러졌을 수많은 안창호와 이혜련을 기억하는 장소이기도 합니다.

이번엔 자연친화적인 공간, '양재천'을 둘러볼까요? 과거 양재천은 강남 택지 개발로 유로가 변경되고, 아파트 단지에서 흘러드는 생활하수로 악취가 나던 상태였어요. 1990년대 후반에 하천 복원사업이 시작되면서 습지를 조성하고 자갈을 깔고 수초를 심자 물이 깨끗해지며 물고기와 새들이 찾아왔죠. 양재천과 탄천이 합류하는 습지에는 220종이 넘는 식물과 190여 종의 동물이 서식한다고 해요. 지역 주민들은 양재천 산책로를 거널고, 자전거를 타고, 물놀이를 즐기고, 눈썰매도 타요. 생태학습장, 자연학습원도 둘러볼 수 있고요. 한여름 밤에는 양재천 야외음악회가 열린다니 낭만적이죠? 4월에는 벚꽃이 만발한 아름다운 생태하천을 만날 수 있답니다.

◆ 프랑스식 바게트 굽는 '서래마을' ◆

옛날 마을 앞의 개울이 서리서리 굽이쳐 흐른다 하여 '서래'란 이름이 붙었어요. 1985년 한남동에 있던 프랑스 학교가 이곳 서초구 서래마을로 옮겨오면서 국내 거주 프랑스인들 중에 절반 이상이 모여 살게 되었죠. 프랑스의 국기인 세로로 된 삼색기가 곳곳에 걸려 있어 이곳이 '쁘띠 프랑스(작은 프랑스)'임을 말해주고 있답니다. 프랑스인들의 입맛을 사로잡은 레스토랑과 와인바, 빵집 등이 소문나면서 사람들이 서래로를 찾기 시작했어요. 작은 규모의 파리식 식당인 비스트로와 커피 향과 어울리는 색다른 디저트 카페들이 매력적이에요. 이곳의 한 프랜차이즈 빵집은 프랑스인 파티셰가 프랑스산 밀을 사용해 프랑스식 바게트를 직접 만드는 것으로 유명하답니다. 매년 12월 초에 열리는 크리스마스 프랑스 전통 장터에 가면 푸아그라(거위 간 요리), 훈제 연어요리, 뱅쇼(따뜻한 와인) 등 프랑스 요리를 맛볼 수 있어요.

토끼가 살고 있는 몽마르뜨 공원은 산책하기 좋은 곳으로 유명해요. 원래 야산이었던 곳에 배수지 공사를 하게 되면서 수돗물 저장탱크 위에 공원을 조성했는데, 이후 프랑스인들이 이곳에 나무를 심고 가꾸며 '몽마르뜨 공원'으로 거듭났어요. 몽마르뜨 공원과 서리풀 공원을 이어주는 누에다리도 건너보세요. 맑은 날에는 멀리 북한산까지 조망할 수 있고, LED 조명이 매혹적인 야경도 볼만해요.

프랑스 학교 건물은 프랑스의 건축가 다비드-피에르 잘리콩(David-Pierre Jalicon)이 디자인했어요. 그는 한국 고속철도 설계에 참여하면서 한국에 관심이 많아졌다고 해요. 고속터미널 근처 '센트럴 포인트 육교', 예술의전

프랑스식 바게트

당 앞 '아쿠아 아트 브리지'도 그의 디자인으로, 육교가 예술품이 될 수 있음을 보여줬죠. 풍수지리 등 한국의 전통적인 가치를 잘 이해하고 현대적인 감각으로 재해석해 설계에 반영한 점이 인상 깊었어요. 프랑스 학교 건물도 학생을 생각하고 주변 주택지를 배려한 건축물로 호평을 받고 있답니다.

산업과 문화예술을 선도하는 강남

강남, 아니 서울의 현재와 미래를 말할 때, 영동대로 일대의 변화를 주목하는 이들이 많아요. 영동대로에 들어서면 대형 현대 건축물들이 좌우로 늘어서 시선을 사로잡거든요. 그중 독특한 형태의 현대아이파크 타워가 눈길을 끄는데요, 건축가 다니엘 리베스킨트(Daniel Libeskind)의 작품이랍니다. 역동적이고 활기찬 서울과 강남의 이미지를 구현하고자 자연을

현대아이파크 타워

봉은사역 주변 빌딩들

상징하는 거대한 원과 첨단기술을 상징하는 빨간 사선, 인간을 표현한 사각형을 건축 디자인에 담았다고 해요. 무엇보다 '소통'을 뜻하는 원통 막대기가 건물을 관통하게 되어 있는데, 난해하면서도 거리에 활력을 주는 느낌이 들어요.

　맞은편에는 한국종합무역센터의 코엑스 건물과 아셈타워, 계단식 건축을 선보이는 트레이드 타워가 나란히 들어서 있어요. 55층 규모의 트레이드 타워에는 한국무역협회, 대한무역진흥공사(KOTRA) 등 무역에 관한 협회 및 기관들이 위치해 있어 우리나라 무역의 중심 업무를 진행하고 있는 곳으로 유명해요. 코엑스는 연간 2,500회 이상의 국제회의가 열리는 컨벤션센터, 쇼핑몰, 백화점이 있고, 카지노와 아쿠아리움, 도심공항터미널까지 갖추고 있어 MICE 산업(기업회의Meeting, 포상관광Incentives, 컨벤션Convention,

코엑스

전시Exhibition 등 기업 대상 서비스 산업)의 중심지로 꼽혀요. 연중 국제관광전, 국제도서전, 디자인페어, ○○박람회 등 끊임없이 새로운 전시회가 이어지죠. 한류 콘텐츠 복합문화공간인 SM타운까지 입지하면서 명실공히 관광명소로 떠올랐어요. 폭염과 미세먼지 등이 심해지자 코엑스몰과 같은 복합몰에서 여가와 쇼핑을 즐기며 많은 시간을 보내는 '몰링(malling)'이 더욱 인기를 끌고 있어서 몰링족, 몰캉스, 몰세권, 몰들이 등 신조어들까지 등장하게 되었죠. 코엑스 일대에서 5월 초에 열리는 C-FESTIVAL은 각종 공연과 푸드&맥주 그리고 굿즈, 전시, 트렌드 등 다채로운 문화콘텐츠들을 선보이는 축제의 장이에요. 콘텐츠 쇼케이스 무대는 물론 백상예술대상 시상식, 친환경 자동차 전시회, 패션 페스티벌 등이 펼쳐져 문화예술의 가치를 느낄 수 있답니다.

'더강남' 앱

지금까지 강남의 현재를 봤다면 그 미래를 그려볼까요? 한국전력 부지를 10조 5,500억 원을 들여 매입한 현대자동차는 이곳에 복합전시산업 MICE 등을 아우르는 글로벌 비즈니스센터(GBC)를 건설한대요. 새로운 랜드마크가 될 GBC는 높이 569미터로 세워져 잠실 롯데월드타워(555미터)보다 높을 전망이에요. 이와 함께 영동대로 지하공간 복합 개발사업이 추진되는데요, 지하 6층, 잠실야구장의 30배에 달하는 국내 최대 지하공간을 개발하는 프로젝트랍니다. 이를 통해 삼성역 일대가 수도권을 'X'자로

시대에 따라 달라질 '강남 스타일'

38

아우르는 강력한 역세권이 되어 강남 일대 유동인구를 흡수하는 중심지가 될 것으로 기대하고 있어요. 강남구는 미래 스마트시티를 기반으로 한 글로벌 문화·관광도시로 나아가고자 해요. 이미 한·중·일·영어로 제공되는 모바일 서비스 '더강남' 앱을 통해 위치 기반으로 여행자 주변 관광 정보와 미세먼지 등 환경 정보를 실시간 안내하고 있죠.

1970년대 초까지 논밭이 펼쳐졌던 한적한 강남은 오늘날 한국 사회 전반에 강력한 영향력을 미치는 공간이 되었어요. 사람들의 고품격 삶에 대한 욕구는 시대적 트렌드를 좇아 '강남 따라하기'로 이어져왔고요. 서울 목동, 상계동, 분당 신도시뿐 아니라 '대구의 강남, 수성구', '부산의 강남, 해운대' 등 강남을 모방하는 움직임이 있었죠. 하지만 우리가 잊지 말아야 할 부분은 강남은 국가의 선택적인 개입으로 산업, 문화예술, 교육 등 다방면에서 짧은 시간에 중심지로 성장할 수 있었다는 거예요. 이제는 강남을 축소시키는 제로섬 게임이 아닌, 비강남 지역의 생활수준을 높이는 정책이 추진되어야 해요.

'강남 스타일'은 시대에 따라 달라져왔어요. 한때 특권층과 투기로 상징되던 '강남'이 합리와 배려, 세련된 매력, 다양성, 글로벌 경쟁력이란 이미지로 변화하고 있는 건 반가운 일이죠. 내일의 '강남 스타일'은 어떻게 변할지 사뭇 기대가 되네요.

한강

한가람의 시간을 거슬러
물길 따라 걷는 한강

한강에 돌고래가 산다는 말, 들어본 적 있으세요? 웃는 모습이 귀여운 이 돌고래는 아시아에만 분포하는 것으로 알려져 있는데, 주로 황해 부근 바다에 살고 있어요. 언제부터 한강에서 이 상괭이가 발견되었을까요? 기록에 따르면 1405년 11월 20일에 작성된 《태종실록》에 "큰 고기 여섯 마리가 바다에서 조수(潮水)를 타고 양천포(陽川浦)로 들어왔다. 포(浦) 옆의 백성들이 잡으니, 그 소리가 소(牛)가 우는 것 같았다. 비늘이 없고, 색깔이 까맣고, 입은 눈(目)가에 있고, 코는 목(項) 위에 있었다"라는 구절이 나와요. 한강은 밀물일

상괭이(출처 : 해양수산부)

때면 바닷물이 하천의 유로를 따라 역류하는 감조하천(感潮河川)이었기 때문에, 그때마다 상괭이도 바닷물을 타고 한강으로 올라올 수 있었던 거예요. 하지만 한강에 수중보를 설치하면서 다양한 해양생물이 자유롭게 이동하는 데 제약받고 있어요. 또 세계자연보전연맹에서 멸종 가능성이 높은 취약 종으로 분류하기도 한 상괭이가 그물에 걸린 채 발견되기도 해 안타까움을 자아냈죠. 한강에 돌고래가 나타난다는 사실이 놀라운가요? 그럼 지금부터 할 여행은 우리에게 익숙한 한강을 조금은 낯선 시각으로 바라볼 수 있는 기회가 되어줄 거예요. 자, 함께 떠나볼까요?

과거 군사적 요충지에서 시민들의 쉼터로, 아차산과 뚝섬 일대

바보 온달과 평강공주 이야기는 누구나 들어본 적이 있을 거예요.《삼국사기》에 나오는 〈온달 설화〉에 따르면, 고구려의 장수로 활약하던 온달은 신라 군사들과 아단성 아래에서 전투를 벌이던 중 전사하게 돼요. 장례를 지내야 하는데 관이 움직이지 않자 공주가 관을 어루만지면서 "죽고 사는 것이 이미 결정되었으니 돌아갑시다"라고 말했더니 비로소 관이 움직였다고 하죠. 이 아단성이 바로 지금의 서울 광진구와 경기 구리시에 걸쳐 있는 아차산성이라는 설이 있어요. 충청북도 단양의 온달산성이라는 주장도 있지만, 온달의 죽음과 관련된 곳이 아차산성이라는 입장의 근거는 이곳이 한강 유역의 요충지였기 때문이에요.

아차산 정상은 약 295미터로 높은 산은 아니지만, 주변이 대부분 저평한 지역이다 보니 이곳에 오르면 주변의 평야지대와 하천을 한눈에 조망할 수 있었어요. 이는 전쟁 시에 주요 교통로를 비롯해 적의 움직임을 빠르

온달샘석탑(출처 : 구리문화원)　　　　　　아차산성(출처 : 광진구청)

게 감지할 수 있다는 장점이 되어 군사적으로 아주 중요한 요충지였죠. 둘레 약 1,000미터의 아차산성은 고구려, 백제, 신라가 한강 유역의 평야를 확보하기 위해 첨예하게 대립하던 삼국시대의 흔적이랍니다. 현재 우리가 확인할 수 있는 고구려 유적이 많지 않은데, 그렇기 때문에 고구려 토기를 비롯한 각종 유물이 출토되고 있는 아차산성은 그 시대를 되새겨볼 수 있는 소중한 공간이에요. 오늘날까지도 발굴이 활발하게 이루어지고 있기 때문에 철망으로 둘러싸여 있기도 해요. 여느 성벽처럼 위용을 느끼기는 어렵지만 등산을 하다가 성글게 쌓여 있는 돌담이 보인다면, 바로 그것이 아차산성이구나 생각하면 된답니다.

　또 백제와의 전쟁에서 승리한 고구려는 한강 유역을 지키기 위해 산성뿐만 아니라 아차산 곳곳에 보루를 둘렀어요. 보루란 둘레가 100~300미터 이내인 작은 성, 쉽게 말해 산성보다 규모가 작지만 사방을 조망하기 좋은 봉우리에 설치한 작은 산성을 뜻해요. 이후 고려시대까지 아차산 주변에는 여러 사찰이 있었다고 전해지고, 조선시대에는 인가가 드물고 야생 동물이 많아 임금의 사냥터로 이용되었답니다. 한적한 산세와 한강의 경치를 조망할 수 있는 장점 때문에 한때 대통령의 별장도 위치했었죠.

서울 둘레길 2코스인 용마·아차산 코스는 서울 둘레길 중 전망이 가장 뛰어난 코스로 손꼽히기도 하는데요, 그중에서도 아차산 구역은 가볍게 산책할 수 있을 정도로 정비가 잘되어 있어 누구나 쉽게 도보 여행을 할 수 있어요. 더운 여름철에도 시내에서 가깝고 길이 평이한 데다가, 아차산 생태공원을 비롯해 볼거리도 많고 곳곳에 쉼터가 있어 많은 사람들이 무더위를 피하기 위해 찾을 정도랍니다.

아차산 정상에서는 광나루가 내려다보이는데, 광나루에서 바라보는 아차산의 풍경도 굉장히 멋있어요. 광나루는 한강 수운이 중요하게 기능하던 시절에는 수운 교통의 중심지로, 또 서울에 전차가 도입되었던 일제강점기에는 철도 교통의 요지로 활약했습니다. 1930년부터 1966년까지, 동대문에서 뚝섬, 광나루까지 연결해주는 협궤전차가 있었거든요. 1930년대의 기록에 "송곳 한 개 꽂을 데 없을 만큼 대만원"이라는 표현이 있을 정도로 각양각색의 사람들이 전차를 이용했답니다. "다섯 닢만 있다면 누구든 전차를 타고 한성을 돌아다닐 수 있었다"라는 말처럼, 비록 신분이 양

아차산

뚝섬 전동차 정거장(ⓒ임인식, 1955)　　　　경성궤도 기동차(출처 : 서울도시철도공사)

반일지라도 차비가 없다면 전차를 탈 수 없는 반면, 평민도 차비만 내면 양반과 함께 일등석에 탈 수 있었어요. 전차는 이 시기 우리 사회의 의식이 바뀌어가는 모습을 여실히 보여준 공간인 셈이죠. 또 서울의 행정구역이 지금처럼 확대되지 않았던 시기에, 이 협궤전차는 서울 외곽과 도심을 연결해주는 중요한 교통수단이었습니다.

　도심에서 광나루까지 전차를 타고 오면 광나루에서 배를 타고 한강을 건너 남쪽 지역으로 이동할 수 있었죠. 전차는 시민들의 발이 되어주었고 물자수송에 요긴하게 쓰였지만, 한국전쟁으로 인해 노선의 많은 구간이 파괴되었고 시내버스와 택시 등 자동차가 대중적으로 이용되면서 만성적인 경영난을 극복하지 못하고 결국 운행이 중단되었어요. 서울에 남은 마지막 전차는 서울역사박물관에 전시되어 있습니다. 아쉽게도 도시 개발로 과거 전차가 다니던 길의 모습은 모두 사라졌고, 동대문역 앞에 있는 경성궤도전차 표지석만 남아 과거를 말해주고 있죠.

　뚝섬까지 노선이 연장되었던 이유는, 당시 뚝섬은 서울 사람들의 휴일 나들이 장소로 인기 있던 곳이라 이곳을 찾는 사람들의 교통 수요가 많았기 때문이에요. 뚝섬은 1949년 서울에 편입되기 전까지는 한강 수운의 요

뚝섬에서 물놀이하는 시민들(ⓒ임인식, 1955)

지였지만, 수운이 쇠퇴하면서 유원지가 조성되었습니다. 1955년의 사진을 보면, 한강 물의 깊이가 겨우 종아리에 닿을 정도로 매우 얕은 것을 알 수 있죠. 또 강 주변에 지금처럼 건물이 즐비하지 않아서 멋진 경치를 즐길 수 있었을 거예요. 산업화 시기에는 소규모의 공장들이 모여들어 자연스레 공업지역이 형성되었다가, 최근에는 개성 넘치는 개인 상점들이 모여 독특한 분위기를 자아내는 공간이 되었죠. 또 조선시대부터 말을 키우는 곳으로 유명했던 뚝섬에는 1980년대 후반까지만 해도 경마장이 있었는데, 이를 과천으로 옮기고 2000년대 들어 서울숲을 조성했어요. 서울숲은 생태숲과 자연체험장을 비롯해 도시공원으로서 서울 시민들의 쉼터 역할을 톡톡히 해내고 있답니다.

뚝섬에서 조금 지나오면 지하철 2호선, 7호선 환승역인 건대입구역에 이르게 되는데, 원래 이름은 예전의 지명에서 따온 '화양역'이었어요. 이곳이 원래는 화양리였거든요. 1, 2번 출구 뒷골목은 다양한 종류의 음식점이 늘어선 맛의 거리가, 5, 6번 출구 뒷골목은 패션의 중심지 로데오 거리가, 그리고 그 뒤쪽으로는 양꼬치를 비롯한 중국음식 문화거리가 조성되어 있어요.

건대 맛의 거리

건대 로데오거리

양꼬치 거리

서울을 대표하는 젊은이들의 거리에서부터 다문화거리까지 모두 경험해 볼 수 있죠. 사실 이 지역의 상권이 활성화된 것은 그리 오래되지 않았어요. 지하철 7호선 어린이대공원역에서부터 화양사거리에 이르는 골목길이 원래는 유흥가로 북적이던 곳이었거든요. 후에 건국대학교, 세종대학교 등 학교가 주변에 자리 잡고 학생들이 모이게 되면서 유흥가를 재정비하고 먹자골목이 조성되었죠. 하지만 건대입구역이 환승역이 되고, 복합 쇼핑시설이 생기면서 화양리 상권은 다시 어려움을 겪고 있어요. 짧은 시기 동안 많은 변화를 겪고 있는 셈이죠.

1970년대 개장해 한때 서울에서 가장 큰 유희시설이었던 어린이대공원도 시대의 흐름에 발맞춰 변화를 모색하고 있답니다. 동물과 사람이 함께 행복한 공간을 꿈꾸는 동물나라, 지열발전으로 운영되는 친환경 식물원이 위치한 자연나라, 공연과 체험을 비롯해 각종 놀이기구가 있는 재미나라까지 다양한 경험을 할 수 있는 곳으로 정비하여 최근 재개장했어요. 놀이기구 이용 외에는 무료로 이용할 수 있고, 특히 봄철이나 가을철에는 나들이객들과 소풍을 온 학생들로 북적이는 시민들의 쉼터랍니다.

2000년대 초반까지만 해도 서울의 부촌은 '강남'이라는 이름으로 표현되었어요. 계획적으로 도시가 조성되어 교통이 편리하고 교육환경이 잘 마련된 한강 이남의 강남구, 서초구, 송파구가 그 대상이었죠. 하지만 최근에는 '한강 조망권'이 뛰어난 한강 북쪽 지역의 마포, 성수 등의 아파트가 강남 지역의 아파트 못지않게 비싼 가격으로 거래되고 있어요. 또 같은 아파트 안에서도 한강을 조망할 수 있는지의 여부에 따라 시세가 수억 원차이가 나기도 하고요. 특히, 한강 북쪽에 위치한 지역들은 남산, 서울숲 등의 쾌적한 녹지 공간과 더불어 전통적으로 길지를 찾던 풍수지리 사상의 배산임수에 해당하는 위치라 '부(富)를 부르는 뷰(View)'라고 불리기도 해요.

서울에 위치한 특급 호텔들 중 대다수는 한강이 잘 보이는 위치에 자리 잡고 있는데요, 역시 한강 조망권을 누릴 수 있는 방은 숙박료가 더 비싸답니다. 1960년대에는 우리나라에 외국인들의 이목을 끌 만한 휴양지가 많지 않아 일본에서 휴가를 보내는 주한미군 장병들을 유치하기 위해 아차산에 워커힐 호텔을 만들었어요. 아차산성 안에 위치하고 있어서 지금 같으면 이곳에 호텔을 짓는 것이 불가능했을 텐데, 독재정권하에 있던 당시에는 가능했던 거죠. 1963년 당대 최고의 건축가였던 김수근의 작품인 더글라스 하우스는 아차산의 산세와 조화를 이룰 수 있도록 설계된 것이 특징이에요. 최근에는 책과 함께 휴식을 취하는 새로운 여가 형태인 이른바 '북스테이(Book Stay)'가 떠오르고 있거든요. 더글라스 하우스 역시 '나만의 숲속 안식처'를 테마로 북스테이를 즐길 수 있도록 해놓았답니다.

강북에서 강남이 된, 잠실과 석촌호수 일대

광나루에서 천호대교를 건너면 우리나라 고대사를 되짚어볼 수 있는 풍납토성을 만날 수 있어요. 천호대교와 올림픽대교를 지도에서 찾아보면, 하천 양안을 최단거리로 연결하지 않고 풍납토성을 감싸는 형태로 만들어져 있는 것을 알 수 있죠. 백제시대에 축조된 풍납토성은 원래는 둘레

풍납동 토성

가 약 3.5~4킬로미터였다고 추정되지만, 홍수로 인해 일부가 유실되어 현재 남은 것은 2.7킬로미터 정도예요. 선사시대 유물부터 삼국시대의 도로와 건물터를 비롯해 토기와 같이 생활의 이면을 엿볼 수 있는 다양한 유물이 출토되었답니다. '토성(土城)'이라는 이름에서 알 수 있듯이 모래를 한 층씩 다져 쌓은 성인데요, 중국의 평야지대에서 주로 사용하던 방법이 백제에 전해졌던 것으로 추정되고 있어요.

이 성의 목적에 대해서는 다양한 견해가 있습니다. 한성백제의 도성이었던 위례성이라는 주장도 있고, 앞서 살펴본 아차산성과 함께 연결되어 방어의 기능을 수행했다는 해석도 있어요. 안타깝게도 이미 도시화가 진행된 후에야 아파트 재건축 공사 현장에서 여러 유물이 출토된 것을 계기로 1990년대 후반부터 본격적인 발굴이 이루어졌습니다. 아직도 발굴과 복원이 진행되고 있는데, 이미 사람들의 주거지가 형성되어 있어 어려움이 큽니다. 또 이에 대해서 주민들 간의 견해도 분분한 상황이고요. 지금 보면 높이도 그리 높지 않은 데다가 잔디가 무성한 언덕일 뿐이지만 당대엔 연인원 100만 명 이상이 동원된 엄청난 토목공사였다고 해요.

한강을 따라 남서쪽으로 이동하다 보면 잠실에 이르게 돼요. 서울에서 잠실을 찾기는 굉장히 쉬운데, 바로 롯데월드타워 때문이죠. 롯데월드타워는 화창한 날이면 서울 어디에서나 눈에 띄어 서울 시민들에게 맑은 날의 척도로 통할 정도랍니다. 한 통계에 따르면 현재 세계에서 가장 높은 빌딩 5위라고 해요(약 554미터, 2020년 기준, Council on Tall Buildings and Urban Habitat). 이 빌딩을 건설하는 과정에 약한 지반과 붕괴에 대한 우려가 연일 화두로 오르내리기도 했지요. 이 자리는 원래 한강 본류가 흐르던 데를 매립

잠실

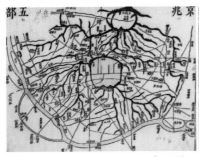

경조오부도   부리도 비석

해서 만들어진 곳이라 지반이 연약할 수밖에 없거든요.

　그렇다면 잠실은 언제부터 지금처럼 화려한 도시의 모습을 갖추게 된 것
일까요? '잠실'이라는 이름은 국립양잠소 '잠실도회(蠶室都會)'가 이곳에 있었
기 때문에 비롯되었어요. 잠실도회는 조선시대 뽕나무를 키우고 누에를 기
르던 곳이랍니다. 조선시대 후기에 제작된 〈대동여지도〉 '경조오부도'를 보면
우측 하단에 '상림(桑林)'이라는 표현이 나오는데, 뽕나무가 많았기 때문이겠
죠. 잠실종합운동장 근처에는 '부리도(부렴마을)'라는 비석이 있어요.

　1988년의 서울올림픽을 위해 서울의 많은 공간에 인위적인 손길이 닿
게 되었어요. 60년대에 어렵게 아시안게임을 유치했지만, 재정 문제로 태
국에 양보한 일이 있었거든요. 그 후 잠실 지역에 대규모의 체육시설과 문
화행사를 위한 기반시설을 갖추기 위한 정책이 펼쳐졌죠. 1963년의 잠실
지도를 보면 한강이 신천강, 송파강 두 개의 물길로 갈라졌다가 다시 하나
의 물줄기로 이어지는 것을 알 수 있어요. 신천강과 송파강 사이에 '잠실
도', '부리도(浮里島)'라는 두 개의 섬이 있는데, 이 부리도가 지금의 잠실종
합운동장 부근이에요. 이때까지만 해도 잠실은 성동구에 속해 있었죠. 송
파강이 한강의 본류였고, 신천강이 지류였기 때문에 송파강을 기준으로

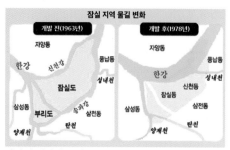

잠실 지역 물길 변화

개발 전(1963년)

자양동
한강
신천강
풍납동
성내천
잠실도
삼성동
부리도
동자강
삼전동
양재천
탄천

개발 후(1978년)

자양동
한강
풍납동
성내천
신천강
잠실동
삼성동
삼전동
양재천
탄천

잠실의 변화된 물길

행정구역을 구분했던 거예요. 부리도라는 이름은 홍수가 나면 사방이 물에 차고 이곳만 물 위에 떠 있는 듯하다는 뜻이에요. 즉 이곳은 한강의 범람원이었던 거죠.

이후 1971년 '한강 공유수면 매립' 사업으로 인해 송파강은 극히 일부(현재의 석촌호수)만 남기고 모두 육지로 메워졌고, 부리도도 육지가 되었어요. 신천강과 맞닿아 있는 잠실도의 북쪽 지역은 모래를 파내어 강의 폭을 넓혔고요. 즉 원래는 한강의 북쪽이었던 잠실이 인위적인 지형 변화로 인해 강남 지역이 된 거죠. 이때 퍼낸 모래들은 주변에 대규모의 아파트 단지와 건물을 짓는 데 사용했다고 해요. 아파트가 생기면서 원래 거주하던 사람들은 다른 지역으로 옮겨가고, 외지인들이 대거 이주하면서 마을공동체가 해체되었죠.

1981년, 88올림픽의 서울 유치가 확정되자 '한강종합개발계획'과 함께 한강 정비가 가속화되었어요. 1982년 9월부터 시작된 정비 공사는 하수처리장의 건설과 한강 양안의 고속도로 건설을 비롯해 한강에 유람선을 띄우는 등 한강을 레저 공간으로 탈바꿈하는 다양한 계획이 담겨 있었습니다. 한강을 따라 서울을 동서로 연결하는 올림픽대로를 비롯해 주요 간선도로가 건설되었고, 지하철 2, 3, 4호선 등의 대규모 건설사업이 진행되었어요. 한강에 시민공원을 조성하기 위해 시멘트로 둑을 쌓아 올렸고, 백사장은 흔적도 찾아볼 수 없게 되었답니다. 이곳의 모래들 역시 주변에 아파트와 도로, 건물을 짓는 데 쓰였고요.

옛 송파강의 백사장이었던 자리에 지금은 놀이공원이 들어섰고, 석촌호수만이 과거 송파강이 이곳에 흘렀음을 알려주는 마지막 증거로 남아 있어요. 최근 골목 여행으로 큰 인기를 끈 '경리단길' 이름을 본떠 석촌호수 주변은 '송리단길'로 불리고 있는데요, 이건 송파구의 '송' 자를 딴 것이죠. 이곳은 특색 있는 카페와 빵집, 음식점들이 많아서 금세 외국인들도 많이 찾는 명소가 되었답니다. 계절마다 벚꽃축제, 불꽃축제와 같이 호수를 중심으로 축제가 열리기도 해요.

삼전도비

석촌호수에 들렀다면 '삼전도비'도 꼭 보고 가세요. 병자호란 때 남한산성에 대피해 있던 인조가 이곳에서 청나라 태종에게 항복했어요. 당시에는 이곳에 있던 나루가 서울을 남한산성과 더불어 광주, 이천, 여주 등지로 이어주는 교통의 중심지였거든요.

사실 이 비문은 병자호란 당시 승리한 청나라 태종의 요구에 의해 세워졌기 때문에 청나라에 항복하게 된 경위와 청 태종에 대해 청나라의 입장에서 미화해 쓰인 거예요. 이후 고종은 청나라에 대한 사대관계를 청산하고자 이 비석을 무너뜨렸어요. 일제강점기에 일본 세력에 의해 복원된 삼전도비는 한국전쟁 이후에는 국보로 지정받기도 했습니다. 하지만 이듬해 국보 지정이 다시 해제되었고, 지역 주민들에게 민족의 수치로 여겨졌던 비석은 땅속에 묻히게 되었죠. 그런데 후에 홍수로 인해 토양이 침식되면

고종에 의해 무너진 채 방치된 삼전도비

서 다시 세상에 드러나게 되었어요. 사실 이곳이 홍수가 빈번하게 나는 지역이었거든요. 이후 공원을 조성했다가 지역 주민들의 반발을 부르기도 하고 여러 번 위치를 옮겨 다니던 삼전도비는 결국 원래의 위치로 돌아오게 되었답니다. 앞서 이야기한 것처럼 송파강의 물길을 넓히는 과정에서 원래 위치는 물에 잠겼기 때문에 고증을 통해 현재 위치를 추론한 것이죠. 삼전도비는 만주 문자, 몽골 문자, 한문으로 쓰여서, 이집트의 상형문자 연구에 있어 중요한 역할을 했던 로제타석처럼 17세기 언어 연구에 중요한 사료로 가치를 인정받기도 했어요.

또 우리 전통 사물놀이의 명맥을 이어가고 있는 서울 놀이마당도 들러 보세요. 한강 수운이 원활하게 기능하던 시절, 송파나루는 북한강 상류의 강원도와 남한강 상류의 충청도를 비롯해 전국의 물건이 모여 상업이 발달한 장소였거든요. 육지로 개발된 지금은 '송파나루터' 비석을 통해 과거

송파나루터

이곳이 배가 드나들던 곳임을 미루어 짐작할 뿐이지만요. 200여 년 전 당시에는 서울 근교에서 가장 발달한 상업도시답게, 장이 서는 날이면 상인들이 축적한 자본을 바탕으로 전국의 탈춤꾼들이 모여 신명나는 놀이마당이 벌어졌다고 해요. 당시

의 송파 산대놀이는 양반의 허위성에 대해 가면을 쓰고 조롱하는 내용이 주를 이루었어요. 하지만 1925년 을축년 대홍수로 인해 송파나루 주변이 흔적도 없이 사라지게 되면서 송파 산대놀이도 전승이 끊어졌지요. 전통문화를 계승하고자 하는 사람들의 노력으로 지금은 다시 명맥을 잇게 되었고, 한국의 멋과 해학을 현대적으로 재구성한 내용으로 매주 주말마다 공연되고 있답니다.

조금 더 걷다 보면 돌무지 고분군도 볼 수 있습니다. 이곳의 지명이 석촌(石村)인 이유도 바로 돌무지무덤이 많기 때문이에요. 290기(基)가 넘는 무덤이 있던 것으로 알려져 있지만, 현재 남아 있는 것은 5기 정도예요. 안타깝게도 대부분은 일제강점기와 한국전쟁을 거치면서 파괴되었거나, 도시화 과정에서 파묻히게 되었죠. 3세기 중엽 축조된 것으로 추정되는 이 돌무덤들은 백제시대의 유적이지만 고구려와 흡사한 양식을 사용하고 있어서, 백제를 건국한 세력들이 고구려에서 이주한 사람들이라는 것을 알려주는 중요한 사료랍니다. 아무래도 산지가 많은 북부 지역에서 내려온 이주민들에게 한강 유역의 비옥한 퇴적평야는 탐나는 곳이었을 거예요. 예나 지금이나 한강은 사람들에게 매력적인 공간임은 분명해 보여요.

━━◆ 하늘엔 조각구름 떠 있고 강물엔 유람선이 떠 있고 ◆━━

1980년대에는 대중가요 역시 통제의 대상이라 앨범에 '건전가요'라는 것이 포함되어야 했는데요, 수많은 건전가요 중 가장 많이 알려진 곡으로 〈아! 대한민국〉이라는 노래가 있어요. 이 노래의 가사 중에는 '강물엔 유람선이 떠 있고'라는 대목이 나와요. 사실 한강은 유람선을 띄우기에 적합한 강이 아니었어요. 서울 시민들이 여름이면 모여들어 피서를 즐기는 얕은 강이었죠. 1988년 서울올림픽을 유치한 뒤, 외국인 관광객들의 눈길을 사로잡을 만한 볼거리를 구상하던 사람들은 한강에 유람선을 띄울 계획을 세우게 돼

1974년 여름(ⓒ임인식, 1955)　　　　　잠실수중보

요. 하지만 한강은 1974년 여름의 사진만 보더라도 수심이 얕은 모래 강이었거든요. 배를 띄우기 위해서는 2.5미터의 수심을 유지해야 했고, 결국 잠실과 김포 일대에 각각 잠실수중보와 신곡수중보를 쌓아 38킬로미터에 이르는 구간에 물을 가두게 되었죠. 지금의 한강은 그 두 개의 보 사이에 갇혀 흐르지 않게 되었어요. 올림픽을 위한 상전벽해(桑田碧海)가 이루어진 셈이죠.

한강의 중심 한강진과 다양한 정자들

한강처럼 이름이 많은 강도 흔치 않을 거예요. 워낙 크고 긴 강이다 보니 지역마다 부르는 이름이 다 달랐거든요. 한강 상류인 춘천 지역에서는 소양강, 평창 지역에서는 평창강, 영월 지역에서는 동강, 여주 지역에서는 경강이라고 불렸죠. 또 현재 서울의 행정구역에 해당하는 지역들에서는 '서강', '마포강', '동작강', '노들강', '용산강', '송파강' 등으로 불리기도 했어요. 현재 통일해서 부르고 있는 '한강'이라는 이름은 바로 한강의 중심에 위치한 한강진 부근에서 부르던 이름이에요. 모두들 자신이 사는 곳의 지명으로 강 이름을 정할 만큼 수려한 경치는 많은 사람들의 사랑을 받았답니다. 그래서 한강 주변에는 정자도 많았어요. 지금은 대부분 사라져서 원래의 모습을 복원하기 위해 노력하고 있는 형편이지만요.

　영화 〈어벤져스〉의 촬영지로 유명해진 세빛섬을 아시나요? 사실 세빛섬은 진짜 섬이 아니라, 한강에 만든 인공 구조물이에요. 가빛, 채빛, 솔빛, 예빛의 네 개의 구조물로 되어 있는데, 예빛섬에서 '옛 섬이 있는 한강 풍경'을 주제로 행사가 열린 적이 있어요. 개발의 상징인 인공 섬에서, 개발로 인해 사라진 한강의 섬을 이야기한 거죠. 이때 중요하게 언급되었던 곳이 바로 '저자도'예요.

　앞서 살펴본 〈대동여지도〉 '경조오부도'의 우측 하단을 보면 '상림'(현재의 잠실 일대)의 왼쪽 부근에 '저자도(楮子島)'가 있어요. 닥나무가 많아 저자도라고 불렸다고 하죠. 지금 불리는 지명인 '압구정'은 조선시대 한명회의 호에서 비롯된 이름이에요. 네 번이나 일등공신에 이름을 올린 조선시대의 세력가 한명회는 남은 일생을 한적하게 보내고자 경치가 아름다운 이곳에 정자를 짓고, 강가에 살며 갈매기와 친하게 지내자는 뜻의 '압구(狎)

겸재의 〈경교명승첩〉

鷗'라는 호를 따서 정자의 이름을 압구정으로 지었다고 해요. 겸재 정선의 〈경교명승첩〉에서 언덕 위에 자리 잡은 정자가 바로 압구정이에요. 빼어난 경치는 중국까지 알려져서 사신들도 조선을 방문할 때 꼭 들렀을 정도였죠.

그러다 조선 성종 때, 중국 사신을 위한 잔치를 준비하던 한명회가 연회를 열기에는 자신의 정자가 좁으니 국왕이 사용하는 천막을 쓰게 해달라고 요청했어요. 이에 화가 난 성종은 폐단을 막기 위해 압구정을 헐어버렸고, 결국 압구정은 정자 없는 압구정이 되고 말았답니다.

뿐만 아니라 저자도도 사라졌고요. 저자도와 압구정 사이의 샛강은 주민들이 빨래를 하던 생활공간이자 여름철이면 휴양을 즐기는 여가 공간이었어요. 하지만 1970년대 한강 개발사업이 시행되면서 저자도의 퇴적물은 현재의 압구정 일대의 아파트를 건설하는 데 골재로 사용되었고, 지도에서 사라지고 말았죠. 그런데 최근 이 자리에 다시 퇴적물이 쌓이고 있는 것이 발견되었어요. 그러자 저자도에서 유년 시절을 보낸 시민들이 자발적으로 모여 서울시에 저자도 부근의 모래 준설을 중단할 것을 요청했습니다. 어쩌면 저자도가 고지도에 그려진 만큼 큰 섬으로 복원될 수는 없더라도 생명력을 지닌 공간으로 되살아날 수 있을지도 몰라요.

그럼 이번에는 한강에 남아 있는 정자를 찾아가볼까요? 양화나루도 한강진, 삼전도와 더불어 조선시대의 3대 나루 중 하나였어요. 경상도와 전라도, 충청도의 곡물이 모이는 곳이었죠. 양화나루 근처에 위치한 망원정은 태종의 둘째 아들인 효령대군의 별장이었답니다. 망원정(望遠亭)이라는 이름은 경치를 멀리 내다볼 수 있다는 뜻인데, 이름처럼 이곳에 오르면 한강의 수려한 경치에 빠질 수밖에 없어요. 사실 지금의 정자는 을축년 대홍

수(1925년) 때 망가진 것을 수리하고 복원한 것이랍니다.

망원정에는 흥선대원군과 관련된 일화도 있어요. 병인양요 때 서양 군대의 기술에 놀란 흥선대원군은 학의 깃털로 만든 배가 가볍고 빠르고 총포에 구멍이 뚫려도 괜찮다는 말을 듣고 제작을 지시한 다음 이곳 망원정 앞에서 띄웠다고 해요. 물론 모두가 예상하듯 학의 깃털로 만든 배에 사람을 태울 수는 없었겠죠. 또 평양의 대동강에서 불탄 미국의 제너럴셔먼호의 잔해를 이곳으로 가져와 배를 복구하라는 지시를 내렸다고 해요. 역시나 결과는 실패였죠. 지금의 망원정 앞에는 서울함 공원이 자리 잡고 있어요. 실제 우리나라 바다를 30년간 지키고 퇴역한 서울함과 특수작전 임무를 수행했던 잠수함까지, 총 세 척의 군함이 전시되어 내부를 체험해볼 수도 있답니다. 우리 기술로 배를 만들어 나라를 지키고자 했던 흥선대원군의 염원이 아직까지 이 장소에 남아 있는 걸까요?

애국정신이 깃든 용산과 동작진

앞서 이야기한 것처럼 조선시대 때 현재의 용산 일대의 한강은 용산강이라고 불렸어요. 한강 도성에 닿는 중요한 수운의 중심지로, 그만큼 의미가 컸던 거죠. 당시의 용산강 일대는 잔잔한 호수를 이루고 있어 '용호(龍湖)'라고 불렸고, 유명한 뱃놀이 장소로 정자도 많았다고 해요. 또 인근에는 서빙고가 있었죠. 지금이야 냉장고가 보급되어 얼음을 구하는 것이 쉬운 일이 되었지만, 조선시대에는 얼음이 사치품으로 여겨질 만큼 귀했거든요. 그래서 겨울철이면 한강의 얼음을 채취하고 이곳 빙고에 보관한 다음, 얼음을 구하기 힘든 계절에 공급하곤 했죠. 현재의 옥수동 일대에 있던

용산가족공원

동빙고는 서빙고와 같은 기능을 했고요. 목조 건축물이었던 빙고는 지금은 사라졌지만, 지명과 역 이름으로 아직까지 남아 있답니다.

용산에는 시민들의 쉼터가 되어주는 가족공원이 있습니다. 넓은 잔디밭과 연못은 이국적인 풍경을 자아내기도 하는데요, 주한미군사령부의 골프장으로 쓰이던 부지에 그대로 조성되었기 때문이에요. 용산에는 주한미군이 주둔하고 있어서 동작대교가 휘어진 형태로 건설되었어요. 다른 한강의 다리들이 직선의 연결도로를 갖는 것과 달리, 동작대교는 주한미군기지를 관통할 수 없다는 이유로 연결도로를 만들지 못했죠. 지하철 4호선 또한 주한미군기지를 돌아 휘어진 형태로 건설되었고요. 서울의 도시계획이 미군기지로 인해 큰 영향을 받았던 거예요.

최근에는 미군기지가 평택으로 이전하게 되면서 일부 공간에 공원이 조성되었고, 현재는 자연학습장과 잔디광장도 갖춰져 있어 누구나 자유롭게 쉴 수 있는 장소가 되었습니다. 한편 친환경 농장은 전통적인 우리나라 시골 모습처럼 정겨운 풍경이에요. 그 뒤쪽으로는 미군 부대시설로 쓰이던 건물들이 남아 있답니다. 용산가족공원 주변에는 국립중앙박물관과 국

국립중앙박물관

립한글박물관을 비롯해 전쟁기념관도 있어서 서울로 수학여행을 오는 학생들과 외국인 관광객들이 많이 찾곤 하죠.

용산공원은 지금 큰 변화의 기로에 있어요. 용산공원 구역을 대폭 확대하여 2027년까지 도시공원을 조성하는 정책이 추진되고 있거든요. 도시개발과정에서 단절된 남산과 한강의 연결을 회복하는 녹지공간으로 조성하는 동시에, 미군 주둔 시설이었던 용산기지의 시설물 전체에 대한 조사

국립한글박물관

를 통해 보존 가치가 높은 건물은 유산으로 남긴다고 해요. 더욱이 정부와 시민이 함께 추진하는 개발 방식으로 진행되고 있어 앞으로의 변화가 더 기대된다고 할까요.

현충원

오늘날에는 용산과 동작 일대에 현충원, 효사정, 사육신공원 등 애국과 효심의 정신이 깃들어 있는 공간들이 남아 있어요. 한국전쟁으로 인한 전사자들을 안장할 곳을 정하기 위해 우리나라에서 전통적으로 길지(吉地)를 찾기 위해 이용되었던 풍수지리 사상이 활용되었다고 하거든요. 그래서 지금의 현충원 자리에 국군묘지를 만들게 된 것이죠. 이후 애국지사, 임시정부 요원, 경찰, 학도의용군, 대통령 묘역까지 갖추게 되었고요. 근엄하게 자리 잡고 있는 현충탑을 보는 순간부터, 묘역을 돌아 다시 나올 때까지 숙연한 마음이 든답니다. 나라를 위한 숭고한 희생을 기리는 공간으로, 오늘날 정치인들이 취임을 하거나 중요한 일을 앞두고 현충원 참배를 하는 모습을 TV를 통해 자주 볼 수 있죠. 현충원은 그만큼 의미 있는 곳이랍니다.

'나의 섬', '너의 섬'이 우리의 공간이 된 여의도

뉴스에서 산불이나 가뭄과 같이 재난피해지역의 면적을 이야기할 때, 흔히 '여의도 면적의 몇 배'로 표현하는 것을 들어본 적이 있을 거예요. 여의도는 현재 금융과 상업, 업무 기능이 집중되어 있어 서울의 부도심 역할을 수행하고 있는 지역이지요. 여의도 과거에는 한강의 하중도였고 한강의 하류 부분이다 보니 대부분 저평해서 홍수가 나면 섬의 대부분이 물에 잠겼대요. 지금의 국회의사당 자리만 살짝 남아 있었다고 하죠. 이곳이 여의도에서 가장 높아서 '양말산'이라고 불렸다 하고, 또 여의도 앞쪽으로 보이는 밤섬에도 주변보다 높은 산이 있었다고 해요. 그래서 물에 잠기지 않고 남아 있는 모습을 보며 '나의 섬', '너의 섬' 하고 부르던 것이 여의도(汝矣島)라는 이름의 유래가 되었다는군요. 또 다른 설은 한강 하중도 중에 가장 넓은 섬이라 '너벌섬'이라고 불리던 것이, 나중에 한자식 지명을 표기하게 되면서 '너 여(汝)' 자에 '벌 의(衣)' 자를 써서 여의도가 되었다는 이야기도 있어요. 이것만 봐도 여의도가 그만큼 넓은 모래섬이었던 것을 알 수 있죠.

밤섬도 원래는 지금의 규모보다 훨씬 커서 조선시대에는 배를 만드는 기술자들이 정착하여 마을을 이루었을 정도라고 해요. 《대동지지(大東地

국회의사당

콘크리트로 둘러싸인 한강

志)》에 보면 "율도(밤섬)는 일찍이 마포팔경을 읊은 글 가운데에서도 '율도 명사(栗島明沙)'라 하였듯이 맑은 모래가 연달아 있어서 그야말로 한강 강 색과 섬의 풍치는 묘하게 어울린다"라는 구절이 나와요. 개발의 손길이 닿기 전에는 얼마나 아름다웠을지 기록을 통해 미루어 짐작해볼 뿐이죠. 조선시대에는 잠업이 활발하게 이루어지기도 했던 밤섬이었지만, 앞서 살펴본 다른 지역들처럼 1967년부터 여의도 개발사업이 시행되면서 여의도의 제방 축조에 필요한 골재 채취를 위해 폭파 해체되었어요.

지금의 밤섬은 다시 자연의 힘으로 퇴적이 조금씩 이루어지면서 철새들이 돌아오고 있어 람사르 습지로 지정되기도 했습니다. 겨울철에는 여의도 한강시민공원에서 밤섬 철새조망대를 운영하고 있어요. 최근 들어 겨울이면 가마우지가 밤섬을 새카맣게 수놓을 만큼 무척 많이 찾아오는데, 밤섬은 현재 공식적으로는 사람들의 통행이 금지되어 있기 때문에 철새조망대의 망원경을 통해서만 볼 수 있답니다. 얼마나 많은 가마우지가 왔는지, 배설물로 가득한 나무는 마치 눈이 쌓인 듯 하얗게 보일 정도예요.

여의도 한강시민공원에서 '여의도 비행장 역사의 터널'을 지나면 바로

밤섬 철새조망대

여의도공원이 나와요. 이곳은 한국 최초의 비행사로 알려져 있는 안창남을 기리기 위한 공간이에요. 1917년, 미국인 비행사의 곡예비행을 관람한 뒤 비행사가 되기로 결심한 안창남은 일본의 비행학교를 졸업하고 나서 1922년 오색영롱하게 치장한 '금강호'라는 비행기를 타고 여의도 하늘을 날았어요. 당시 서울 인구가 30만 명 정도였는데, 무려 5만여 명이 나와 환호했다고 해요. 3·1운동과 독립의 꿈이 좌절되고 절망 속에 있던 국민들에게 큰 희망과 기쁨을 주었던 거죠. 이후 안창남은 중국으로 망명하여 독립운동을 위한 훈련 도중 불의의 사고로 일찍 세상을 떠나고 말았습니다.

이처럼 우리나라에서 최초로 곡예비행이 이루어지기도 했던 여의도에 제방이 만들어졌고, 그러자 개발은 가속화되었어요. 처음으로 중앙난방과 엘리베이터를 도입한 시범아파트가 분양되었는데, 그 당시엔 사람들의 호응이 좋지 않았다고 해요. 그래서 학군을 조정하기도 했다죠. 또 뉴욕의 월스트리트를 본떠서 '한국의 월스트리트'를 만들기 위해 금융기관과 방송국이 입지하도록 했답니다. 그래서 현재 이곳이 우리나라의 금융 중심지이기도 해요. 여의도 광장과 선착장도 만들어졌고, 여의도를 다른 지역

여의도 한강시민공원

과 연결하기 위한 도로와 교량도 만들어졌어요. 일제강점기부터 자리 잡고 있던 비행장은 여의도를 개발하는 과정에서 성남으로 이전하게 되었고, 현재 여의도공원 1번 출입구 앞 광장에 남아 있는 C-47 수송기 한 대가 과거 이곳이 비행장으로 사용되던 장소임을 알려줄 뿐이랍니다. C-47 수송기는 1945년 8월 18일, 대한민국임시정부 광복군 대원들이 이곳 여의도까지 타고 온 비행기예요. 긴 독립운동을 끝내고 고국 땅을 밟는 그들의 감회는 어땠을까요? 감히 상상할 수조차 없네요.

여의도공원이 길쭉한 모양인 이유는 과거의 활주로를 바탕으로 만들어졌기 때문이에요. 1971년에는 이곳을 광장으로 만든 후, '5·16광장'이라고 명명했어요. 우리나라 최초의 광장이자 가장 넓은 광장이라는 상징성보다도 당시 정권의 정당성을 홍보하기 위한 의도가 담겨 있었던 거죠. 이후 매년 국군의 날 행사가 이곳에서 열렸답니다.

여의도 비행장 역사의 터널

여의도공원 활주로와 C-47 수송기

최초로 민선으로 선출된 조순 시장은 이곳의 이름을 여의도공원으로 바꾸고 시민들의 쉼터를 조성하는 사업을 추진했어요. 최근 세계의 여러 도시들은 누구나 편하게 다닐 수 있는 물리적·제도적 장벽이 없는 공간을 만드는 '배리어 프리(barrier free)' 운동을 추진하고 있거든요. 여의도공원도 역시 휠체어를 타는 교통약자들도 방문할 수 있도록 '장애물 없는 산책로'를 조성하는 한편, 자전거도로도 갖추고 있어서 많은 시민들이 도시 속의 녹지를 경험할 수 있죠. 또 최근 우리나라에서 문제가 되고 있는 쓰레기를 줄이기 위해 마치 쓰레기를 버리는 것을 게임처럼 경험할 수 있는 기계들이 놓

여의도공원

여 있는데요, 쓰레기를 버린 만큼 포인트를 모아 현금으로 쓸 수 있답니다.

2015년에는 대중교통 환승센터 조성을 위한 조사 도중 지하 벙커를 발견하게 되었어요. 그 용도를 알기 위해 항공사진을 시기별로 분석한 결과, 1970년대에 출입구가 생겨난 것으로 추정되었죠. 서울시는 이 장소에 담긴 역사성을 보존하기 위해 미래유산으로 지정하고, 'SeMA벙커'라는 미술전시관으로 탈바꿈시켰답니다. 여의도공원 바로 건너편에 있는 이곳은 역사 갤러리와 함께 현대예술 전시까지 하고 있어서 과거와 현재가 공존하는 공간이라고 할 수 있습니다. SeMA벙커에서 몇 걸음 더 지나가면 IFC몰이 나와요. 쇼핑과 여가가 결합된 '몰링'을 할 수 있는 공간이죠. 다양한 국적의 패션 브랜드와 다채로운 세계의 음식을 만날 수 있어 세계화를 몸소 느낄 수 있답니다.

쓰레기 분리수거 기계

서울이 600년 넘게 수도로 기능할 수 있었던 이유는 한강이라는 큰 강을 끼고 있었

IFC몰

여의도 환승센터와 SeMA벙커

던 것이 중요한 요인으로 손꼽힌다는 건 다들 아실 거예요. 오랜 시간 서울의 중심을 지켜온 한강은 1970년대에는 거주 공간을 마련하기 위해 많은 부분이 매립되었고, 1980년대에는 국제적 스포츠 행사를 치르기 위해 한강 주변이 콘크리트와 아스팔트로 채워지면서 단절된 공간이 되었어요. 1990년대 들어서는 개발에만 치중했던 과거에 대한 문제 제기가 이어지면서 한강의 환경을 복원하는 것에 대한 논의가 시작되었고요. 2000년대에는 '한강 르네상스 프로젝트'를 통해 기능적 측면이 강조되었죠. 최근에는 다시 철새와 야생동물이 찾는 환경 친화적인 공간이면서 시민들이 휴식을 취할 수 있는 문화 공간으로 조성하려는 구상이 진행되고 있어요.

앞으로 한강을 둘러싼 지역들은 또 어떻게 변하게 될까요? 강은 계속 흐르면서 변화해요. 하지만 그것이 누군가가 의도를 가지고 만들어내는 게 아닌, 자연의 힘이 오롯이 담긴 변화로 이어지길 바라봅니다.

CITY

을지로&명동

종묘

전태일기념관

세운상가

동대문외류타운

광통교

청계천

을지로3가리골목

평화시장

한국은행

을지로

대림상가

방산시장

을지로

동대문
중앙아시아거리

DDP

명동성당

신세계백화점 본점

N서울타워

남산공원

남산과 청계천 사이
서울의 도심, 을지로~명동

    부산시 중구, 대구시 중구 등 도시의 전통적인 중심 지역에 '중구(中區)'라는 행정구역 명칭을 쓰는 경우가 많아요. 서울특별시에도 중구가 있는데, 그 지역은 구체적으로 어디일까요? 600년 서울의 시작이라고 볼 수 있는 경복궁 주변이라고 생각하기 쉽지만, 경복궁, 창덕궁, 종묘 등 청계천 북쪽에 있는 조선시대의 중심 공간은 모두 '종로구'에 속해요. 서울의 중구는 청계천 남쪽부터 남산에 이르는 명동 일대의 지역이랍니다. 이런 행정구역 명칭은 우리의 아픈 역사와 관련이 있어요. 종로구, 중구 등의 행정구역은 1943년 일제가 '구'를 이용한 행정구역 변경을 실시하며 만들어진 거예요. 일제강점기 서울시 중구 명동 일대에는 일본인들이 가장 많이 모여 살아 본정(本町, 혼마치)으로 불렸거든요. 그래서 일제는 1943년 행정구역을 변경하면서 일본인의 중심 지역인 청계천 남쪽부터 남산까지의 지역을 '중구'로 명명하고, 경복궁,

창덕궁 등 조선의 핵심지역이었던 곳은 도성의 문을 여닫는 시각을 알리던 종루가 있는 길이라는 의미의 '종로구'로 정한 것입니다.

조금은 씁쓸한 이유로 붙여진 이름의 서울시 중구 지역은 일제강점기 이후 현대적인 개발이 가장 먼저 이루어졌어요. 그래서 현재 오래된 건물의 개발과 보존이 많이 논의되고 있죠.

그럼, 지금부터 산과 하천이 공존한 곳에 시간이 겹겹이 쌓여 다양한 매력을 찾을 수 있는 남산, 명동, 청계천, 을지로 그리고 동대문으로 도시 여행을 떠나볼까요?

청계천, 시간의 흔적을 따라 걷다

서울이 조선의 수도로 정해지기 전 청계천은 자연 상태의 하천이었습니다. 사방이 산으로 둘러싸인 한양의 지리적 특성상 상대적으로 지대가 낮은 도성의 한가운데로 물길이 모여 청계천이 형성된 거죠. 한양이 조선의 수도가 된 후 청계천은 한양도성의 한복판에 흐르는 명당수가 되었어요. 청계천은 인왕산에서 발원하여 서쪽에서 동쪽으로 흐르다가 뚝섬에서 중랑천과 만나 한강으로 흘러갑니다.

청계천은 봄·가을은 대부분 말라 있는 '건천(乾川)'이었고, 여름철에는 물이 넘쳐 자주 홍수가 났다고 해요. 1411년 태종은 자연 하천이었던 청계천의 바닥을 파고 물길을 넓힌 후 축대를 쌓게 하면서 이름을 '개천(開川)'이라 명명하고 관리했습니다. 조선 후기 개천 정비에 가장 큰 힘을 쏟은 임금은 영조였어요. 약 20만 명이 동원돼 청계천 6가의 오간수문이 막힐 정도로 쌓여 있던 토사를 파냈습니다. 이어 1773년엔 돌로 축대를 쌓아 구불

청계천

구불하던 청계천을 직선화하면서 대대적인 토목사업을 진행했어요. 당시 하천 바닥을 파낸 엄청난 양의 흙을 한곳에 모으면서 커다란 산이 생겼는데, 인공으로 쌓은 산이라 해서 '가산(假山)'이라고 불렀어요. 홍수가 나도 토사가 밀리지 않도록 산에 나무와 꽃을 심었지요. 이때 심은 나무와 꽃으로 향기가 가득하다 해서 이 동네 이름이 '방산동(芳山洞)', 지금의 청계천 방산시장이 있는 곳이 되었답니다. 준설 공사 후 갈 곳 없는 빈민들은 가산에 토굴을 파고 생활했다고 해요.

일제강점기인 1914년 개천은 청계천으로 이름이 바뀌었습니다. 1914년은 일제가 '창지개명(創地改名)'의 일환으로 우리나라의 지명을 새로 지었는데, 이때 서울의 당시 이름인 '한성'을 '경성부(京城府)'로 고치기도 했어요.

한국전쟁 후 생계를 위하여 서울로 모여든 피난민들이 청계

방산시장

천변에 판잣집을 짓고 하나둘 정착하기 시작했죠. 하지만 청계천은 제대로 관리되지 않은 채 여기저기서 쏟아지는 오수와 쓰레기, 토사로 인해 오염되고 말았습니다. 그래서 1950년대 중반 청계천은 대표적 슬럼지역이 되었어요.

당시 교통, 위생, 환경 문제 해결을 위해 선택한 방법은 '복개(覆蓋)', 즉 하천에 덮개 구조물을 씌워 겉으로 보이지 않도록 하는 거였어요. 1958년부터 4년간 청계천 도심부 구간(광교~오간수교)을 복개했으며 1966년에는 신설동까지 복개가 이루어졌죠. 이 과정에서 광교는 파묻혔고 석축은 흩어졌으며, 청계천 주변 판잣집들도 헐렸습니다. 청계천 복개로 그 주변에 살던 많은 사람들이 봉천동, 신림동, 상계동 등으로 강제 이주됐어요. 빈곤의 상징인 달동네가 그렇게 형성된 거죠.

1967~1971년에는 복개된 청계천 도로 위로 청계고가도로가 건설됐어요. 이후 청계로 주변에 평화시장, 동대문시장, 세운상가 등이 들어섰습니다.

2000년대 들어서 낡은 고가 철거를 통한 안전성 확보, 환경 친화적 도심 공간 조성, 역사성과 문화성 회복 등을 이유로 청계천을 다시 열어 물길을 복원하자는 분위기가 형성됐습니다. 서울시장 선거에서 청계천 복원을 공약으로 내건 이명박 후보가 당선되면서 2003년부터 2년간 청계천 복원 공사가 진행되었어요.

복원 이후 청계천은 서울시민이나 외국인들이 즐겨 찾는 명소가 되었으며, 도심 내의 휴식 공간을 제공하고 과거의 명당수를 복원했다는 긍정적인 평가를 받고 있습니다. 그러나 한강 물을 끌어다 쓰는 인공 어항과 같은 직선 하천으로 복원되어 관리에 많은 비용이 드는 문제가 있어요. 또 복원 과정 중 발굴된 조선시대 유물을 방치했다는 비판을 받기도 하죠. 또한

전태일기념관

청계천 주변 상가를 이전하는 과정에서 제대로 된 보상과 이주 지원이 이루어지지 않았다는 문제가 제기되기도 해요.

청계천을 걷게 된다면 2곳의 박물관은 꼭 방문해보길 추천드려요. 첫 번째는 종로3가 삼일교에서 수표교로 향하는 길 옆쪽에 있는 노동운동가 전태일기념관입니다. 그는 봉제노동자로 일하면서 열악한 노동조건 개선을 위해 힘썼어요. "근로기준법을 준수하라! 우리는 재봉틀이 아니다!" 전태일은 1970년 11월, 근로기준법 준수를 요구하며 분신자살을 했습니다. 기념관 전면에는 전태일이 노동 조건을 개선하고자 근로감독관에게 썼던 편지를 모티프로 한 조형물이 설치되어 있어요. 전태일기념관은 그의 생애와 당시 노동현장을 담고 있답니다. 전시를 둘러보며 노동과 인권에 대해 다시 한 번 생각해보는 시간을 갖는 것도 좋을 것 같아요.

두 번째로 추천하는 박물관은 바로 청계천박물관이에요. 청계천이 중랑천과 만나는 청계천 동쪽 끝으로 가면 청계천 옆에 판자촌을 재현해놓은 곳을 볼 수 있는데 그곳에 위치해 있죠. 청계천박물관은 먼저 입구에 있는 에스컬레이터를 타고 4층으로 올라가서 내려오며 관람하는 게 좋아요. 위에서 아래로 흐르는 물길의 속성을 따라 자연스럽게 청계천의 역사와 문화를 관람할 수 있거든요. 박물관 옥상정원으로 가면 청계천을 조망할 수 있으며 청계로 시절을 기억하기 위해 남겨둔 고가도로 일부도 볼 수 있답니다.

서울에 남아 있는 가장 오래된 석조 건축물, 광통교

광통교

신덕왕후 강씨는 태조 이성계가 어린 세자로 내세웠던 방석의 생모로 이방원과는 정적 관계였어요. 왕자의 난을 일으켜 방석을 제거하고 태종이 되어 집권한 이방원은 정동에 있던 신덕왕후의 묘인 정릉을 사대문 밖으로 옮겨버렸습니다. 그리고 새 능을 묘로 격하했고, 봉분은 깎았으며, 왕가의 상징인 병풍석과 난간석도 모두 쓰지 못하게 했어요. 또 1410년 원래의 정릉인 정동에 남아 있던 석물 중 일부를 청계천 광교(광통교)를 보수하는 데 사용했죠. 결국 왕후의 무덤에서 하루아침에 다리가 되어 사람들의 발에 밟히는 운명을 맞게 되었답니다.

뭉쳐서 큰 힘을 발휘하는 을지로 특화거리

'을지로'는 서울시청 앞 을지로입구부터 을지로 7가(동대문역사문화공원역)까지 2.74킬로미터 구간의 오래된 길입니다. 광복 후 1946년 일제식 명칭들을 개정할 때 고구려 장군 을지문덕 장군의 성을 따와 지금처럼 을지로라고 부르게 되었어요. 을지로를 따라 천천히 걷다 보면 현대에서 과거로 변화하는 느낌이 들기도 해요. 을지로입구부터 을지로 2가까지는 백화점, 금융기관, 호텔 등 높은 현대식 건물이 위치해 있는데, 그렇게 걷다 을지로 3가 전철역을

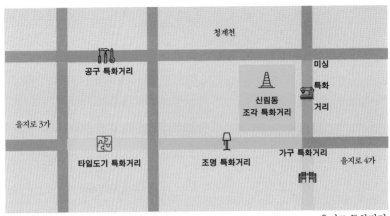

청계천

공구 특화거리

미싱
특화
거리

신림동
조각 특화거리

을지로 3가

타일도기 특화거리

조명 특화거리

가구 특화거리

을지로 4가

을지로 특화거리

만날 때쯤 되면 스카이라인이 갑자기 낮아지죠. 을지로 3가 주변에는 타일·
도기를 파는 매장이 집중돼 있고, 을지로 4가 쪽으로 가면 조명 특화거리가
나와요. 그러다가 을지로 5가를 지나 7가(동대문)를 향해 가면 이번엔 다시 건
물이 높아지며 호텔과 쇼핑몰이 나타납니다. 즉 을지로의 시작과 끝이 도심
업무지구와 패션단지로 화려하다면, 중간쯤인 3~5가는 오랜 기간 소상공인
들의 터전으로 유지되어 소박한 느낌을 주기 때문에 현대와 과거가 공존하
는 느낌이 드는 거예요.

　을지로 3~5가 일대는 한국전쟁 이후 무너진 도시의 재건을 위해 집수
리에 관련된 모든 것이 자리 잡으며 특화거리를 형성했어요. 건물을 치장
하는 건자재와 철물에서부터 페인트와 조명, 욕조와 수도꼭지, 문손잡이
와 타일 등 모든 것이 있죠. 사실 청계천, 을지로의 공구거리 역사는 조선
시대부터 시작된다고 볼 수 있어요. 조선 중기 궁궐과 관공서가 가까워 납
품할 물건을 만드는 장인들이 모여 있던 곳이거든요. 한국전쟁 직후 청계
천변에 터를 잡기 시작한 공구상가는 1961년 청계천이 복개되면서 본격

적으로 발전했습니다. 을지로는 목재, 가구, 철물, 페인트, 도배, 공구 등이 서로 유기적인 맞물림 속에 도매 및 소매상이 있는 데로 발전하여 한때는 '못 만드는 것이 없는 곳'이라는 평가를 받았답니다.

을지로 4가역 부근의 세운상가는 종로에서 충무로에 이르는 약 1킬로미터의 건물군을 뜻하기도 하고, 가장 먼저 지어진 종로 쪽의 세운상가를 단독으로 지칭하기도 해요. 종로에서부터 세운, 현대, 청계, 대림, 삼풍, 풍전(호텔), 신성, 진양상가 등 8개의 건물이 남북 방향으로 줄지어 서 있거든요. 그중에도 종로 쪽에 위치한 세운상가는 1968년 국내에 처음으로 만들어진 종합 전자상가로, 건축가 김수근 선생이 설계한 우리나라 최초의 주상복합건물이에요. 개관식 때 대통령과 영부인이 참석할 정도로 관심이 높았다고 해요.

세운상가가 들어서기 전, 청계천 일대에는 미군부대에서 흘러나온 각종 기계, 공구, 전자제품들을 판매하거나 제품을 뜯어서 부품을 팔고 그 부속품으로 새로운 것들을 만들어 판매하는 사업장들이 자리하고 있었어요. 후에 들어선 세운상가는 종합 가전제품 상가이자 전자산업, 컴퓨터산업의 메카였죠. 전자기기와 부품, 컴퓨터, 소프트웨어를 찾는 사람들로 항상 북적였으며 "미사일과 잠수함도 만들 수 있다"는 얘기가 돌 정도로 못 만드는 제품이 없었답니다. 당시 최첨단이었던 'TG삼보컴퓨터'와 '한글과컴퓨터' 등 컴퓨터산업도 세운상가에서 시작되었습니다. 세운상가와 그 주변의 을지로, 청계천 공구거리에서 만 명 규모의 장인들과 상인들이 유기적으로 얽혀 생산하고 판매하는 시장구조를 형성했어요. 그러나 세운상가는 정부가 86아시안게임을 계기로 전기, 전자 업종을 '도심부적격 업종'으로 지정해 용산 전자상가로 이전시키면서 쇠퇴하기 시작했습니다. 90년대 이

세운상가   대림상가

후 2000년대 들어 인터넷과 디지털, 모바일 기술 등의 발달로 유통구조가 크게 변화하면서 세운상가는 더 큰 어려움에 빠졌고 현재는 을지로 도심 재개발 논의의 중심에 서 있는 형편이에요.

그러나 여전히 세운상가와 그 주변에는 기술력을 바탕으로 각종 개발품 제작, 전문 수리 업종, 소규모 제조업체들이 상당수 자리를 지키고 있어요. 전기 전자부품을 비롯하여 금속, 공구, 조명, 음향 등의 재료를 활용해 맞춤형 생산을 할 수 있는 업체들이 집중되어 있죠. 현재 서울시는 이러한 세운상가의 잠재적 가능성을 바탕으로 '메이커시티 세운 : 도심 창의제조산업의 혁신지'로서 세운상가의 재생사업을 추진하고 있답니다. 참, 세운상가를 방문하게 되면 9층에 위치한 세운 옥상을 꼭 방문하길 추천합니다. 남쪽으로는 남산, 북쪽으로는 종묘와 북악산 등 탁 트인 전망을 무료로 감상할 수 있는 좋은 장소거든요.

을지로, 청계천 일대의 공구상가들이 만든 풍경은 또 있어요. 공구상가에서 일하는 사람들이 퇴근 후 거리에서 가볍게 노가리에 생맥주를 마시곤 했는데, 그때부터 자리를 지키고 있는 오래된 가게들이 여전히 영업을

세운상가 옥상에서 본 종묘와 북악산

하고 있거든요. 이처럼 1980년대부터 자연스럽게 형성된 을지로 노가리 호프 골목은 2015년 서울미래유산에 선정되기도 했죠. 유명세를 타 이제 는 '을지로 노가리골목'이라는 이름으로 많은 사람들이 찾고 있답니다. 몇 년 전부터는 해당 구청에서 퇴근 시간 이후 도로에 야외 테이블을 놓고 장 사를 할 수 있게 조례를 개정해 골목이 활성화되는 데 힘을 보태주었어요. 주말 등 사람이 많이 모일 때는 족히 몇 천 명까지 모여드는 장소가 되었 고, 2013년 이후 열리는 을지로 노가리맥주축제(노맥 축제)도 볼만한 구경

을지로 노가리골목

거리랍니다.

을지로는 노가리골목뿐만 아니라 매력 있는 여러 노포(오래된 가게)와 카페들이 골목 사이사이에 있어 '힙지로'(힙한 을지로-새롭고 개성이 강한 을지로)라는 별명도 갖게 되었어요. 새로움(new)과 복고(retro)를 합친 신조어로, 복고를 새롭게 즐기는 경향을 일컫는 말인 '뉴트로'가 유행하는 가운데 SNS를 통해 을지로가 입소문을 타고 유명해진 거예요. 설렁탕, 냉면 등 맛으로 소문난 오래된 음식점에 새로 생긴 뉴트로 식당, 카페 등까지 합세하여 더욱 많은 사람을 끌어들이고 있어요. 노가리골목이 위치한 을지로 3가역에 가면 조선시대 국립 의료기관인 '혜민서'의 표지석을 볼 수 있는데요, 그래서인지 을지로 주변엔 약재상이 많이 모여 있었답니다. 조선시대에는 약재를 구하러, 요즘에는 먹거리를 위하여 시대를 뛰어넘어 많은 사람들이 을지로를 방문하고 있는 셈이에요.

서울시 중구청은 우리나라 근대화의 꿈을 실현했던 특화 골목 투어로 '을지유람'을 진행(중구청 홈페이지 사전 신청)하고 있습니다. 골목길 해설사와 함께하는 을지로 투어로 도시 여행을 떠나보는 것도 좋겠죠?

패션과 디자인의 메카, 동대문

우리가 흔히 말하는 동대문은 어느 지역일까요? 동대문 일대의 행정구역은 조금 복잡합니다. '동대문'이란 말이 들어간 지명의 행정구역 중 동대문역사문화공원역을 중심으로 한 동대문디자인플라자(DDP), 동대문 패션거리(두산타워, 밀리오레 등), 제일평화시장, 평화시장 등은 '중구'에 속합니다. 반면 동대문역, 동대문(흥인지문), 흥인지문공원, 동대문종합시장 등은 '종로구'에 속하죠. 그 이유는 동대문 일대가 하나의 생활문화권을 형성하고 있지만, 행정적으로는 뚜렷한 경계인 청계천을 중심으로 중구와 종로구를 구분했기 때문입니다. 또한 동대문구는 동대문 안쪽이 아니라 동대문 바깥 지역으로 동대문(홍인지문)에서 동쪽으로 약 1.3킬로미터 떨어진 신설동에서부터 시작됩니다. 다시 말해 동대문구에 동대문이 없는 셈이죠. 어쨌든 여기서는 행정적인 경계보다 동대문의 생활문화권을 중심으로 청계천 남북 지역을 엮어서 이야기해보려 해요.

동대문이라는 지역의 이름은 한양도성의 사대문 중 동쪽에 만들어진 홍인지문(보물 제1호) 때문에 붙은 거예요. 예부터 한양은 동쪽의 기운이 약하다고 생각했어요. 그래서 세 글자인 다른 사대문들과 달리 기를 보충하기 위해 갈지(之) 자를 넣어 홍인지문(興仁之門)의 네 글자로 이름 붙인 거랍니다. 또한 도성의 8개 성문 중 유일하게 옹성을 쌓아 성문을 보호했습니다. 이렇듯 홍인지문을 흔히 동대문이라고 부르면서 이 지역을 일컫는 명칭이 된 거죠.

동대문 부근에 시장이 넓게 발달하게 된 것은 이 일대가 조선시대부터 시장이었기 때문이에요. 조선시대 때는 3대 시장이 있었는데, 국가에서 허가한 시전, 서소문 일대에 있던 칠패시장, 동대문 주변 고개인 배오개에 위치한 배오개시장입니다. 특히 칠패시장과 배오개시장은 18세기 상업의 발달과 맞물려 민간 시장으로 크게 활성화됐습니다. 지금 종로 5가에 위치한 광장시장은 1900년대 초·중반까지 동대문시장이라 불렸었죠. 종로 5, 6가의 시장은 해방과 한국전쟁을 거치면서 북한에서 내려온 월남인 및 피난민 등이 무허가 시장을 형성하면서 확대되었어요. 특히, 1970년대 말 동대문종합시장이 건립된 후 종로 4, 5가의 전통시장은 광장시장으로, 동대문역 일대의 시장은 동

DDP

대문시장으로 구분하여 부르게 되었습니다.

동대문역사문화공원은 1925년 개장한 동대문운동장(과거 경성운동장-서
울운동장)이 있던 곳으로 수많은 스포츠 경기와 중요 행사가 열렸던 장소
입니다. 2008년 운동장이 철거될 때 조선시대 유물이 발견되어 동대문역
사문화공원이라는 이름을 갖게 되었으며, 공원 내에 동대문유구전시장과
동대문역사관을 운영하고 있습니다. 동대문역사문화공원 옆의 3차원 비
정형 건물은 흔히 DDP라 불리는 동대문디자인플라자(Dongdaemun Design
Plaza)예요. DDP는 영국의 여성 건축가 자하 하디드가 설계하여 2014년
개관했으며, 전시, 패션쇼, 포럼, 컨퍼런스 등의 다양한 복합문화공간으로
활용되고 있답니다.

동대문시장 하면 흔히 패션, 쇼핑을 떠올리곤 하는데, 이것은 1962년 평
화시장이 문을 열면서 시작된 거예요. 1990년대에 들어 밀리오레, 두타와 같
은 패션 전문 복합쇼핑몰들이 들어서면서 국내 패션산업의 1번지로 자리매

평화시장과 청계천

김했어요. 특히 동대문은 최대 소비지인 서울 중심부에서 의류의 기획과 제조 그리고 판매까지 함께 진행할 수 있는 장점이 있죠. 그래서 동대문이 새로운 의류 디자이너들의 등용문 역할을 하기도 했습니다. 그러나 2000년대 들어서면서 글로벌 SPA 브랜드와 온라인 패션 쇼핑몰의 확대, 중국의 저가 경쟁 등으로 동대문시장이 어려움을 겪게 되었어요. 다행히 2010년 이후 한류 열풍으로 외국인 관광객이 동대문 쇼핑타운을 많이 방문해 상황이 좋아지긴

했죠. 이렇듯 동대문뿐 아니라 각 지역이 여행지로서 갖는 매력은 문화적 트렌드, 경제 상황 등에 따라 언제든 변화될 수 있답니다.

동대문 의류타운

지하철 2, 4, 5호선이 환승하는 동대문역사문화공원역 사이의 골목길에는 우리나라 최대 규모의 중앙아시아 거리가 있습니다. 한글보다 러시아어로 쓰인 상점의 간판이 더 많고, 매장에 흘러나오는 중앙아시아의 음악이 이색적인 느낌을 주는 곳입니다.

중앙아시아 거리(위)
은행 간판의 외국어 표기(아래)

중앙아시아 거리가 형성된 것은 한국과 러시아가 수교를 맺은 1990년 이후입니다. 러시아의 무역 상인들이 동대문시장으로 물건을 사러 오면서 이들이 이용하던 숙박시설과 환전소, 식당 등을 중심으로 거리가 만들어졌습니다. 골목의 여러 식당에서 볼 수 있는 '사마르칸트'는 우즈베키스탄 사람들에게 있어 마음의 고향 같은 도시 이름이에요. 중앙아시아 사람들이 고향이 그리울 때 찾는 거리라는 걸 알게 해주는 식당 명칭이죠.

몽골 사람들은 몽골타운이라 부르는 오피스텔 건물을 방문합니다. 환전소, 송금업체, 식료품점, 번역 업체, 여행사, 음식점에서 병원까지 약 40개의 업체가 한 건물에 몰려 있기 때문입니다.

이 거리에서 인기 있는 메뉴는 러시아식 파이 '피로그', 팬케이크 '블린느'와 우즈베키스탄식 볶음밥 '프러프', 그리고 전통만두 '만티', 양꼬치구이, 우유와 차를 섞은 몽골식 '수테차이' 등이라고 해요. 여러분도 방문하게 되면 한번 맛보시길 추천합니다.

서울의 랜드마크, 남산

'남산 위의 저 소나무~' 애국가에도 나오는 남산은 조선시대에도 최고의 산으로 손꼽혔어요. 원래 이름이 목멱산인 남산은 조선시내 목멱대왕으로 불렸으며, 신령스러운 산으로 여겨져 무당들을 총괄하는 국사당이 지어질 정도였죠. 국사당에서는 국가와 관련된 일로만 굿을 할 수 있었다고 해요. 그래도 기운이 좋다고 여겨 남산 일대에는 점집이 모여 있었는데 1970년대 김현옥 서울시장이 아파트 등을 지으면서 점집들은 미아리고개로 대거 이주했습니다. 이런 상징성으로 인해 남산 일대는 근현대사에서 가장 많은 변화를 겪은 곳이 되었답니다.

100여 년 전 일제의 침략과 더불어 일본의 지배권력(통감, 총독)과 일본의 신이 남산에 자리를 잡았습니다. 일제는 1925년 국사당을 없애고 그 자리에 조선신궁을 지었죠. 조선신궁은 조선에서 가장 등급이 높은 신사였어요. 남산 중턱에 만든 대규모 신사였기 때문에 사대문 안 어디에서든 신궁이 보일 수밖에 없었죠. 조선신궁은 광대한 면적에 신전 등 15개의 건물을 지을 정도로 큰 규모였으니까요.

조선신궁 계단(삼순이 계단)

조선신궁과 384개의 돌계단

지금도 조선신궁을 볼 수 있냐고요? 아니요. 조선신궁은 1945년 일본 패망 다음 날 일본인들 스스로 해체해버렸답니다. 조선신궁은 해체되었지만, 남산 주변에서 조선신궁의 흔적을 찾을 수는 있어요. 남산 중턱의 순환도로 는 조선신궁 참배를 위한 도로였고, 신궁까지 오르던 384개의 돌계단도 아 직 남아 있거든요. 서울시교육정보연구원 북쪽과 서쪽에 위치한 긴 계단이 바로 신궁까지 오르던 384개의 돌계단이에요. 2005년 방영한 드라마 〈내 이 름은 김삼순〉에 나와 '삼순이 계단'이라고도 불리는데 드라마만 추억할 게 아니라 우리의 안타까운 역사도 같이 기억했으면 좋겠습니다. 조선신궁이 있 던 자리에는 현재 안중근 기념관과 백범광장이 들어서 있습니다. 일제강점기 의 어두운 역사를 독립운동가의 기운으로 치유하고자 한 것이죠. 2019년에 는 위안부 피해자 기림비도 건립되었어요.

일제는 남산 자락에 지은 신궁으로 정신을 지배하고자 한 한편 통감부였 다가 이름을 바꾼 조선총독부로 몸을 탄압하고자 했습니다. 한일병탄조약 이 체결된 '한국통감관저 터'는 현재 위안부 기억의 터가 되었고, 1926년 경 복궁 앞으로 이전하기 전까지의 '조선총독부 터'에는 애니메이션센터가 위치

조선신궁 터 위안부 동상

하고 있습니다. 서울시는 2019년 일 제강점기 국권 침탈의 흔적이 남아 있는 남산 예장자락 1.7킬로미터 구 간에 역사탐방로 '남산 국치길'을 조 성했습니다.

일제의 탄압이 끝난 후에도 남 산은 평화로운 현재의 모습이 아니 었어요. 인권이 무시되고 고문이 이

루어지는 국가안전기획부가 있던 곳이 남산이었기 때문이죠. 국가안전기획부는 한때 중앙정보부, 안기부로 불렸던 기관이에요. 현재는 국가정보원이지만 곧 대외안보정보원으로 개칭될 예정이랍니다. 아무튼 남산 북쪽 사면의 서울 유스호스텔은 안기부 본관이었으며, 서울시 남산별관과 TBS 교통방송청사는 행정동이었습니다. 또한 지하벙커, 취조실로 사용되던 곳은 지금 서울종합방재센터가 되었고, 문학관 바로 앞에 있는 '문학의 집'도 2001년 옛 안기부장 공관을 리모델링한 건물이에요. 그 외에도 현재 남산창작센터로 사용되는 곳은 안기부 요원들을 위한 체육관이었다고 하니, 군부 독재 시절의 남산은 정말 무시무시한 곳이었답니다. 그럼에도 불구하고 민주주의를 이룩해낸 우리 국민들, 정말 대단하죠. 남산을 오르게 된다면 가끔은 군부 독재를 견뎌내며 정치 민주화를 이뤄낸 사람들의 노고를 생각하면 좋겠어요.

N 서울타워

그렇다고 남산이 아픈 역사의 암울하기만 한 곳은 아니랍니다. 남산 케이블카나 순환버스를 이용해 정상에 오르면 사방이 시원하게 트여 서울을 내려다보는 재미가 있어요. 남산에서 바라보는 서울 야경은 특히 멋있죠. 좀 더 높은 곳에서 경치를 감상하고 싶다면 서울의 상징이라 불리는 N서울타워의 전망대에 오르면 돼요. N서울

남산 둘레길

타워 조명의 색이 어떤 의미인지 알고 있나요? 빨간색이면 매우 나쁨, 노란색
이면 나쁨, 초록색이면 보통, 파란색이면 좋음! 바로 미세먼지 농도를 알려주
는 신호랍니다. 또한 남산 둘레길은 계절에 따라 각기 다른 아름다움을 느낄
수 있어서 산책을 하며 안중근 기념관 등을 둘러보거나 한양도성을 따라 걷
기에 아주 좋답니다.

남산 주변에는 볼거리도 많아요. 명동역에서 서울애니메이션센터까
지 이어지는 450미터 길에는 만
화의 거리인 '재미로'와 만화 문
화 공간인 '재미랑' 등이 위치하
고 있어요. 그리고 1989년 '남산
제 모습 찾기 사업'에 의해 조성
된 곳인 남산한옥마을도 빼놓지
말고 둘러봐야 하죠. 이곳은 수

명동역 앞 재미로 조형물

도방위사령부 부지에 전통한옥 다섯 채를 이전하고, 전통정원으로 조성해 산책하기 좋고, 연극, 놀이, 춤 등이 공연되고 있어 옛 문화를 접해볼 수도 있습니다.

남산을 여행하며 숲이 주는 휴식과 힐링, 애니메이션센터 주변의 재미, 그리고 N타워의 멋진 야경 등 여유 있고 낭만적인 기분을 느끼면 참 좋답니다. 그러나 우리의 억압과 아픔의 장소를 둘러보는 '다크 투어리즘'을 통해 역사를 기억하고 인권과 평화를 생각하는 기회를 가져본다면 그것도 무척 의미 있는 여행이 될 거예요.

쇼핑과 한류의 중심지, 명동

청계천 남쪽부터 남산 사이에 '명동'이 위치해 있습니다. 여러분은 명동하면 어떤 키워드가 떠오르나요? 쇼핑과 한류! 맞아요. 그런데 명동에는 100년이 넘은 근대식 건물과 거리에 많은 이야기가 깃들어 있어요. 쇼핑거리의 화려한 모습에 담긴 명동의 속 이야기를 알아볼까요.

먼저 우리나라 민주화의 성지로 불리는 명동성당을 가보죠. 많은 사람들이 오가는 명동 한쪽에 세월의 흐름을 고스란히 간직한 고풍스러운 건물이 있습니다. 한국 천주교의 상징이자 총본산인 명동성당이에요. 1886년 조선과 프랑스의 수교가 체결된 후 지어지기 시작한 명동성당은 1898년 우뚝 솟은 첨탑이 특징인 고딕양식의 벽돌 건물로 완공되었어요. 명동성당이 우리나라에서 가장 오래된 성당이라고 생각하겠지만, 그건 아니랍니다. 명동성당보다 늦게 공사를 시작했지만 1892년에 먼저 완공된 중림동의 약현성당이 우리나라 최초의 성당이죠. 명동성당을 설계한 코스트

신부가 중림동 약현성당도 설계해
두 건물의 분위기는 비슷해요.

명동성당은 1970년대 이후 민
주화 및 인권운동에서 중요한 역
할을 담당했어요. 6월항쟁, 대통령
직선제 개헌 등 민주화운동의 절
정이었던 1987년에는 약 120회,
연인원 6만여 명이 명동성당에서
집회를 가졌다고 해요. 이렇듯 명
동성당은 천주교뿐만 아니라 민주
화운동에 있어서도 커다란 의미를
지닌 곳이랍니다.

명동성당

요즘 명동은 다양한 국적의 외국
인들이 많이 방문하는 관광지가 되었죠. 그런데 명동이 외국인과 깊은 인연
을 맺은 건 꽤 오래된 일이랍니다. 조선시대의 명동은 벼슬이 높지 않은 양
반들이 많이 살았다는 남촌의 '명례방'이었어요. 명동이라는 이름도 여기서
유래된 거예요. 명례방 일대는 남산의 북쪽 자락으로 배산임수에 맞지 않았
어요. 또한 남산에서 내려온 토사가 약한 물줄기로 인해 청계천으로 잘 빠져
나가지 못해 비만 오면 사람의 왕래가 끊길 정도로 질퍽해서 '진고개'라 불
리기도 했다고 해요. 이런 이유로 명례방은 한양 내 거주지로 선호되지 않아
비주류 양반인 '남산골샌님, 딸깍발이'들이 주로 살았습니다.

그러나 19세기 후반 제국주의의 영향으로 가난한 선비의 마을이었던
명동 일대는 큰 변화를 겪게 됩니다. 1882년 임오군란의 진압을 위해 들어

온 청나라는 명동에 공관을 지었고, 그 영향으로 주변에 화교 상인들이 자리 잡게 되었어요. 후에 청나라 공관 옆에는 화교 자녀들을 위한 '한성화교소학교'(1909년)도 생겼죠. 지금도 명동 한쪽에는 청나라 공관이었던 중국대사관과 한성화교소학교가 넓게 자리하고 있습니다.

청나라 사람들로 붐비던 명동 일대는 1895년 청일전쟁에서 일본이 승리한 후 일본인들에게 점령당했어요. 일본인들은 자신들의 활동 지역인 명동 일대의 배수 문제를 해결하기 위해 우리나라 최초로 하수 토목공사를 실시하고 도로도 정비했죠. 일제강점기 동안 을지로와 남대문로 주변에는 동양척식주식회사, 조선식산은행, 조선은행, 경성우편국, 미쓰코시 백화점 등이 위치하게 되었고요. 중심 업무 지역인 을지로와 남대문로 안쪽의 명동은 1930년대 이후 근대 문물을 받아들인 모던 걸, 모던 보이들이 극장, 다방, 음식점 등에 모이는 경성 제일의 번화가가 되었습니다. 경성 내 금융과 행정, 쇼핑과 문화의 중심지가 명동 일대였던 거죠. 이때 만들어진 건물 중 일부는 지금도 그대로 남아 있습니다. 조선은행 건물은 한국은행 화폐박물관이 되었으며, 미쓰코시 백화점은 신세계백화점 본점으로 활용되고 있답니다. 지금도 을지로나 남대문로를 걷다 보면 여러 은행의 본점이나 증권회사 등을 볼수 있어요. 이것은 공간적으로 모여 집적 이익을 추구하는 금융기관의 기능적 특성이 지속적으로 반영되었기 때문이에요.

1960~70년대 명동은 문화예술인들의 본거지로 다방과 주점, 극장 등이 많은 낭만적인 곳이었어요. 특히, 당시의 다방은 음료를 마시는 곳에 머물지 않고 작가, 영화감독, 시인 등이 부류별로 만나 문화예술과 관련된 대화를 나누는 아지트였죠. 그러나 1970년대 후반 명동 길 건너에 롯데 계열의 쇼핑타운이 형성되고 명동 내에도 의류 상점 등이 모여들면서 값싼 다

신세계백화점 본점

방과 주점은 사라지게 되었습니다.

지금의 명동은 의류, 화장품, 신발 등 다양한 물건을 판매하는 거대한 쇼핑거리라고 할 수 있어요. 2000년대 이후 한류 열풍이 세계 각지로 확산되면서 명동은 외국인 관광객이 가장 많이 찾는 지역이 되었습니다. 어느새 중국어 등 외국어로 쓰인 상점 안내문과 직원들의 홍보가 익숙해졌죠.

한국은행

땅값이 가장 비싼 빌딩

명동 일대 골목길은 사람들이 안전하고 편하게 쇼핑과 관광을 할 수 있도록 '차 없는 거리'로 지정되어 있어요. 명동 내 주요 거리에는 노점상의 영업을 허가하여 200여 개의 노점들이 떡볶이, 해산물구이 등의 다양한 먹거리와 기념품을 판매하고 있답니다. 거리를 가득 채운 노점들이 외국인들에게는 명동의 매력으로 손꼽히지만, 통행의 불편과 쓰레기 문제 등으로 마땅찮은 시선을 보내는 사람들도 있습니다.

2004년 이후 전국에서 땅값이 가장 비싼 곳으로 쇼핑의 중심지 명동의 한 빌딩이 꼽힙니다. 기업들이 비싼 임대료를 감당하면서도 명동에 매장을 유지하는 것은 브랜드 홍보 효과 때문이겠죠. 또한 유동인구가 많은 곳이라 소비자들의 반응을 빠르게 살펴볼 수도 있고요. 그런데 같은 건물에서도 층에 따라 공간 구성이 다르다는 것을 알고 있나요? 지나가는 사람들의 시선을 끌어 판매를 해야 하는 화장품, 신발, 의류 등은 비싼 임대료를 내더라도 주로 1층에 위치합니다. 반면 고층으로 갈수록 단골이거나 목적이 명확한 사람들이 방문하는 업종인 병원, 피부관리실, 카페 그리고 사무실 등이 분포하죠. 명동 거리를 걸으며 건물의 층별 매장 배치를 눈여겨보는 것도 도시 여행의 색다른 재미가 될 수 있답니다.

조선시대에는 한양의 남촌, 일제강점기에는 경성의 중심 업무지구, 대한민국에서는 서울의 쇼핑과 한류의 중심지, 명동! 이제 명동은 그 어떤 지역보다 K-POP, 드라마, 영화 등 한류의 영향과 유행에 민감한 곳이 되었습니다. 지역을 찾는 사람의 필요와 요구에 맞춰 장소는 늘 변화하죠. 그렇다면 앞으로 명동은 어떻게 바뀔까요? 명동과 그 일대가 좀 더 매력적인 지역으로 변화하기 위해 필요한 콘텐츠는 무엇일까요? 봉준호 감독의 〈기생충〉이 세계 영화계에 한국 영화의 우수성을 알린 것처럼, 명동과 그 일대의 남산, 청계천, 동대문 등이 우리나라의 문화와 자연, 상품 등의 매력을 널리 알릴 수 있는 장소가 되면 좋겠습니다. ⚘

2^부

경기도

과거 상업도시에서 미래 산업도시로
변모하는 수원

수원은 조선시대 정조대왕과 아주 밀접한 도시입니다. 수원 하면 가장 먼저 연상되는 것은 바로 1997년 유네스코 세계문화유산으로 등재된 수원 화성(華城)이 아닐까 싶어요. 수원 화성은 정조대왕의 명으로 1794년에 짓기 시작해 2년 반 동안의 공사 기간을 거쳐 1796년에 완공된 신도시라고 할 수 있습니다. 성곽 전체 길이는 5.74킬로미터인데 대략 2시간 반에서 3시간 정도면 둘레길 전부를 돌 수 있죠. 팔달문(남문) 구간을 제외하면 전 구간이 연결되도록 복원되어 있기 때문에 어떤 곳이든 상관없이 오르면 과거로의 여행이 가능하답니다.

그리고 수원에는 유독 저수지가 많습니다. 수원시에만 9개의 저수지가 있으니까요. 수원의 옛 지명을 보면 '매홀'이라고 많이 불렸는데 이는 '물 고을'이라는 의미를 갖고 있어요. 또한 수원(水原)의 한자를 살펴보면, 물 수(水)와

근원 원(原) 자를 쓰고 있는데 이 역시 물이 풍부하고 하천이 잘 발달한 지역이라는 의미를 담고 있죠. 예로부터 물은 농사에 있어 매우 중요한 자원이었어요. 이에 물 자원을 이용하기 위한 각종 시설을 수원의 곳곳에 만들게 되었답니다. 예전에는 주로 농업과 관련된 시설이었던 저수지가 지금은 점차 도시민들의 휴식처로 변한 경우가 많습니다.

그럼 이제부터 현재 신도시 계획의 가능성을 엿볼 수 있고 조선시대의 건축기술과 정조의 효심을 배울 수 있는 곳, 그리고 저수지의 다양한 변화를 통해 농업의 중요성과 함께 사람과 자연이 어떻게 조화롭게 공존할 수 있는지에 대해 생각해볼 수 있는 바로 그곳, 수원으로 여행을 떠나볼까요?

우리나라 최초의 신도시, 수원 화성

수원이라는 도시의 시작은 정조대왕이 화성을 지으면서부터라고 해도 과언이 아니에요. 그러니 수원을 이해하려면 화성을 살펴보는 데서 시작하는 게 좋겠죠?

정조대왕은 즉위 직후에 영우원(경기도 양주시 배봉산)에 있던 아버지 사도세자(장조)의 묘를 풍수지리상 가장 명당인 화산(현재 화성시) 아래의 융릉으로 옮겼어요. 그리고 그 당시 읍치였던 그곳 사람들이 정착할 수 있는 새로운 도시를 팔달산 아래에 만들었고 그 주변에 성을 쌓았는데, 이

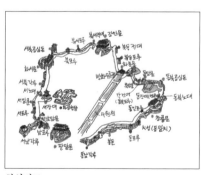
화성전도

것이 바로 화성이랍니다. 화성
안에는 왕이 행차할 때 머무를
수 있는 행궁도 만들어두었어요.

효심이 지극한 정조대왕은 한
양에서 융릉까지 아버지가 보고
싶을 때 자주 능 행차를 했어요.
24년의 재위 기간 중 예순여섯
번이나 능 행차를 했을 정도죠.

화성행궁 입구(신풍루)

그래서 1795년 2월 가장 큰 행차를 재현하기 위해 매년 10월 초에 수원시
뿐만 아니라 서울시, 안양시, 의왕시, 화성시가 연합하여 축제를 열기도 해
요. 서울 경복궁에서 화성시 융릉까지 59.2킬로미터의 전 구간에서 재현
하는 이 축제에는 시민과 배우 등 출연진 5,100여 명, 말 690여 필이 동원
된다고 하니 우리나라에서 가장 규모가 큰 퍼레이드라고 할 수 있답니다.

능 행차 퍼레이드

창룡문(동문)

화서문(서문)과 서북공심돈

　수원 화성은 우리나라의 다른 일반적인 성곽들과 다른 점이 여러 개 있어요. 우선 다른 도성이나 읍성들은 기존에 있는 도읍지나 지방 지역의 중심지가 있고 이를 방어하기 위해 성곽을 쌓는 경우가 많은데, 수원 화성은 새롭게 계획되어 사람들을 이주시키고 새로이 성을 축조했다는 점이에요. 일종의 신도시라고 할 수 있죠. 요즘 만들어지는 신도시가 대부분 자족 기능이 부족하여 침상도시(bed town)로 변하는 데 반해, 수원 화성은 그 당시 수도인 한양의 정치, 경제, 문화 등을 완벽히 대체할 수 있도록 설계되었답니다.

　다음으로는 평지인 시가지와 산지인 팔달산 자락을 연결하여 축조되었기 때문에 읍성과 산성의 장점을 모두 갖추고 있다는 점, 그리고 기존의 동서남북의 규칙적이고 대칭적인 성곽을 지은 것이 아니라 지형의 굴곡을 그대로 따라 축조하고 그에 맞는 곳에 대문과 수문, 각종 방어시설을 설치함으로써 성곽의 장점을 극대화했다는 점이 특징이에요. 이러한 수원 화성의 사대문을 창룡문(동문), 화서문(서문), 팔달문(남문), 장안문(북문)이라고 부르는데, 바깥에 옹성을 쌓아 문을 보호하게 만들었습니다.

장안문(북문) 팔달문(남문)

그리고 전통적인 성곽의 축조 기술뿐만 아니라 포루, 공심돈 등 서양의
새로운 방어시설을 함께 지었기 때문에 방어시설로서는 거의 완벽에 가깝
다고 해요. 특히, 공심돈은 적의 동향을 살핌과 동시에 공격도 가능한 독특
한 방어시설로 수원 화성에만 있다고 합니다.

마지막으로 그 당시 실학사상의 영향을 받은 정약용의 거중기와 도르

동북공심돈

래 등 새로운 축조기술을 사용하여 짧은 시간에 완성할 수 있었다는 점도 수원 화성만의 특징이라고 할 수 있어요.

과거를 상상하며 따라 걷는 화성 성곽둘레길

요즘 도시민들은 일상이 너무 바쁘기 때문에 여가 시간에는 천천히 여유를 즐길 수 있는 곳을 찾게 되는데요, 수원에서는 이런 느림의 미학을 즐길 수 있도록 여덟 가지의 길을 특화시켜 만들었습니다. 이를 팔색길이라고 부르는데, 그중 사람들이 가장 많이 찾는 곳이 바로 화성의 성곽둘레길이에요.

팔달문에서 시작하여 팔달산(145.5미터) 쪽으로 성곽길을 따라 오르면 정상에서 서장대와 8면의 서노대를 볼 수 있어요. 장대(將臺)는 군사를 지휘했던 곳이고, 노대는 다연발 화살을 쏘던 곳이랍니다. 팔달산 정상에 있

화성 성곽둘레길

연무대   봉돈

는 서장대는 성안뿐만 아니라 수원 시내를 조망하기에 매우 좋은 곳이에
요. 팔달산 정상에 군사를 지휘했던 서장대가 있다면, 아래 평지에는 군사
훈련을 했던 연무대와 함께 동장대가 있습니다. 연무대는 〈1박 2일〉 촬영
지이기도 했죠. 동장대는 화성 안에서 가장 큰 누각이랍니다. 그 외에 봉수
대인 봉돈도 볼 수 있는데, 독특하게 산 정상에 있지 않고 평지인 성안에

서장대와 서노대

서장대에서 바라본 수원 전경

설치한 것이 특징이라고 할 수 있어요.

　　화성에서 가장 경치가 빼어난 곳은 바로 '화홍문(북수문)'이에요. 화성의 이름이 화홍문(華虹門)에서 따왔을 정도니까 얼마나 아름다운 곳인지 알 수 있겠죠? 이에 화홍문 밑으로 흐르는 수원천의 모습이 빼어나다 하여 '수원 8경' 중의 하나로 불리고 있답니다. 그리고 '방화수류정'에서 내려다 보는 수원천의 수양버들과 화성 밖의 '용연'도 매우 아름다운 경관 중 하나

화홍문(북수문)

화홍문 야경

방화수류정(동북각루)

입니다.

화성 둘레길을 따라 걸으면 수원의 과거와 현재를 함께 볼 수 있을 뿐만 아니라 수원 8경 중 4경을 돌아볼 수 있다는 점이 매력적이죠. 또한 정조

용연

창룡문과 플라잉수원

대왕의 효심을 피부로 느낄 수 있고 조선 후기의 건축기술과 조경 등의 백미를 같이 감상할 수 있어 도시 속에서 여유를 즐길 수 있는 곳이기도 하답니다. 혹시 화성 전체나 수원을 조망하고 싶은데 걷는 것이 어려운 분이 있다면, 창룡문(동문)에 있는 '플라잉수원'이라는 열기구를 타고 하늘 위에서 화성과 수원 전체를 조망하거나 화성열차를 타고 둘러보는 것도 하나의 방법이랍니다.

성은 주요 시설이나 외부의 적으로부터 효율적으로 방어하기 위해 축조를 하는데, 일반적으로 그 목적에 따라 도성 또는 읍성, 산성, 장성 등으로 구분해요. 성에는 방어를 목적으로 옹성, 치성, 해자 등을 만들고요. 옹성은 성문을 공격하거나 부수는 적과 싸우기 위해 성문 앞에 만든 항아리 모양의 시설이에요. 치성은 성벽 바깥쪽으로 튀어나오게 덧붙여서 쌓은 벽으로, 성에 가까이 오는 적을 막을 수 있는 시설이죠. 해자는 적들이 쉽게 성에 접근하지 못하도록 성 밖에 둘러 판 못이랍니다.

① 도성(都城) 또는 읍성(邑城) : 주요 행정 시설이나 중심 도시(거주지)를 방어하기 위해 축조한 성으로서 임금이 사는 도읍지를 방어하기 위한 성을 도성이라 하고, 지방 주요 지역의 행정 시설과 민가를 방어하기 위해 쌓은 성을 읍성이라고 불러요. 우리나라에는 도성은 한양도성, 읍성은 해미읍성, 낙안읍성이 대표적이랍니다.

② 산성(山城) : 산지의 지리적 요충지에 설치하여 적이 침입하면 농성(籠城)을 위해 축조한 성이에요. 우리나라에는 남한산성, 상당산성 등이 대표적이죠.

③ 장성(長城) : 국경선의 취약 지역에 적을 방어하기 위해 축조한 성이에요. 중국의 만리장성이 대표적이고, 우리나라에는 천리장성이 있답니다.

젊은이들의 로데오 거리로 변모한 수원 남문시장

정조대왕이 재위하고 있던 조선 후기는 모내기의 보급으로 농업 생산물이 크게 늘었고 수공업 기술과 더불어 대규모의 수공업도 함께 발달한 시기예요. 이 때문에 늘어난 농업 생산물과 대량으로 생산된 수공업 제품들을 팔기 위한 상업도 번성하게 되었죠. 18세기에는 '장시'(현재의 시장)가 전국에 1,000여 개가 있었다고 하니 상업이 얼마나 번성했는지 짐작이 가시죠? 정조대왕은 수원 화성의 상업을 번성시킬 목적으로 전국의 상인들에게 인삼과 갓의 유통권을 주면서까지 그들을 불러 모았어요. 그래서 북

영동시장 입구   지동시장 순대타운

수문 근처에 위치한 북시장(성안 시장)과 남수문 근처에 위치한 남시장(성 밖 시장)이 만들어졌답니다. 남시장이 있던 곳에 지금은 '수원 남문시장'이 형성되어 220년간 그 명맥을 유지하고 있어요. 수원 남문시장은 수원 최대의 전통 시장이며, 영동시장, 지동시장, 팔달문시장 등 근처에 있는 9개 시장을 합쳐서 부르는 말이기도 해요. 이곳은 수원의 중앙에 위치하고 있고, 수원 내·외곽으로 연결되는 대부분의 도로교통 노선이 집중되어 있기 때문에 접근성이 뛰어납니다. 이에 전통 시장임에도 불구하고 침체를 겪는 다른 지역의 전통 시장과 달리 수원 화성과 더불어 사람들이 가장 붐비는 명소로 변모하게 되었죠. 영동시장의 한복 판매점과 팔달문시장의 통닭거리, 그리고 지동시장의 순대타운 등이 가장 대표적인 곳이랍니다. 특히, 영동시장에는 취업난을 겪는 청년들에게 창업의 기회를 제공하고자 '28청춘 청년몰'을 함께 운영하고 있고, 남문시장의 수원천가에서는 야시장과 푸드트럭도 운영하고 있어 젊은이들이 많이 찾는 곳이 되었습니다.

통닭거리

팔달문시장에 가면 옛날 가마솥 통닭을 판매하는 통닭집이 15개 정도가 모여 있는데, 이곳을 수원 통닭거리라고 불러요. 1970년대 시장 내에서 생닭을 직접 잡아 튀겨주던 좌판의 상인들로부터 시작되었다고 하고요. 이후 전문적으로 운영하는 통닭집이 두세 군데 점포를 차리게 되고 지속적으로 통닭집이 늘어 2000년대 초에 지금의 통닭거리가 완성되었다고 해요. 한편, 수원에는 '수원 갈비'와 '소고기해장국'도 유명해요. 1940년대 수원에는 전국 3대 우시장의 하나였던 '수원 우시장'이 있었거든요. 그래서 이곳에는 일제강점기부터 소고기를 끓여 만든 해장국집이 많이 있었대요. 또한 수원 남문시장의 맏형 격인 영동시장에는 상업의 성행으로 일제강점기를 지나 해방 이후까지도 부자 상인들이 많았다고 하죠. 이 부자 상인들은 귀한 소고기를 자주 사 먹을 수 있었고 그래서 해방 직후 이곳에는 이들을 대상으로 한 갈비구이집이 생겨나기 시작했다고 합니다. 이후 1960년대 박정희 전 대통령이 수원에 있던 농업 연구기관을 수시로 들르면서 '화춘옥'이란 갈비구이집을 찾게 되었는데 이때부터 '수원 갈비'가 전국적으로 유명해지게 되었답니다. 현재는 북수원의 노송지대와 동수원의 경부고속도로 진입로 등지에 약 30개의 갈비구이집이 있어요.

농업 신도시에서 도시민들의 휴식 공간으로

수원은 조선시대부터 큰 도시로 성장했음에도 불구하고 크고 작은 저수지가 9개나 있어요. 수원에 있는 많은 저수지는 어떻게 만들어졌을까요?

수원의 지형은 한남정맥에서 이어지는 산줄기가 수원 지역 전체를 둘러싸고 있는 분지 형태를 하고 있는데, 주산인 광교산(582미터)을 중심으로 주

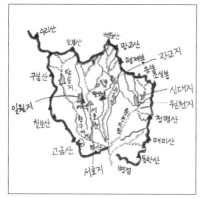

수원 지세와 하계망

로 동쪽에 높은 산지가 많은 편이에요. 이곳을 중심으로 발원한 원천리천, 수원천, 서호천 등이 수원을 관통해서 지나고 있죠. 이 하천들의 곳곳을 막아 여러 개의 저수지를 축조할 수 있었어요.

수원의 주요 저수지 현황

저수지	설치년도	이용목적	유연면적	저수량
일왕 저수지	1795년(정조19년)	농업용수	416 ha	37.3만 톤
서호 저수지	1799년(정조23년)	농업용수	2,107 ha	67.8만 톤
원천 저수지	1929년	농업용수	333 ha	198.8만 톤
신대 저수지	1929년	농업용수	647 ha	144.3만 톤
광교 저수지	1940년	상수원	1,098 ha	2,973만 톤

이러한 저수지는 농업과 매우 밀접한 관개시설이에요. 우리나라는 기후적으로 여름 강수집중률이 높은 데 반해 모내기나 파종이 이루어지는 봄철에는 가뭄이 잦고 강수량이 적은 편이거든요. 이에 봄철에 필요한 물을 확보하기 위해 일찍부터 저수지, 보(洑) 등의 전통적인 수리시설을 만들었죠.

조선 후기에는 우리나라 전국에 이앙법(모내기)이 시행되고 있었기 때문에 많은 양의 농업용수를 확보하는 것이 중요했어요. 정조대왕은 수원 화성이라는 새로운 도시를 건설하고 그 도시를 안정적으로 운영하기 위해 농업의 기반을 갖출 필요가 있었답니다. 이 때문에 벼농사를 위한 수리시설 확충은 필수적인 것이었죠. 이에 수원 화성 축조와 동시에 동서남북 4곳에 저수지를 만들었습니다. 이중 북쪽의 만석거(萬石渠)와 서쪽의 축만

영화정에서 바라본 만석거

제(祝萬堤)가 현재 수원에 남아 있습니다. 만석거는 현재 일왕 저수지로 불리고 있어요. 일제강점기에 이 지역의 일형면과 의왕면이 합쳐져 일왕면(日旺面)이 되면서 지역 이름을 땄기 때문이죠.

1795년(정조 19년)에 축조된 만석거는 수원 화성 운영을 위한 재원 마련뿐만 아니라 화성 내의 농가들의 농업 활동, 그리고 국가의 직영농장인 둔전(屯田)의 안정적인 운영을 위해 조성한 것이랍니다. 만석거를 축조함으로써 그 주변의 황무지였던 대유평(大有坪)을 논으로 바꿀 수 있었어요. 만석거는 노동과 휴식을 함께하는 공간으로 조성되었는데, 영화정(迎華亭)이라는 정자가 대표적이에요. 남쪽의 약간 높은 곳에 있는 이 정자는 열심히 일한 농부가 휴식을 하면서 만석거에 핀 아름다운 연꽃을 감상할 수 있는 곳이랍니다. 이곳에서 바라보는 만석거의 붉고 흰 연꽃과 대유평의 황금 들판이 아름답기로 유명해요. 하지만 안타깝게도 도시화에 따른 택지 개발로 인해 만석거는 3분의 1 정도가 매립되어 사라졌습니다. 하지만 만석

영화정

만석거에 핀 연꽃

공원으로 조성되어 많은 도시민들의 휴식 공간으로 이용되고 있답니다.

국내 최초로 '세계 관개시설물 유산'으로 등재된 축만제는 수원 화성의

서쪽에 있다 하여 서호로 불리고 있어요. 축만제는 '천년만년 만석의 생산

을 축원한다'는 의미를 가지고 있으며, 1799년(정조 23년) 당시로는 최대 규

모로 조성된 저수지예요. 국영농장인 서둔(西屯)의 농경지에 물을 공급하

기 위해 조성되었죠. 현재도 이곳을 서둔동이라고 부르고 있답니다.

축만제 남쪽에는 화성유수 박기수가 지은 항미정(杭眉亭)이라는 정자가 있는데, 조선 마지막 황제인 순종이 융·건릉을 행차하고 돌아갈 때 쉬어간 곳으로 유명해요. 이 정자에서 바라보는 서호의 낙조가 너무 아름답다 하여 '서호낙조(西湖落照)'라 불리고 있답니다. 이곳도 만석거와 마찬가지로 현재 서호공원으로 조성되어 자전거 트레킹과 함께 도시민들이 산책을 즐기는 장소가 되었으니 한번 들러보세요.

축만제 인근에는 농업연구시설들을 많이 찾아볼 수 있습니다. 대표적인 시설이 농촌진흥청과 서울대 농과대학인데, 일제강점기에 만들어진 농촌진흥청은 2014년 본 시설이 전라북도로 이전하기 전까지 시험답(試驗畓)을 만들어 농업을 지속적으로 연구했어요. 그리고 이전한 부지에는 농

서호낙조

항미정   국립식량과학원 시험답

촌진흥청의 역사성을 보전하고 농업과 농촌의 가치 및 잠재력을 알리는 농업역사문화전시체험관 선립이 신행되고 있죠. 본 시설은 이진했지민 아직도 이곳에는 국립식량과학원 및 시험답, 농어촌과학개발원 등이 남아 있어 농업 연구를 계속하고 있습니다. 최근에 조성된 수원 광교 신도시 내에는 우리나라의 대표적인 종묘 연구회사가 위치하고 있고요. 또 서울대 농과대학이 이전한 자리에는 경기 상상캠퍼스가 입지하여 청춘들의 창업

경기 상상캠퍼스 창업 사무실

(start-up) 사무실과 경기업사이클 센터가 들어섰는데, 이들이 운영하는 각종 수공예, 목공, 3D 프린터 등의 체험교실이 운영되고 있답니다.

한편 현재 우리나라의 전체 식량자급률은 20퍼센트대에 머물고 있어요. 그나마 주식인 쌀이

식량자급률의 95퍼센트 이상을 버텨준 버팀목이라고 할 수 있죠. 하지만 우루과이라운드(UR) 협정에 따라 쌀 수입을 전면 개방할 수밖에 없는 상황에 놓여 있어요. 쌀마저 무너져버리면 우리의 식량안보는 상당히 위협을 받을 수밖에 없는 것이 현실이랍니다. 예전이나 지금이나 국가 안정의 1순위는 식량을 제공한 농업이었죠. 식량안보를 위협받는 현 시점에서 저수지를 돌아보며 농업을 중시했던 선조들의 뜻을 한 번 더 생각해보는 건 어떨까요?

지금부터는 도시민들의 휴식 공간으로 변모한 저수지를 둘러볼 거예요. 첫 번째로 만석거와 축만제 못지않게 사람들이 많이 찾는 광교 호수공원으로 가볼까요? 광교 신도시는 녹지율이 40퍼센트가 넘고 인구밀도가 국내 신도시 중 최저라는 특징을 가지고 있어요. 이렇게 녹지율이 높고 인구밀도가 낮은 이유는 광교 신도시 내에 20만 평 규모의 원천 저수지와 신대 저수지를 포함하고 있기 때문이에요. 신도시 계획에 따라 새롭게 도시 내에 호수를 조성한 일산 신도시와 동탄 2기 신도시 등과는 다르게 원천 저수지와 신대 저수지는 신도시 개발 이전부터 이곳에 위치해 있었어요. 지금은 이 두 저수지를 합쳐 '광교호수공원'으로 부르고 있죠.

원천 저수지 전경

신대 저수지

원천 저수지와 신대 저수지는 일제강점기에 건설되어 주변 지역에 농업용수를 공급했던 수리시설이에요. 하지만 도시화에 따른 농경지의 감소로 인해 1980년대에는 유원지나 낚시터 등으로 이용되다가 신도시 조성 후에는 광교호수공원이 되어 도시민들이 가장 많이 찾는 명소로 변했답니다. 이 호수공원은 여러 특화된 공간을 설치하여 사람들에게 휴식 공간을 제공하고 있고, 산책길을 따라 있는 나무 난간에는 LED 조명을 설치해 야

광교 호수 전망대

간이면 멋진 풍광을 만들어내고 있어요. 또 원천 호수에는 전망대가 설치되어 있어 이곳에 오르면 호수 전체를 감상할 수 있답니다. 가끔 야외 공연장에서 개최되는 음악회나 재즈페스티벌 등을 만나게 된다면, 또 다른 멋을 즐길 수도 있고요.

광교 호수공원 인근의 광교산 아

래에도 아름다운 호수가 있어요. 바로 광교 저수지랍니다. 이 저수지 역시 일제강점기 때 만들어진 시설이에요. 다른 저수지들과는 다르게 상수원으로 이용되고 있죠. 광교산을 오르는 등산객을 비롯하여 많은 도시민들에게 휴식 공간이 되어주고 있는 광교 저수지는 봄철이면 저수지 산책로를 따라 2킬로미터 정도 피는 아름다운 벚꽃을 감상할 수 있답니다.

이렇듯 수원 내에 있는 많은 저수지들과 하천들이 버려지지 않고 도시민들에게 여가 및 휴식의 공간으로 변모할 수 있었던 이유는 이곳을 자연 친화적인 생태 공간으로 가꾸었기 때문이에요. 수원은 1996년부터 본격적으로 생태하천 복원사업을 시행했는데, 지금은 수원 내의 저수지 대부분을 공원화하고 생태하천으로 복원했죠. 이러한 변화는 도시민들에게 여가와 휴식 공간을 제공했을 뿐만 아니라 많은 철새들에게도 서식지를 마련해줄 수 있었어요. 수원의 어느 저수지나 하천을 가봐도 기러기, 검둥오리, 백로 등의 철새가 한가로이 먹이를 찾는 모습을 심심치 않게 볼 수 있답니다.

광교 저수지

광교 저수지의 벚꽃

도시의 성장과 함께 미래 도시를 향해 가는 수원

수원은 화성이 축조되기 이전까지만 하더라도 몇 채의 민가가 있었던 작은 시골 마을에 불과했어요. 하지만 수원 화성 축조 후 지속적으로 인구가 증가해 현재는 기초자치단체 중에 가장 많은 약 124만 명의 인구가 거주하는 지역이 되었답니다. 이는 전국 도시 중 인구 규모로서 일곱 번째로 큰 도시이고, 울산광역시보다도 더 커요. 그래서 용인시, 고양시, 창원시, 성남시와 더불어 '특례시'로 지정하려는 움직임이 있기도 하죠.

이러한 인구 증가에 따른 도시 성장은 주택지, 도로, 상업시설, 공원 등을 도시 내에 더 필요하게 만들었고 이로 인해 끊임없는 도시적 공간의 확장 및 변화를 겪게 되었죠. 이를 일컬어 우리는 도시화라 부른답니다. 도시는 노후화된 공간을 효율적인 공간으로 재개발하거나 도시계획을 통한 새로운 시설들을 조성하는 방법 등으로 공간을 계속 변화시키거든요. 수원역시 오래된 도시이고 인구가 끊임없이 증가하고 있기에 이러한 도시의공간적 변화 모습을 곳곳에서 찾아볼 수 있어요. 그럼, 먼저 도시 재개발이진행된 곳을 가볼까요?

도시는 시간이 지나면 지날수록 건물들이 노후화되고 낙후된 지역이늘어나기 때문에 이러한 지역을 더 효율적이고 경제적인 공간으로 이용하기 위한 도시 재개발은 필수적이라고 할 수 있어요. 아무래도 재개발이 경제적 성과를 목표로 많이 시행되다 보니 전면 철거 이후에 새롭게 아파트나 도로, 상업시설 등을 짓는 전면 재개발 방법이 많이 시행되고 있죠. 그러나 이런 방법은 주민들의 의견을 제대로 반영하지 못하는 경우가 많고, 이전 또는 보상 문제로 주민들과 자주 충돌하곤 한답니다. 또한 원주민들의 재정착률이 낮은 편이며, 한꺼번에 경제적 비용도 많이 들고 주변 지가

행궁동 벽화골목 　　　　　　　　　행궁길 공방거리

를 폭등시키는 등의 부작용이 발생해요. 그래서 최근 대두되고 있는 방법이 도시재생사업이에요. 수원은 문화재 보호구역이 곳곳에 있기 때문에 대규모의 전면 재개발사업보다는 구도심을 중심으로 곳곳에서 도시재생사업을 많이 시행했어요. 대표적인 지역이 행궁동 벽화골목과 행궁길 공방거리예요.

　도시재생사업 중 오래된 건물을 미관상으로 색다르게 바꾸기 위해 많이 택하는 방법이 벽화 그리기 사업이에요. 행궁동 벽화골목도 2010년 '대안의 길' 예술프로젝트 사업으로 벽화 그리기부터 시작한 결과물이죠. 여기 벽화골목에서 가장 눈에 띄는 곳은 나혜석 생가 터예요. 나혜석은 우리나라 여성 최초의 서양화가이자 독립운동가랍니다. 수원 인계동 번화가에는 나혜석을 기리는 나혜석 동상과 나혜석거리가 있어요. 나혜석 생가 터 외에도 자전거 모형의 조형물, 다양한 꽃을 그린 벽화, 숨바꼭질과 말뚝박이 등을 형상화한 벽화, 환경 캠페인 등과 연관된 벽화 등 다양한 주제의

나혜석 생가 터

그림들을 아기자기한 골목 곳곳에서 볼 수 있답니다.

이 벽화골목에서 화성행궁을 지나 건너편으로 가면 팔달문에 이르는 곳까지 공방거리가 펼쳐지는데, 이곳도 볼거리가 풍부해요. 골목 전체에 인두화, 나무공예품, 구슬공예품을 판매하는 전통 공예품점을 비롯하여 다양한 찻집과 맛집 등이 늘어서 있어서 마치 서울의 인사동이나 삼청동에 온 기분을 느낄 수 있죠. 거리의 규모는 작지만 공예품점에서 다양한 체험도 하며 작품을 볼 수 있는 문화의 거리랍니다.

행궁동 벽화마을이나 공방거리처럼 도시재생사업으로 변화된 거리는 사람들로 붐비게 되죠. 이로 인해 상업과 관광산업 등이 활성화된다는 큰 이점을 갖게 돼요. 하지만 행궁동 벽화골목에서 만난 주민의 얘기를 빌리자면, 이곳이 만들어진 이후에 지금까지 관리가 거의 되지 않아 페인트칠이 벗겨진 벽화가 흉물처럼 변하고 있기도 하고, 시도 때도 없이 찾아오는 사람들 때문에 사생활 침해가 심각하다고 하더라고요. 전면 재개발의 단점을 보완하기 위해 진행되는 도시재생사업이라고 하더라도 단순히 보여주기 위한 사업은 지양해야겠죠. 또 꾸준한 사후 관리뿐만 아니라 해당 주민들의 사생활 침해 등에 대한 해결 방안도 반드시 함께 고민되어야 할 거예요.

수원의 기존 구도심의 공간적 변화를 도시재생사업을 통해 이루었다

삼성 디지털시티

면, 우리나라 최대 전자회사인 삼성전자의 사업장 건설과 본사 이전 등은 수원으로 급격한 인구 유입을 발생시켜 신도시 건설 및 새로운 택지 개발이 이루어지게 만들었습니다. 이로 인해 수원은 도시적 공간이 외연적으로 크게 확장되고 많은 변화가 나타나게 되었죠.

일반적으로 기업은 공간적 분업을 통해 본사 및 연구시설, 공장들의 입지를 결정하는데, 본사와 연구시설은 자본 및 우수 인력 확보가 쉬운 중심도시(대도시)에 위치하고 공장들은 단순노동력 확보가 쉬운 지방 도시에 입지하게 되죠. 시간이 지나면 분공장들은 노동비가 저렴한 해외로 이전하는 경우가 발생하고요. 수원에 입지한 삼성전자의 경우 1980년대 본사와 연구시설은 서울에 입지해 있었고, 수원 지역에 사업장(생산 공장 등)을 짓기 시작했어요. 이로 인해 1980년대 수원의 인구가 급증하기 시작했죠. 1970년대 초 약 16만 명이던 수원의 인구가 1990년대 초에는 약 64만 명으로 네 배 이상 증가했습니다. 이러한 사업장의 건설은 인근 근교 농촌지역이

였던 곳을 영통 신도시로 개발함으로써 새로운 도시 공간으로 변화하게 만들었죠. 그로 인해 이 지역의 인구 유입은 더욱 활발하게 나타났답니다. 이후 삼성전자는 근처에 기흥사업장, 화성사업장 등으로 확대했고, 이로 인해 동탄 신도시 등 새로운 도시 공간이 만들어지게 되었죠. 이는 다시 인근의 수원 지역까지 새로운 택지 개발이나 도로 및 상업시설 등의 건설에 영향을 주었답니다.

한편, 첨단산업의 경우 본사가 위치한 대도시의 지가 상승, 교통 혼잡 등 부작용으로 인해 교통이 편리하고 우수 인력 확보가 가능한 곳이 있으면 본사와 연구시설을 이전하는 경우가 발생하기도 해요. 우리나라의 경우 서울과 가깝고 교통이 편리한 수도권 지역으로 이전하는 경우가 종종 생겼는데요, 삼성전자의 경우도 2000년 초반부터 연구소를 수원사업장으로 옮기기 시작한 후 2016년에는 본사까지 이전하여 '삼성 디지털시티'로 통칭하여 부르고 있답니다. 이렇게 수원으로 이전한 이유는 이곳에 우수한 인력을 확보할 수 있는 대학이 많을 뿐만 아니라 서울과의 접근성도 편리하기 때문이죠. 성남의 판교 테크노밸리에 유명 포털사이트 본사를 중심으로 여러 벤처기업 및 정보통신산업 본사들이 이전하고 있는 경우도 이와 다르지 않다고 할 수 있어요. 특히, 현재 수원의 광교 신도시 내에는 광교테크노밸리가 조성되어 서울대 융합기술원을 비롯하여 많은 벤처기업 및 정보통신산업의 기업들이 입주하고 있는 상황이기에 앞으로 도시의 변화가 빠르게 진행될 예정이랍니다.

수원은 수원 화성 축조 이후부터 삼남(경상도, 충청도, 전라도)에서 서울로 진입하는 교통의 거점이 되었으며, 농업 및 상업의 중심지 역할을 담당했어요. 현재는 경기도청 소재지로서 경기도의 행정 중심지 역할을 하고 있

광교 테크노밸리

죠. 경기도청사는 2020년 완공될 예정으로 광교 신도시에 새롭게 공사를 진행 중에 있고, 인근에는 법조타운이 완공되어 우리나라에서 여섯 번째로 고등법원을 가진 도시가 되었어요. 또한 삼성전자라는 국내 최대의 다국적 기업 본사 및 사업장이 입지해 있으며, 미래 지식산업센터인 광교테크노밸리가 완공되어 입주를 활발히 진행하고 있답니다.

이렇듯 수원은 조선시대에는 우리나라의 농업, 상업 등의 중심지였고, 현재는 경기도의 행정 중심이자 우리나라의 첨단산업의 중심지로서의 역할을 해내고 있어요. 지금의 인프라를 바탕으로 반도체, 정보통신 등 미래 지식산업의 중심지로서 발돋움할 가능성이 높은 만큼 그 어느 도시보다 성장 잠재력이 크다고 할 수 있겠죠? 앞으로 미래 도시로 변모하게 될 수원의 모습이 너무 기대되네요. 🌱

CITY

안산

수용에서 포용으로 나아가는 안산

서울이 비약적으로 커감에 따라 경기도의 많은 도시들도 새로 생겨나고 성장했어요. 1965년에는 경기도의 22개 지역 중 '시'가 인천시와 수원시, 의정부시 3개밖에 없었지만, 2019년을 기준으로 하면 '군'이 3개(가평군, 양평군, 연천군)이고 그 외 지역은 모두 '시'입니다. 새로운 도시가 생긴 지역을 살펴보면, 서울의 기능을 나눠 받으며 인구가 증가한 경우가 많습니다. 이런 도시들을 서울의 위성도시라고 하죠.

많은 위성도시들이 서울의 주거 기능을 나눠 받으며 성장했지만, 안산은 서울의 공업 기능을 넘겨받은 위성도시예요. 그리고 처음으로 전면 매수 방식을 활용하여 개발된 계획도시이기도 하죠. 안산에는 안산 토박이가 없다는 말, 혹시 들어보셨나요? 안산이 만들어지는 과정에서 해안가 마을의 특징을 살린 농·어업에 주로 종사하던 안산 지역 주민들은, 국가의 계획에 의해 삶터를 옮겨야만 했어요. 공업 중심 도시로 탈바꿈한 안산에 재정착한 원주민의 비율은 8퍼센트에 불과했다고 해요. 산업에 사람까지, 정말로 '신'도시가 생겨난 셈이지요.

안산은 공해산업, 다문화 등 도시 발전의 약점을 수동적으로 받아들일 수밖에 없었어요. 하지만 지금은 그것들을 그대로 포용하고, 안산만의 지역성으로 다시 개발해내면서 생태도시, 산업도시, 다문화도시로서의 기틀을 잡아가고 있죠. 그럼, 수용에서 포용으로 나아가고 있는 안산의 이야기, 지금부터 함께 살펴볼까요?

계획도시 안산시와 반월공단 이야기

안산이라는 도시의 개발은 나름의 계획을 갖고 체계적으로 진행되었습니다. 안산의 역사를 자세히 살펴볼 수 있는 시 홈페이지를 봐도 안산이 '완전히 계획된 도시'라고 설명하고 있어요. 그리고 그 중심에 반월공단이 있습니다. 반월공단은 많은 사람들이 안산을 대표하는 이미지로 떠올릴 만한 장소예요. 1975년 당시 서울에 24퍼센트나 집중되어 있던 제조업체의 분산을 위해 박정희 정부가 1차 국토종합개발계획, 3차 경제개발계획의 합작품으로 만들기 시작했죠.

안산은 광주산맥의 끝자락에 위치해 도시 내에 이렇다 할 산을 찾기가 어렵습니다. 도시 내에서 가장 높은 수암봉이 해발 398미터이고, 그 외에는 300미터 이상인 산이 없을 정도로 저평한 편이죠. 큰 강은 없지만, 도시를 지나는 소하천들이 있었어요. 시가지를 조성하기 유리한 자연적 조건을 갖춘 데다가 서울, 인천, 수원 등과 인접해 있어 도시계획에 유리했습니

반월공단

다. 또한 인구가 적어 공해로 발생할 피해에 대한 민원 부담도 크지 않았죠. 중화학공업이 주를 이루던 시대인 만큼, 금속 및 기계 관련 영세 공장들이 많이 이전을 해왔었다고 해요.

공업 기능을 중심으로 만들어진 도시이지만, 안산은 녹지 비율이 74퍼센트나 됩니다. 전원형 공업도시로 알려진 호주의 캔버라를 참고해 공업 기능을 유치하면서도 녹지 공간을 유지하는 쪽으로 도시개발의 가닥을 잡았거든요. 야트막한 언덕들을 녹지로 보존하고, 산책로를 내서 공원으로 만들었어요. 노적봉, 사동공원, 샛터공원, 백운공원 등은 모두 시가지에 위치한 구릉지를 그대로 공원으로 살려둔 공간으로서 시민들의 사랑을 받고 있답니다.

도시를 이렇게 계획하여 개발하는 방식은 이전에는 불가능에 가까웠어요. 그런데 안산은 어떻게 가능했던 걸까요? 바로 안산에서 처음으로 전면 매수 방식을 활용했기 때문이에요. 모든 토지를 매수하여 목적에 맞게 활용할 수 있었던 거죠. 덕분에 효율적인 도시개발이 가능했고, 결과적으로 현재 안산에 살고 있는 사람들은 그 혜택을 누리고 있다고 볼 수 있어요.

하지만 전면 매수 방식은 중요한 문제를 유발할 수밖에 없었답니다. 개발하는 과정에서 원래 안산 지역에 살고 있던 지역 주민들은 삶터를 옮겨야만 했고, 농·어업 중심이었던 마을의 산업구조는 순식간에 공업 중심으로 변화하게 됐어요. 불과 수십 년 전까지만 해도 안산 사람들의 주된 생활 기반이 어업이었다는 사실을 어촌민속박물관과 별망어촌문화관에서 살펴볼 수 있답니다. 물론 여전히 농·어업에 종사하는 주민들이 있지만, 과거와 비교하면 비율이 많이 줄었어요.

'누구를 위한 도시인가?', '도시 개발과정에서 기존의 주민들은 어떤 변화를 겪게 되는가?'라는 문제는 도시를 계획할 때 반드시 따져봐야 할 사항이지만 안산시가 만들어질 당시에는 그리 중요한 고려 대상이 아니었던 것 같아요. 안산은 그 지역의 주민이나 생태계의 생존과 관련 없이 공장, 도시, 인공호수, 간척 등 많은 것들을 수용해야만 했으니까요.

'최초의 계획도시'라는 말 속에는 그만큼 많은 시행착오를 겪을 수밖에 없었다는 의미가 내재되어 있기도 해요. 그럼, 원주민의 낮은 재정착률 말고도 도시개발 과정에서의 아쉬운 부분을 살펴볼게요.

육각형 도로 모양을 나타내는 선부광장, 월피공원 근처의 지도

안산에는 지도로 보면 눈에 더 잘 띄는 육각형의 도로망이 존재합니다. 계획도시답게 격자형 도로망 구조가 잘 갖춰져 있는 안산이지만, 중심 공간들로의 접근성을 높이려는 의도로 만든 순환 형태의 일부 도로망들은 교통체증의 원인으로 지적받기도 해요. 도시의 규모나 인구 밀집 정도를 고려하지 않은 채 캔버라 등 외국 도시에 대한 벤치마킹이 이루어지다 보니 생긴 문제점이랍니다.

안산시는 하위 행정구역의 지명도 독특합니다. 단원구는 안산에 거주하며 활동했던 김홍도 선생의 호를 따서 문화예술의 고장으로 꽃피우고자 하는 의도로 지어졌어요. 그리고 심훈의 소설《상록수》에서 이름을 따온 상록구는 소설 속 주인공의 모델이 된 최용신 선생의 활동 지역이었다고 하고요. 신도시답게 구의 이름을 정하는 데도 새로운 방식을 활용한 거죠. 지역의 역사를 살펴 과거 그 지역이 불리던 지명을 활용하는 경우가 많다는 점을 감안했을 때, 지역과 연결된 이야기로부터 지명을 가지고 온 것은 나름 신선한 시도라고 생각해요. 자, 그럼 지금부터 상록구와 단원구를 둘러볼까요?

해외여행의 워밍업이 가능한 지역, 단원구 원곡동

단원구는 다양하게 구성된 주민들에 의해 다채로운 경관이 나타나는 독특한 지역이에요. 크게 보면 4호선 철길을 중심으로 남쪽에 공단이 있고, 북쪽에는 주거지가 위치하고 있죠. 자세히 들여다보면, 교통로와 지하철역, 시청, 신도시 등을 중심으로 번화가가 등장하고, 여전히 농촌의 모습을 담고 있는 대부도 역시 단원구에 포함되어 있는 데다가, 반월단지에서 안산역 북쪽으로 이어지는 원곡교 우측의 다가구주택 단지에는 외국인들

다문화거리 경관

이 주거지역을 형성하고 있습니다. 2019년 기준으로 다문화마을 특구로 지정된 원곡동은 인구 수 2만 5천 명 중 외국인이 1만 9천 명에 달하는 지역으로, '국경 없는 마을'이라는 표현이 적절한 공간이랍니다.

원곡동의 메인 스트리트라 할 수 있는 다문화길에서는 세계 각국의 국기, 언어, 특산물, 음식을 쉽게 접할 수 있습니다. 언어가 통하지 않을 것을 대비해서 한글 대신 가격만 크게 숫자로 표시한 경우를 흔히 찾아볼 수 있어요. 또한 교차로에는 각국의 음식 전문점이나 휴대폰 가게, 인력센터 등이 입점해 있죠. 간판에서 세계 각국의 국기나, 심지어 그 나라의 위인까지 찾아볼 수 있다는 것도 특징이고요. 외국어로 적혀 있는 간판도 흔하게 볼 수 있습니다. 그리고 세계 각국의 의상을 체험하고, 다문화에 대한 강의를 들을 수 있는 세계문화체험관도 운영되고 있습니다.

다문화길에는 베트남, 태국, 인도 등 다양한 국적의 음식점들이 가득합니다. 보통 국내로 들어온 외국 음식들은 우리나라 사람들의 입맛에 맞춰 변화를 겪게 되지만, 이곳에서 만나는 음식들은 현지의 맛을 그대로 보존하고 있습니다. 판매의 대상이 우리나라 사람이 아니고, 고국의 음식을 그

리워하는 외국인들이기 때문이죠. 해외여행을 계획하고 있는 사람들이라면, 음식에 대한 적응 훈련을 할 수 있는 최적의 장소가 아닐까 해요.

다문화길 입구에는 외국 주민들의 고향인 각각의 국가가 여기서 얼마나 떨어져 있는지를 보여주는 이정표가 서 있습니다. 모든 국가로의 방향이 정확하진 않지만, 크게 중국과 중앙아시아, 동남아시아의 두 그룹 방향으로 이정표가 뭉쳐 있는 것을 알 수 있어요. 어느 나라 사람들이 원곡동에 많이 거주하는지를 보여주기도 한답니다.

다음으로 만나게 되는 다문화마을특구 관광안내 및 안심 지도는 입구뿐만 아니라 길 중간에도 눈에 띄는데요, 음식점을 국가별로 분류해놓았고, 관공서 및 주요시설도 표시되어 있어요. 이 지도를 조금 더 자세히 들여다보면, 우선 중국 음식점이 압도적으로 많고, 또 뭉쳐 있다는 걸 알 수 있습니다. 다문화마을에서도 중국인의 비중이 높고, 또 그들끼리 뭉쳐서 구역을 만들고 있다는 의미이겠죠. 보통 안산역에서 가까운 쪽을 중앙아시아 거리, 먼 쪽을 중국인 거리로 부른답니다.

다문화길 입구 이정표

다문화마을특구 관광안내 및 안심 지도

관광안내도를 안심 지도라고도 부른다는 점, 독특하지 않나요? 지도에는 CCTV의 위치도 표시되어 있어요. 치안과 관련하여 불안감을 느끼는 관광객들을 배려하려는 의도가 담겨 있죠. 또 거리 입구에는 세계 각국의 경찰 마크가 그려진 다문화안전경찰센터가 위치해 있습니다. 지역 주민들이 자신들의 안전을 책임질 경찰을 친근하게 느끼도록 유도하는 한편, 관광객들을 안심시키려는 노력이 느껴집니다.

다문화 1길과 2길의 외곽 지역으로 가면 다가구주택 건물들이 등장해요. 건물 외부에 위치한 화장실, 건물로 들어가는 수많은 가스배관, 에어컨 실외기 등을 통해 건물 안에 얼마나 많은 사람들이 주거하고 있는지를 짐작할 수 있습니다. 코리안 드림을 꿈꾸며 열악한 주변 환경을 감수하고 살고 있는 사람들이 많다는 걸 알 수 있죠.

세계 각국의 경찰 마크

　다소 늦은 감이 있지만 외국인들을 위한 안산의 행정 서비스도 정비되고 있는 중입니다. 2005년에 외국인 근로자 지원센터를 개소하고, 2007년에 거주 외국인 지원 조례를 제정했으며, 이후 외국인 주민 지원본부가 개설되었고 지금은 외국인 '지원'센터가 아니라, 외국인 '주민'센터를 운영하고 있거든요. 주민 소식지인 〈안산하모니〉와 생활&법률 가이드북인 《라이프인안산》이 8개 국어(한국어, 중국어, 영어, 몽골어, 캄보디아어, 러시아어, 베트남어, 인도네시아어, 네팔어)로 번역되어 제공되고 있고요. 공단을 위해 이들을 수용해야 했던 단계를 넘어, 안산의 일원으로 포용하고 공동체를 형성하려는 노력이 진행 중인 거죠. 실제로 이곳에서는 태국의 송크란 축제 등 외국인 주민들의 전통 축제가 열리기도 해요.

　원곡동을 중심으로 형성된 이미지에 힘입어 안산에서는 국제적 축제들을 개최하고 있습니다. 2005년부터 매년 5월마다 진행된 국제거리극축제는 놀이, 휴식 공간을 만드는 한편, 문화를 통해 공존에 대한 고민을 사람들에게 던지고 있어요. 2004년에 시작한 안산 아시아아트페어는 안산국제아트페어로 발전해 다양한 작가들에게 기회를 제공하는 동시에, 시민들이 향유할 수 있도록 문화의 폭을 넓히고 있습니다.

'단원'이란 이름을 지역명이 아니라 학교 이름으로 알고 있는 사람도 많을 것 같아요. 수학여행을 가던 단원고 학생들을 비롯하여, 많은 사람들이 세월호에서 참사를 당했죠. 유가족뿐만 아니라 온 국민에게 잊을 수 없는 충격을 안겨준 사건이었습니다.

세월호 참사 같은 사건이 반복되지 않으려면 어떻게 해야 할까요? 해결해야 할 여러 문제들이 있지만, 가장 우선되어야 하는 것은 '기억'이라고 생각해요. 그래서 안산 단원구에는 이를 위한 장소들을 조성하고 있답니다.

특히, 세월호 참사를 기록하고, 행동하기 위해 만들어진 비영리 민간기록관리기관 4·16기억저장소에서는 4·16기억교실과 4·16기억전시관을 운영하고 있어요. 대한민국이 안전한 나라로 거듭날 수 있도록 304명의 꿈과 삶을 기억하고, 유가족과 시민들의 노력을

기록해둔 공간이죠. 공간 기록이라는 개념 자체가 생소할 수 있지만 추모하고 기억하고, 다시는 이런 참사가 반복되지 않도록 노력하겠다는 다짐을 하기 위해서는 꼭 필요한 장소라는 생각이 듭니다.

《상록수》그리고 상록구

상록구는 단원구에 비해 상대적으로 서비스 기능의 입지가 적은 편이에요. 대규모 도시개발 사업이 진행 중인 구역도 있지만, 전반적으로 비교해봤을 때 상록구에는 아무래도 주거지와 녹지 공원들이 많아요. 게다가 안산천, 반월천 등이 상록구를 흐르기 때문에 수변 공원들도 다수 존재합니다.

갈대숲과 공사 중인 아파트

구에서 제시한 통계에 따르면, 상록구 내에는 크고 작은 녹지 공원이 무려 107개나 분포한다고 해요. '상록구'라는 이름에는 높은 녹지 비율을 갖고 있는 도시 경관의 특징을 살려, 항상 푸른 동네라는 이미지를 구체화하기 위한 의도가 포함되어 있다고 하네요. 실제로 주거환경과 하천, 녹지 공간의 조화가 썩 잘 어울리는 편이에요. 벚꽃이 필 때나 갈대가 절정에 달하는 시기에는 지역 주민뿐만 아니라 외부인들까지 자연의 경관을 감상하러 오죠. 위의 사진처럼 고층 아파트와 갈대를 하나의 구도에 담을 수 있는 도심 속의 습지는 흔치 않거든요.

주민들로부터 사랑받는 상록구의 공원은 안산갈대습지공원, 안산호수공원, 노적봉공원 등이 있어요. 특히, 단풍이 예쁘고 인공폭포와 분수대까지 갖춘 노적봉공원은 데이트 장소로 인기가 많답니다. 도심이라고 할 수 있는 시청, 중앙역 번화가에서 도보로 2킬로미터도 떨어지지 않은 터라 접근성도 굉장히 높은 편이죠. 야트막한 구릉지를 그대로 살려 공원으로 활용한, 도심 속 녹지 공원의 좋은 사례라고 할 수 있어요.

노적봉인공폭포공원

다음으로 안산에서 가장 큰 규모를 자랑하는 안산호수공원은 옛 사리
포구의 자리에 위치해 있습니다. 간척 등으로 인해 내륙이 된 거죠. 과거에
는 이곳을 통해 다양한 물자가 오고 갔을 거예요. 지금은 좌 호수공원과 우
호수공원으로 나뉘어 수변 공원과 함께 농구, 축구뿐만 아니라 인라인스
케이트, 수영까지 즐길 수 있는 공간으로 구성되어 있답니다.

안산호수공원

물론, 상록구의 이름이 지어진 가장 큰 이유는 상록수역을 포함하고 있는 행정구역이며, 장편소설《상록수》의 배경이 되었던 지역이기 때문입니다. 수도권 지하철 4호선에는 상록수역이 있습니다. 일제강점기 당시의 농촌계몽운동을 골자로 했던 장편소설《상록수》에서 이름을 딴 지명이지요. 소설의 주인공 채영신의 모델인 최용신 선생이 농촌운동을 펼친 곳이 이

상록수역

일대였다고 해요. 역 이름을 문학작품에서 가지고 온 것은 상록수역이 최초랍니다. 처음엔 아예 인물의 이름을 따서 용신역으로 기획되었지만, 인물 이름보다는 널리 알려진 문학작품의 이름이 좋다고 판단해서 1988년에 역 이름을 바꿨다고 합니다.

상록수역에서 멀지 않은 곳에 최용신 선생의 삶을 기리고, 학생들의 눈높이에 맞게 농촌계몽운동의 의미를 설명해주고 있는 최용신기념관도 있습니다. 최용신기념관은 '전시'를 목적으로 한다기보다는 선생의 뜻을 받들어 '교육'의 기능을 담당하는 공간으로 보입니다. 일생을 교육을 위해 헌신하면서 자신의 삶을 포기한 선생을 기념하는 공간이 으리으리하게 지어

최용신기념관

졌다면, 그 또한 이상한 일일 거란 생각이 들 정도로 소박합니다.

최용신기념관 조형물

최용신 선생과 안산 지역 주민들이 겪어내야만 했던 일제강점기. 받아들이고 싶지 않았던 것들을 강제적으로 받아들여야만 했던 시기죠. 하지만 그 안에서 교육을 통해 사람을 바꾸고, 사람을 통해 공동체를 성장시키려 했던 최용신 선생의 정신은 의도치 않게 많은 것들을 수용해야만 했던 안산시의 미래에 시사하는 바가 있다고 생각해요.

환경을 바라보는 관점의 변화, 시화호

상록구의 이야기에서도 알 수 있듯이 안산은 다문화도시일 뿐만 아니라, 생태도시로 거듭나려는 노력을 지속하고 있습니다. 그 노력의 중심에 시화호와 갈대습지가 있죠. 시화호의 자취를 살피는 것은 우리나라에서 자연환경을 바라보는 관점이 어떻게 변화했는지를 보는 좋은 예가 될 거예요.

시화호는 행정구역상 안산에 포함되어 있지만, 실은 경기도 안산시, 시흥시, 화성시에 둘러싸인 인공호수입니다. 시화방조제가 만들어지면서 본래 간척지에 조성될 농지와 산업단지의 용수를 공

시화호 위성사진

갈대습지공원

급하기 위한 담수호로 탄생했답니다. 하지만 시화호 유역 공장의 오·폐수와 생활하수의 유입으로 수질이 급격히 악화되면서 1997년에는 불가피하게 해수가 흘러들게 했고, 2000년 12월에 결국 담수화를 포기하게 되었습니다.

그때 당시의 시화호 오염은 심각한 상황이었고, 전 국민의 근심거리였어요. 하지만 외지인의 비율, 유입 인구 비중이 매우 컸던 안산은 지역 사람들의 공동체 의식이 높지 않았고, 막상 지역 내에서는 큰 문제 제기가 없었다고 해요. '시화호'라는 공간이 지역에서 어떤 의미로 자리 잡아야 하는지에 대한 내부인들의 의견 조율 없이 하향식으로 진행된 개발이었기 때문에, 시화호의 오염 자체를 지역 사람들은 지역 '안'이 아닌, '밖'의 문제로 인식하기도 했고요. 당연히 대처가 늦어질 수밖에 없었습니다.

정부를 비롯하여 여러 시민단체의 노력이 더해진 지금은, 시화호와 인근 지역이 생태, 문화, 지역의 비전을 함께 담아낼 수 있는 공간으로 거듭나고 있어요. 그중에서도 우리는 관광객 입장에서 둘러볼 만한 갈대습지공원과 조력문화관을 살펴보려고 합니다.

시화호 갈대습지공원은 반월천과 동화천, 삼화천의 합류 부분이자 시화호의 시작 부분이라 할 수 있는 지점에 위치해 있습니다. 시화호 수질 개선 대책의 일환으로 만들어진 인공습지인 거죠.

당초 수질 개선이 최우선 목표였던 갈대습지공원은 이제 이를 넘어 자연생태 공간으로서 철새의 공간, 도시민의 휴게 및 생태 교육 공간의 기능을 갖추게 되었습니다. 갈대를 비롯한 식생들을 통해 수질 개선을 이뤄냈고, 자연스럽게 희귀 조류들을 관측할 수 있는 공간으로 거듭났죠. 그러면서 민물과 바닷물이 만나는 연안의 생태적 의미를 전달해주는 상징적 공간이 되었어요. 의도를 갖고 인공적으로 만든 공간이지만, 복원에 초점을 맞추고 생태계를 되살리는 방법을 활용했기 때문에 여행객의 입장에서는 인공적인 공간이라는 생각을 하기 어려울 만큼 멋진 경관을 갖고 있어요. 생태전시관에 있는 각종 자료들이 주는 의미도 적지 않지만, 갈대 군락이 주는 고즈넉한 경관과 자연의 소리, 철새를 비롯한 다양한 생물들은 도시민들에게 환경의 중요성을 머리가 아니라 가슴으로 느끼게 해줍니다.

시화호 조력문화관은 세계 최대 규모의 조력발전소로 알려져 있는 시화호 조력발전소를 내려다볼 수 있는 곳에 위치해 있어요. 시화호 오염에 대한 지적으로 해수 유입을 결정하면서, 시화호

시화호 조력문화관과 전망대

조력문화관에서 내려다본 조력발전소

를 친환경적인 공간으로 거듭나게 하려는 노력으로 갈대습지공원 조성과 함께 진행되었죠. 경제성 평가에서 난항을 겪었지만, 지금은 대체에너지로서의 가치뿐만 아니라 이산화탄소 저감 효과, 유류 수입 대체 효과 등을 인정받고 있답니다. 또한 해수와 담수의 순환을 강제하면서 수질 정화 효과도 거뒀고요.

시화호 조력발전소는 밀물로 바닷물이 유입될 때 발전하고, 썰물 때는 배수만 진행하는 단류식 발전 방식을 활용하고 있어요. 복류식은 발전 효율이 높을 수 있지만, 수위 조절이 어려워 시화호 일대 공업단지나 주택들

조력문화관 내부 에너지 교육 관련 체험활동 시설

조력문화관 앞의 큰가리섬

이 물에 잠길 위험이 있다고 해요.

조력문화관은 조력발전소의 효과를 설명하고, 친환경에너지의 가치를 학생들에게 교육할 수 있도록 다양한 체험형 교육 활동을 마련하고 있습니다. 무엇보다 발전소를 비롯한 시화호 인근을 조망할 수 있는 전망대는 여행객 입장에서 놓치기 아까운 장소입니다.

안산의 월경지, 대부도

특정 국가나 행정구역에 속하면서 다른 나라의 영토나 다른 행정구역에 둘러싸여 본토와 떨어진 땅을 '월경지'라고 해요. 미국의 알래스카 같은 곳이 대표적인 월경지라고 볼 수 있죠. 대부도 역시 안산 본토와는 분리되어 있는 섬으로, 안산과는 구분되는 특징이 많은 월경지랍니다.

안산의 지도를 보면 대부도의 위치는 독특합니다. 방조제 도로를 통해 연결되는 육지는 안산이 아니라 시흥이고, 남쪽 전곡항, 탄도항 쪽 도로로 연결된 육지는 화성이거든요. 또 이전에는 인천 옹진군에 소속되어 있었고요.

지방자치제의 실시와 맞물려 옹진군이 해체되는 과정에서 대부도는 주민

투표를 실시했습니다. 투표 결과 그 당시에는 군이었던 화성이나 시로 승격된 지 얼마 되지 않은 시흥보다는, 국회의원 선거구를 공유했던 안산이 선택을 받았던 거예요. 하지만 여전히 인천의 지역 전화번호인 032를 쓰고 있는 등 대부도는 여러모로 월경지로서의 특징을 갖고 있답니다.

대부도와 육지로 연결되어 있는 선감도, 탄도, 터미섬 등의 지명을 살펴보면, 이 섬들이 예전에는 분리되어 각각 존재했던 섬이라는 추측을 해볼 수 있어요. 실제로 대부도는 여러 섬들 사이를 간척하여 하나의 큰 섬으로 합친 장소거든요.

대부도는 관광객들에게 안산 내륙지역만큼이나 매력적인 장소입니다. 낚시 명소로 유명한 섬 북단의 방아머리 선착장을 비롯해 요트 등 수상 레저 체험을 할 수 있는 남단의 탄도항이나 갯벌, 해안에 조성되어 있는 해솔길, 탄도 바닷길 등도 관광명소로 손꼽힙니다. 바닷가 특유의 해산물들도 관광객을 끌어들이는 주요 요소죠. 특히, 대하와 전어가 유명하니 꼭 한번 먹어보세요.

먹거리 이야기를 이어가볼까요. 안산을 대표하는 농산품으로 포도가 손꼽히기도 하는데, 이는 포도 재배에 적합한 기후 조건을 갖고 있는 대부도 덕분입니다. 천안·아산 등과 비슷하게 대부도의 포도는 가톨릭의 전파와 관련이 깊어요. 일찍 가톨릭이 전파되었던 대부도 지역에서 미사주를 만들기 위해 포도를 재배했다는 거죠.

인공적으로 생육을 촉진하여 여름에 포도를 수확하는 육지의 재배방식과 달리, 대부도의 포도는 노지에서 자연환경에 생육을 맡겨 가을에 수확이 이루어진다고 해요. 시기적으로도 경쟁력을 갖춘 이 포도는, 짠 해풍을 맞아 육질이 단단하고 당도도 높은 편이랍니다. 작물의 윗부분만 비닐로

대부 해솔길

막아 작물에 빗물이 직접 닿지 않도록 하고, 충해로부터 보호하는 비가림 재배 포도농장은 대부도의 특징적 경관 중 하나예요. 대부도를 대표하는 지역 축제의 하나로 대부 포도축제가 포도 수확철인 9월, 격년으로 열리고 있으니 구경 가봐도 좋겠죠?

대부도뿐만 아니라 많은 농촌지역에서 주민들의 찬반이 팽팽하게 나뉘는 이슈 중 하나가 바로 '면이냐 동이냐'의 문제예요. 안산이 도농복합시

대부 해솔길에서 내려다본 바다

로 바뀌면서 대부동이 대부면으로 변화할 경우, 입시나 행정 등의 편의성
이 높아진다는 주장이 있거든요. 반면, 반대 입장에 선 사람들은 공장의 설
치가 용이해지면서 자연경관이 훼손될 수 있다는 점을 우려하고 있죠. 시
화호의 오염 문제를 겪었던 안산이기도 하고, 관광이 중요한 대부도의 산
업 특징인 덕에 최근에는 면으로의 회귀를 주장하는 사람들이 많지 않다
고 해요. 하지만 지역 주민들의 삶에 무엇이 더 도움이 되는지를 고민해보
게 만드는 지점이라는 것은 확실하죠.

지금의 안산은 공존을 추구하고 자연환경을 살리기 위해 노력하는, 느
리더라도 지속 가능한 성장을 추구하는 방향으로 나아가고 있어요. 이런
노력이 지역 주민들의 삶에, 그리고 더 나아가 안산을 향유하는 여행객들
에게 어떤 영향을 미칠지는 꾸준히 지켜봐야겠죠. 하지만 확실한 한 가지
는 지역의 정체성이 불분명했던, 그래서 중앙의 요구에 의해 공장을 받아
들이고 개발정책을 수용해야 했던 안산이 지금은 능동적으로 포용과 공

존, 다양성을 지키는 발전의 방향으로 나아가고 있다는 거예요. 우리 같이 지금보다 앞으로 더 매력적인 장소로 거듭날 안산을 기대해볼까요?

● 육지의 관심이 닿지 않았던 선감도 ●

대부도와 연결된 선감도에는 선감역사박물관이 있습니다. 작은 섬에 역사박물관이 있다는 점이 이상하게 느껴질 수 있는데요, 이곳에는 기록을 통해 남겨야만 하는 아픔이 있습니다.

1982년까지 선감도에 존재하던 선감원, 혹은 선감학원이라는 시설은 일제강점기에 만들어졌습니다. 전국의 부랑아로 지목된 소년들을 교화시킨다는 명목으로, 실제 부랑아들 외에 독립운동가나 사회주의자 등을 잡아들여 강제 노역을 시켰다고 해요. 주목할 점은 해방 이후에도 이 시설이 운영되었다는 부분입니다. 거리의 부랑아들을 마구잡이로 모아다가 수용했고, 그 과정에서 무고한 어린이나 청년들도 다수 포함되었어요. 심지어 군사정권에서는 이를 모범적 복지시설로 홍보하기도 했습니다. 육지의 관심이 닿지 않는 도서 지역 주민의 삶은 때로 기본적인 인권을 보장받지 못하는 상황에 놓일 수도 있다는 것을 보여주는 사례라 할 수 있습니다.

최근 몇몇 언론에 보도되면서, 그리고 선감원에 수용되어 있던 장성한 소년들이 국가의 진상 규명과 사과를 요구하면서 주목을 받고 있지만 사람들의 관심이 적은 만큼 긴 투쟁이 될지도 모르겠어요. 무려 4천 8백여 명의 소년들이 인권을 유린당한 것으로 추정되는데, 사건의 심각성에 비해 사회적 관심이 적어 안타깝습니다.

선감역사박물관

CITY

고양

600년 역사를 지닌
인구 백만의 도시, 고양

고양시와 고양이! 이름이 비슷하죠. 그래서 고양시는 상징 캐릭터로 다양한 고양이 캐릭터를 사용하고 있어요. 특히, 고양이 엠블럼은 고양시의 상징을 모두 담고 있는데요, 고양이가 물고 있는 꽃은 꽃보다 아름다운 도시 고양을 상징하고, '고양시'라는 글씨는 고양시 전용 서체인 고양체예요. 푸른색은 호수와 하천을, 녹색은 푸른 녹지대를, 황색은 역사와 문화의 토대 위에 새로운 문화예술의 꽃을 피우는 시민들의 조화와 화합을 형상화한 거랍니다. 고양시는 우리 역사의 중요한 순간에 늘 자리하고 있어요. 일산 신

고양시 엠블럼

가와지볍씨

도시개발 과정에서 찾아낸 '가와지볍씨'는 세계 최초의 재배 볍씨예요. 삼국시대부터 꾸준히 우리 역사의 한 축을 담당했던 고양시를 호수공원과 킨텍스가 있는 곳으로만 기억하고 있다면 이제 다양한 모습을 찾아 떠나야 할 때랍니다.

크고 작은 하천과 호수의 도시

한강 하류에 위치한 고양시에는 북한산을 제외하면 그다지 높은 산이 없어요. 하천의 범람으로 만들어진 낮고 평탄한 곳이 많죠. 그리고 고양시에는 크고 작은 하천이 70여 개가 넘어요. 한강이 우리나라에서 가장 긴 하천이지만, 고양시만 보면 북한산 계곡에서 발원해 행주산성 아래에서 한강에 합류하는 창릉천이 가장 길답니다. 고양시에는 유로가 채 1킬로미터에도 미치지 못하는 초미니 하천도 있고, 농수로가 하천으로 개발된 곳도 있죠. 70여 개의 하천은 비옥한 충적지를 만들어 농사에는 유리하지만 때로는 엄청난 홍수로 재난을 불러오기도 해요. 1925년, 이른바 을축년 대홍수 때는 이재민이 9만 명 넘게 발생했어요. 일제는 한강에 대대적인 제방을 축조하기 시작했습니다. 행주산성 아래부터 송포면에 이르는 12킬로미터에 대보둑(일산 제방 혹은 한강 제방)을 축조했고, 둑을 쌓기 위해 자갈과 흙은 인근 산에서, 모래는 한강 바닥에서 퍼 왔죠. 대보둑이 만들어지고 둑 안쪽 갈대밭은 농경

배다리 발상지 주교공원

지로 변모했어요. 물론 여전히 습지도 여기저기 남아 있었지만요.

사실 고양시청 앞의 주교동에는 대보둑이 만들어지기 전까지 홍수가 나면 대장천을 건너기 위해 배다리를 놓았다고 해요. 주교동 주교공원에 놓여 있는 작은 배는 그때의 기억이죠. 1930년대 일산 지역의 지형도를 보면 행주산성이 위치한 덕양산을 제외하면 경의선 철도와 한강 사이 지역은 대부분 논이에요. 일산 신도시 개발 이전까지도 고양시는 너른 평야가 펼쳐진 농촌으로 벼농사를 많이 지었죠. 참고로, 고양에서 생산한 쌀로 만든 고양막걸리도 유명하답니다. 고(故) 정주영 명예회장의 방북 당시 평양에 가져갔던 고양막걸리는 유명세를 탔고 지금도 통일막걸리로 불리면서 생산되고 있어요.

창릉천은 배수펌프장이 생기기 전까지만 해도 홍수 때 한강의 수위가 높아지면 한강물이 역류하고 범람하기도 했습니다. 한강처럼 큰 하천은 배로 건너고 창릉천처럼 작은 하천은 다리를 만들어 건넜죠. 창릉천을 건너는 강매석교는 고양시에서 가장 오래된 돌다리로, 한강 서쪽에 살던 사람들이 서울로 갈 때 건너던 것이에요. 작은 하천에는 농업용수 확보와 홍수 시 배수 목적으로 배수펌프장이 설치된 경우가 많은데요, 자유로를 따

강매 배수펌프장

강매석교

장항습지 말똥게

라 이동하다 보면 작은 하천이 한강과 만나는 지점에서 배수펌프장을 여러 곳 볼 수 있답니다.

하굿둑이 설치되지 않은 한강은 밀물 때면 여전히 바닷물이 드나들고, 바닷물과 담수가 교차하는 기수 환경으로 습지 생태계가 풍요롭습니다. 신곡수중보 건설 이후 만들어진 장항습지도 기수역으로서 한강하구 습지보호지역으로 지정되었습니다. 기수역이란 강물이 바다로 들어가 바닷물과 서로 섞이는 곳을 말해요. 장항습지는 1970년대 이후 민간인의 출입이 금지되면서 한강 하구 습

철새들의 쉼터가 된 장항습지

지 4곳 중 가장 많은 동식물이 서식하고 있답니다. 하천 주변의 논은 추수가 끝나면 철새들의 보금자리 역할을 하고 더 이상 농사를 짓지 않는 묵논은 습지로 활용되고 있습니다. 장항습지에는 저어새와 재두루미 등 멸종위기 야생동물 20여 종이 서식하

장항습지 버드나무 군락

고 있는데, 한강 철책 안쪽의 버드나무 군락과 말똥게의 공생은 동북아시아 가운데 이곳에서 유일하게 볼 수 있다고 해요. 버드나무 숲과 바닷물이 드나드는 갯골도 장항습지의 대표적 경관 중 하나죠. 고양시는 장항습지의 람사르 습지 등록을 추진 중이라고 합니다.

하지만 안타깝게도 장항습지의 미래가 밝은 것만은 아니에요. 환경단체에서는 장항습지를 위협하는 신곡수중보 철거를 주장하고 있는데, 수중보의 기능에 대한 의견이 다양해서 철거가 쉽지 않거든요. 장항습지 건너 김포시 강변에는 대규모 아파트 단지가 건설 중이며 홍수 때마다 많은 양의 생활쓰레기가 장항습지로 흘러들고 있어요. 게다가 어부들이 드나들지 못하는 갯골은 퇴적량이 증가하면서 제 역할을 못하고 있는 실정이고요. 또 장항습지를 대표하는 버드나무를 외래종인 가시박이 위협하고 있는 가운데 이미 딱딱하게 굳어 육화된 곳도 있어 장항습지의 생태계가 위태롭습니다.

◆ 밤가시초가의 똬리 형태 지붕 ◆

밤가시초가

한강과 지류하천의 범람으로 만들어진 충적시, 고양은 오랜 농업의 역사와 다양한 형태의 민가가 존재했던 곳이에요. 그러나 지금은 밤가시초가만 남아 있죠. 밤가시초가는 ㅁ자 형태의 평면 구조로 지붕이 똬리처럼 만들어졌어요. 비가 오면 마당 한가운데 오목한 곳으로 빗물이 모이도록 만든 거죠. 밤가시초가는 안마당을 중심으로 담장 없이 사방으로 방이 배치되는 폐쇄적인 구조를 이루는데 이것은 개성과 경기도의 서해안 지방에서 많이 볼 수 있는 형태랍니다.

신도시 개발로 다른 농가는 다 사라지고 유일하게 보전된 밤가시초가는 언덕 위에 자리하고 있어요. 주변의 주택단지가 낮게 조성되면서 결과적으로 밤가시초가의 위치가 높아진 것이니 왜 이리 높은 곳에 집을 지었을까 하는 의문은 갖지 마세요.

한때 고양시의 슬로건은 '꽃보다 아름다운 사람들의 도시'였어요. 사실 고양시는 꽃, 선인장 등의 화훼산업과 관련해 주목할 만한 기록을 가지고 있습니다. 대도시인 서울이 가까워 일찍부터 근교농업이 발달하고 대규모 화훼단지가 조성되었죠. 겨울에도 온실에서 다양한 원예작물을 재배하고 있습니다. 고양시는 한때 전국 장미꽃의 60퍼센트를 생산했으며, 국내산 장미 고양 1호도 개발했어요. 그래서 2019년에도 새로운 장미 품종이 개발됐다는 소식을 들을 수 있었죠. 화훼산업과 관련하여 특히 주목할 것은 접목 선인장이에요. 녹색 선인장 몸통에 알록달록한 선인장이나 꽃을 접목한 비모란접목선인장이 대표적인데, 세계 유통량의 80퍼센트 이상을 공

호수공원

급하고 23개국에 사용료를 받고 수출했다고 하네요. 호수공원 내 선인장 전시관에 가보면 고양시에서 개발한 다양한 접목선인장을 볼 수 있습니다. 1997년부터 열리고 있는 고양국제꽃박람회 기간에는 호수공원에 전시된 예쁜 꽃도 구경하고 화훼단지에서 체험도 할 수 있으니까 꼭 놀러 오세요. 물론, 평소에도 고양 화훼유통센터를 방문하면 다양한 꽃과 선인장을 구경할 수도, 저렴한 가격에 구입할 수도 있지만요.

꽃박람회 말고도 고양시 하면 호수공원이 떠오르죠. 호수공원은 일산 신도시 개발 때 만든 인공호수로, 당시에는 동양 최대 규모였어요. 호수공원의 물은 잠실수중보 인근에서 끌어온 한강물이에요. 휴전선이 가깝다는 불리한 입지 조건을 극복하기 위해 일산 신도시는 자연환경에 중점을 둔 전원도시로 개발하려고 했어요. 그러기 위해 특색 있는 공원도 필요했죠. 일산 신도시 개발 예정 지역은 대부분 논이었습니다. 그래서 신도시 건설을 위해 기존 지반 위에 기본적으로 3~4미터 정도의 흙을 쌓아야 했죠. 그러니 성토가 필요 없는 호수가 최적인 거였어요. 물론, 한강과 생태계의 연속성도 고려했고요. 호수공원과 정발산을 연결하는 생태축도 구상했답니다. 원래는 생태축에 수로를 만들고 벚꽃을 심을 계획이었다는데 그랬으면 봄마다 벚꽃이 장관이었겠죠?

대륙과 통하는 길목, 고양 원도심

'고양'이라는 이름은 1413년 고봉과 덕양(행주)을 합쳐 부르기 시작한 것이 지금까지도 이어지고 있는 거예요. 고양이라는 명칭이 사용된 지 600년이 되는 2013년, 고양시에서는 이를 기념하기 위해 호수공원에 고양 600년 기념전시관을 조성했죠. 그렇다고 고양이 조선시대에 새롭게 등장한 곳은 아니랍니다. 대화동에서 찾아낸 세계 최초의 재배 벼인 가와지볍씨, 주엽동 일대의 신석기시대 움집과 토기는 5000년 전 신석기시대부터 사람이 살았다는 증거예요. 세상에서 가장 작은 유물인 볍씨를 전시하는 가와지볍씨박물관에는 우리나라 벼농사의 역사는 물론, 가와지볍씨를 발굴한 과정도 잘 보여주고 있죠. 우리나라에서는 야생 벼와 재배 벼의 중간 단계에 해당하는 볍씨 중 가장 오래된 청주 소로리 볍씨도 발굴되었어요. 한반도의 벼농사 역사는 정말 오래되었답니다.

고양 가와지볍씨박물관

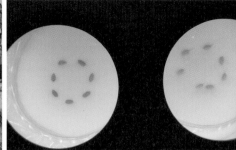

고양 가와지볍씨

고려시대 서울(남경)로 통하는 주요 길목인 고양시에는 고려의 마지막을 지켰던 최영 장군의 무덤과 공양왕릉이 남아 있습니다. 끝까지 고려에 충성하다 죽음을 맞은 최영 장군은 자신에게 탐욕이 없다면 무덤에 풀이 나지 않을 거라 유언했는데, 정말 풀이 자라지 않았다고 해요. 지금도 풀이 자라지 않느냐고요? 아뇨. 지금은 풀이 잘 자라고 있어요. 그렇다고 최영 장군이 탐욕스럽다는 건 아니고, 관리를 열심히 한 후손들 덕분에 1970년대 이후부터 봉분에 풀이 자라게 된 거라고 해요.

이제 공양왕릉을 둘러볼까요? 그런데 왕릉 앞뒤로 조선 왕족의 사당과 유력 가문의 가족묘, 군사시설 보호구역 안내판 등이 있는 게 여러모로 옹색해 보이네요. 이것만 봐도 고려왕조 마지막 왕의 처절했던 삶을 알 수 있을 것만 같아요.

고양시에서는 연산군이 세운 금표비를 볼 수 있습니다. 조선시대의 역사서를 보면 금산(禁山)이라는 용어가 자주 등장하는데, 도성 주변 산지 훼손을 방지하기 위해 많이 쓰인 거예요. 오늘날 개발제한구역과 유사해서 나무를 베거나 돌을 캐거나 무덤을 만들 수 없었죠. 이런 곳에 세우는 표식이 바로 금표랍니다. 연산군은 고양, 파주, 광주, 양주, 시흥, 김포 등 경기도 일원에 금표비를 세워 그 안에 살던 주민을 철거시키고 수백 리를 풀밭으로 만들어 사냥터로 사용했죠. 그리고 금표 표식이 있는데도 안에 들어간 자는 목을 베었다고 해요. 무시무시하죠? 사진 속의 금표는 연산군이 쫓겨난 후 매몰되었

공양왕릉 전경

159

다가 1995년 발견되었답니다.

고양 원도심 지역은 행정중심지로 고양관아 터와 벽제관지, 고양향교가 있어요. 근처에 세계문화유산인 서오릉, 서삼릉도 있고 이국적인 풍경의 원당종마목장(렛츠런팜 원당)이 있어 많은 이들이 즐겨 찾고 있죠. 하지만 일제강점기 경의선이 지금의 한강변을 따라 놓이고, 1990년대 일산 신도시가 건설되면서 고양의 원도심은 과거에 비하면 많이 소박해진 편이에요.

연산군 시대 금표비

걷기길 중 옛 의주대로에 해당하는 벽제관길, 고양관청길에서는 고양시의 옛 모습을 찾아볼 수 있어요. '의주대로'는 한양과 의주를 잇는 길로, 중국을 오가는 사신들은 모두 이곳을 이용했기 때문에 조선시대의 대로 중 가장 중요한 길이었어요. 의주대로는 중국을 거쳐 세계의 문물이 유입되는 통로이며, 조

고양향교 대성문

선의 문화가 세계로 소개되는, 이른바 조선시대판 한류 로드라고 할 수 있답니다. 고양향교 옆에는 중남미문화원 부설박물관이 자리하고 있으니 지금도 문화 교류의 현장이라 할 수 있겠죠?

● 임진왜란의 패배와 승리의 공간, 고양시 ●

요즘은 벽제 하면 수많은 공원묘지나 추모 공간들을 떠올리지만 조선시대에는 전혀 다른 모습이었어요. 중국을 오가는 연행로에는 10여 개의 역관이 있었는데, 벽제관은 중국 사신이 서울로 들어가기 전 마지막으로 머물렀던 관청이자 객사였답니다. 따라서 대중국 외교의 중요한 역할을 수행하는 장소로서 그 위상이 높았죠.

한국전쟁으로 불타버린 벽제관은 1960년대까지 유지되어오던 객관의 문이 무너져버리고 터만 남아 있어요. 그리고 안타깝게도 벽제관의 유일한 건물로 추정되는 육각정은 우리나라가 아닌 일본에 남아 있습니다.

고양시는 임진왜란 당시 패배와 승리를 모두 경험했는데요, 벽제관 부근은 명나라군이 왜군에게 패배했던 곳이고, 행주산성은 조선군이 왜군에게 승리했던 곳이죠. 일제강점기 2대 총독 하세가와 요시미치는 벽제관 전투를 기념하여 승전기념비를 건립하는 등 벽제관의 원형을 훼손했어요. 뿐만 아니라 벽제관 북쪽에 있었던 육각정을 일본으로 반출했고요. 현재 육각정은 벽제관 전투에 참여했던 왜장의 무덤이 있는 공원 근처에 자리하고 있어요. 그래서 고양시와 시민단체는 하세가와에 의해 반출된 육각정을 환수하기 위해 노력하고 있는 중이랍니다.

벽제관지

강과 함께 살아가는 행주나루 사람들

겸재 정선의 〈행호관어도〉를 보면 과거 행주나루의 모습을 짐작할 수 있어요. '행호관어'는 행호에서 고기 잡는 것을 살펴본다는 뜻으로, 행주나루 건너 개화산에서 바라본 장면을 그린 거예요. 한강물이 행주산성 앞에 이르면서 흐름이 느려지고 강폭이 넓어져 마치 호수와 같고, 살구나무가 많아 행호(杏湖)라 불렀다고 해요. 지금도 어민과 일부 주민은 행주강이라고 부르기도 한답니다. 행호 일대는 경치가 아름다워 도성 가까운 곳의 대표적 휴양지로 이름난 누각이 많았어요.

밀물과 썰물의 영향을 받는 행주나루는 작은 나루터였지만 전라, 충청에서 출발해 서해를 지나 서울로 물자를 실어 나르고 사람들이 모여들며 신문물이 활발하게 유입되던 곳이었습니다. 행주산성이 위치한 덕양산에 올라보면 경치도 아름답지만 전략적으로도 중요한 곳이라는 걸 쉽게 이해할 수 있죠. 드넓은 벌판이 펼쳐진 산성 주변은 한강과 창릉천이 해자 역할을 하고 있어요. 한강에 제방이 축조되기 전까지는 한강의 범람으로 습지와 갯벌이 펼쳐져 있어 접근이 어려웠거든요. 그래서 행주산성 입구를 제

〈행호관어도〉

〈행호관어도〉의 시점에서 바라본 덕양산

외하면 삼면이 모두 막힌 천혜의 요새였
다고 하죠. 행주산성을 차지하면 한강의
물길과 육로를 통해 어디든 갈 수 있었
어요. 그래서 행주산성을 차지하려는 다
툼이 삼국시대부터 치열했던 거예요.

창릉천과 한강의 합류 지점에는 일제
강점기 한강 수위를 관측하던 행주 수위
관측소가 있어요. 행주 수위관측소는 마
치 등대와 같아 행주나루 어민들 사이에
서는 등대로 불리기도 했죠. 행주나루는
드물게 바다가 아닌 강에서 풍어제를 지
낸 곳으로, 1919년 전국 유일의 3·1 선

행주 수위관측소

상 만세운동이 일어난 곳이기도 해요. 행주나루 어민들은 봄에는 주로 실
뱀장어, 황복, 웅어를 잡고 가을에는 뱀장어, 참게, 숭어, 붕어, 잉어, 메기
등의 민물고기를 잡았습니다. 그리고 행주나루에서는 물고기로 끓인 매운
탕을 즐겼고요. 이곳에서는 매운탕을 가리켜 물고기를 '털어서 넣는다'는
뜻으로 '털래기'라고 불렀답니다.

행주나루에서 잡히는 웅어는 조선시대 진상품으로 이를 관리하는 위
어소를 설치하고 냉동창고인 석빙고를 설치할 정도였다고 해요. 행주나루
근처에 갯벌과 갈대밭이 많던 시절 어린 웅어가 바다에서 성장해 산란철
인 봄에 행호, 서호까지 올라와 갈대밭에 알을 낳고 한동안 머무른다고 해
서 웅어를 갈대 위(葦) 자를 써서 '위어'라고도 불렀다고 하죠. 한강 개발로
갈대밭이 사라지고 신곡수중보가 건설되면서 한강을 거슬러 올라올 수 없

지금의 행주나루터

게 되자 웅어도 옛날처럼 많이 잡히지 않는다고 하네요.

과거 행주나루는 웅어와 함께 황복(행주 복어)도 유명했어요. 황복도 바다에서 자라 알을 낳으러 강으로 올라오죠. 황복은 모래와 자갈이 깔린 곳에 알을 낳는데 한강 개발로 이런 곳이 사라지면서 수가 줄어 멸종위기종으로 지정되어 허가 없이는 잡을 수 없답니다.

김포대교 인근에 신곡수중보가 설치되어 물때의 변화가 작아지기는 했지만, 다른 하천과 달리 하굿둑이 설치되지 않은 한강은 여전히 바닷물이 드나들어요. 인천의 밀물은 1시간 30분 정도면 강화, 김포를 거쳐 신곡수중보에 다다르죠. 지금도 행주나루의 어민들은 인천의 물때에 맞춰 어로 작업을 해요. 행주나루에서는 밀물과 썰물이 교차할 때가 되면 강물이 잔잔해져 배를 대기 좋거든요. 이때를 한강 유역과 서해 뱃사람들은 '행주참을 댄다'고 하는데, 결국 행주참을 대려면 배의 출항 시간을 잘 계산해야 했죠. 이후 한강변 사람들에게 '행주참'이라는 말은 무슨 일을 할 때 꼭 알맞은 순간을 의미하는 비유적 표현이 되었다고 해요.

제물포항과 마포를 잇는 중간 지점인 행주에는 서구 문물도 드나들었는데요, 그래서 한강을 한눈에 볼 수 있는 위치에 행주성당과 행주교회가 세워졌답니다. 특히, 행주성당은 1910년에 지어진 한옥 성당으로 경기 북부에서 명동성당, 약현성당 다음으로 오래된 곳이죠. 행주교회는 고양시 최초의 개신교회로 언더우드 선교사가 1890년에 세웠어요. 권율 장군을 기리기 위해 세워진 행주서원(杏洲書院)은 일 제강점기를 거치면서 교육의 기회 를 제공하고 을축년 대홍수와 한 국전쟁으로 집을 잃은 주민의 보 금자리로 활용되기도 했어요.

행주성당

1970년대 초 한강을 통한 무 장공비의 침투를 막기 위해 강 을 따라 철책이 설치되면서 한강은 접근하기 힘들어졌습니다. 그 철책은 무려 2014년이 되어서야 일부 철거되고, 2016년에 조성된 행주산성 역사 공원에는 행주나루의 정취를 살리기 위한 다양한 조형물이 설치되었어요. 그중 웅어잡이용 배도 전시되어 있는데 너무 작아 어부들의 위태롭던 어 로 작업을 짐작해볼 수 있죠. 공원에는 행주산성 전투를 재현한 조형물도 있으니 눈여겨봐두세요. 무기를 들고 싸우는 군인들 옆에 행주치마에 돌 을 담아 옮기고 그 돌을 들어 올려 던지려는 백성들의 모습에선 여러 생각 이 교차합니다.

행주산성 역사공원 근처의 행주양수장 정문 앞에는 한강물을 끌어올 려 행주에서 파주까지 관개수로 를 만든 이가순 선생의 송덕비가 있어요. 대보둑이 건설되면서 홍 수 피해는 줄었지만 농업용수가 부족했던 농지에서 물 걱정 없이 농사를 짓게 만든 거죠. 독립운 동가인 이가순 선생은 농업을 살

한강변 철책

행주산성 역사공원의 행주산성 전투 재현 조형물 웅어잡이용 선박

려 농민들의 자립을 돕고 이를 통해 독립을 이루겠다는 의지로 사재를 털어 관개수로를 만들었어요. 이가순 선생의 송덕비 뒤로는 관개용수를 공급하는 한국농어촌공사 행주양수장이 자리하고 있으니 선생의 뜻이 더욱 빛나는 듯합니다.

행주산성 역사공원이 독립을 위해 농민의 삶을 개선하려고 관개수로를 만든 선각자의 깊은 뜻을 기억하고, 웅어를 잡던 백성들의 고단했던 삶을 잊지 않으며, 행주산성에서 나라를 위해 목숨 바쳐 싸웠던 백성들의 치열했던 삶을 기억하는 공간이 되었으면 좋겠어요.

경의선 타고 유라시아로!

용산역을 출발해 신의주에 이르는 경의선 철도는 일본 정부가 러시아에 대한 선전포고를 앞두고 군용철도로 만들어진 거예요. 경의선은 우리 민족의 토지 수탈과 노동력 착취의 산물이었죠. 철도를 건설하면서 조선인의 토지는 시중 가격의 10분의 1에 강제 수용당하고 하루 평균 700미터씩 초고속으로 철로를 부설했어요. 1905년 임시 개통하고 계속 개량하며

일산역   전시관 내부 모습

1906년에 완공하게 되죠. 1911년 압록강 철교가 건설되면서 중국 철도와 연결되고 또 유라시아횡단철도와도 연결되었어요. 손기정 선수도 경의선을 이용해 1936년 제11회 베를린 올림픽에 참가했답니다. 경의선은 철저하게 대륙 침략의 보급로라는 군사적 목적으로 건설했지만 차츰 사업이나 관광 목적으로 이용하기도 했어요.

경의선 역사(驛舍) 중 큰 규모에 속하는 일산역은 1906년 간이역으로 건설되었다가 1933년 새로 지어진 거예요. 해방 이후에도 많은 사람이 일산역을 이용했는데, 그러다가 일산에 신도시가 건설되고 인구가 늘면서 새 역사가 건설되었죠. 그 기능을 다하고 방치되었던 일산역은 경의선 노선에서 유일하게 남아 있는 역사로서의 가치를 인정받아 2006년 국가등록문화재로 지정되어 현재는 일산역 전시관으로 활용되고 있습니다.

고양 지역의 경의선은 고양 지역 주민에게는 중요한 교통수단이자 삶의 현장이었어요. 일산역 앞 사거리에는 일산시장이 만들어졌고, 1908년부터 열렸던 일산장은 지금도 3일과 8일에 열립니다. 100년 넘게 열리고 있는 일산장과 함께 원당역 앞의 원당장, 능곡역 앞의 능곡장은 고양의 3대 장으로 유명하답니다.

일산시장

한국전쟁 중 남북을 연결하는 경의선은 군대와 물자를 운반하다 보니 적군, 아군 할 것 없이 집중 공격을 받아 폐허가 되었어요. 전쟁이 끝나고 다른 철도 노선은 차츰 복구되었으나 북쪽으로 달리는 경의선의 복구는 지지부진했습니다. 그러다 일산 신도시가 건설되고 늘어나는 교통 수요를 감당하기 위해 복구가 시작되었어요. 그래서 현재 경의선과 중앙선을 연결한 경의중앙선이 운행되고 있는 거예요.

일제강점기 경의선의 지선으로 능곡과 의정부를 잇는 능의선을 계획했으나 실행되지 않았죠. 그러다 1961년이 돼서야 착공하여 1963년 완공되었어요. 서울교외선 혹은 교외선으로 불렀던 능의선은 고양과 의정부를 연결하는 도로 건설로 승객이 감소하면서 2004년 운행이 중단되고 말았습니다. 교외선 운행이 중단되면서 교외선 구간은 간혹 화물열차가 운행될 뿐이랍니다. 타고 내리는 승객이 없으니 교외선 역은 방치되거나 아예 철거된 곳도 있어요. 벽제관의 옛터임을 알리는 표지석 옆으로 난 계단을 오르면 운행이 중단된 교외선 구간의 벽제역을 볼 수 있으니 거기까지 갔다면 구경을 꼭 해야겠죠?

능곡역에서 분기하는 교외선 선로는 철거되지 않고 남아 있습니다. 가끔 열차가 운행되기도 하고 철도 건널목도 여전히 작동하고 있죠. 인생 사진을 촬영한답시고 교외선 철로 위를 걷거나 터널을 드나드는 사람들이 있는데, 이런 행동은 삼가야 합니다.

벽제관 고지 표지석   폐역이 된 벽제역과 승강장 모습

경기 북부 지역 주민들의 교통 불편 해소와 상대적으로 낙후한 지역의 균형 발전에 대한 요구가 높아지면서 최근 교외선을 복원해달라는 목소리가 커지고 있어요. 고양시에서 의정부시까지 가기 위해 버스나 수도권 전철을 이용하는 경우 1시간 이상 소요되지만, 교외선을 이용하면 33분 정도면 충분하거든요. 이에 따라 2019년, 경기도와 고양, 양주, 의정부시는 교외선 운행 재개를 위해 힘을 모았죠. 교외선이 다시 운행된다면 경기 북부 지역의 동서 교통이 편리해지는 것은 물론, 경기도의 동서남북을 원형으로 연결하는 수도권 순환철도망이 구축되어 수도권 균형 발전과 지역 간 소통 강화에 큰 역할을 할 것으로 기대하고 있답니다.

경의선 구간 복원은 냉랭한 남북관계로 말미암아 먼 훗날에야 가능할 것처럼 여겨졌지만 2000년 남북 합의에 따라 2003년 문산·판문·개성 간 구간이 복원되었어요. 특히, 북으로 가는 첫 번째 역이라는 상징성을 지닌 도라산역이 새로이 건설되고 DMZ 평화열차가 서울역에서 도라산역까지 운행되고 있답니다. 2007년 남북의 경의선·동해선 열차 시험 운행 당시, 경의선 구간의 문산을 출발한 열차가 개성역까지 운행되기도 했습니다.

호수공원 근처에 위치한 고양 600주년 기념전시관과 고양 평화통일 교육

고양시 슬로건

전시관은 남북 평화시대와 유라시아횡단철도 연결의 미래를 보여주고 있다고 해도 과언이 아니에요. 고양시는 휴전선에 인접한 파주, 김포, 고양시를 통일시대를 준비하는 평화생활권이라 부르고, 경의선이 유라시아횡단철도와 연결되는 미래를 준비하고 있어요. 정말 그날이 온다면 유라시아횡단철도의 출발점은 다시 한반도가 되고 과거 손기정 선수처럼 우리도 열차를 타고 유럽에 가게 되겠죠. '평화의 시작, 미래의 중심 고양'이라는 고양시의 새로운 슬로건이 실현되는 날에는 그야말로 심장이 바운스 바운스!

천여 명에서 백만 명의 도시가 된 고양시

사진 속 전시물은 1413년 고양현으로 출발해 1425년 1,341명에서 현

고양시 인구 변천

재 100만 명의 도시가 되기까지를 보여주는 거예요. 고양시의 인구가 변화한 데 있어 가장 큰 역할을 한 건 뭐니 뭐니 해도 일산 신도시 개발이죠. 일산은 신도시 개발 이전에는 넓은 평야가 펼쳐진 농촌이었어요. 고양 일대는 땅이 비옥해서 쌀이 유명했는데, 서울 근교라는 지리적 위치로 말미암아 1960년대 중반부터는 근

교농업이 발달했습니다. 배추, 오이, 열무 같은 채소류나 토마토, 참외, 딸기 등의 과수 작물 재배가 활발했죠.

자유로와 한강둑에 조성된 자전거도로

1980년대 서울 집값이 폭등하자 분당, 일산, 평촌, 산본, 중동 지역에 1989년 신도시 건설 계획이 발표되었어요. 일산은 애초에는 신도시 예정지가 아니었는데 경기 북부 지역 중 한강변에 도로를 만들기 유리한 일산이 추가로 선정된 거예요. 일산의 신도시 예정 지역은 상습 침수 지역이 포함되어 있기도 했지만 관개수로가 잘 정비된 농지가 대부분이었죠. 절대농지가 4분의 3에 해당된다고 할까요? 그런데 주민 대부분이 농민으로 대대로 경작하고 살아온 터전에 대한 애착이 강했던 게 문제였어요. 상당수 주민들이 신도시 건설을 격렬하게 반대했고 1992년 말까지도 신도시 건설 반대 시위는 계속되었죠.

그러던 중 일산 신도시 개발 발표로 술렁이던 1990년, 계속된 집중호우로 수위가 높아진 한강물이 한강둑(대보둑)을 넘고 둑 일부가 붕괴되면서 일산 벌판의 상당 부분이 침수되는 일이 벌어졌어요. 그리고 이 사건은 일산 신도시 개발과 맞물리면서 자유로 건설 논의가 본격화되는 신호탄 역할을 하게 되죠. 자유로는 기존의 한강둑을 보강해 만든 거예요. 1992년 행주대교에서 이산포 구간이 개통되면서 입주가 시작된 일산 신도시의 교통을 자유로가 담당하게 되었답니다. 자유로는 10차선 공간을 확보해두

공릉천 용치

었지만 우선 6차선만 사용하고 남북 교류 확대와 교통 상황을 위해 나머지는 남겨둔 상태입니다.

일산 신도시 건설 당시 세 가지 전제조건이 있었습니다. 먼저 한강을 낀 수려한 환경을 활용하여 예술과 문화시설이 완비된 전원도시로의 개발을 위해 일산의 상징적인 의미인 정발산을 보존하기로 한 게 첫 번째이고(낮은 고도로 인해 도시 개발에 흙이 필요했지만요), 두 번째는 서울 및 지역 간 연결을 위한 간선도로망이 구축된 도시 구조와 형태를 갖추는 거였어요. 마지막으로 도시 성장에 대비하기 위해 일산 신도시와 한강 사이 공간을 남겨두는 조건이었죠. 이건 경기 서북쪽의 거점 도시로서 남북통일의 전진기지이자 통일시대 서울의 관문으로 성장할 미래를 위한 조치라고 할 수 있어요.

일산 신도시 개발이 발표되었을 때 휴전선이 가까운 서울 북쪽에 조성된 신도시라면 입주할 사람이 없을 거라는 의견이 많았다고 해요. 당시 노태우 정부는 이런 상황을 역으로 이용해 일산 신도시 건설로 북쪽도 안전하다는 사실을 알려주었던 거죠.

신도시 개발 당시 정부가 주택단지 확대에 역점을 두면서 신도시의 베드타운화에 대한 우려가 많았어요. 사실, 일산 신도시 건설 당시 약속했던 외교단지, 출판단지 등의 자족 기능은 입지하지 못했거든요. 일산 신도시는 1기 신도시인 분당이나 2기 신도시인 판교, 광교에 비해 양질의 일자리도 부족하고 휴전선에 인접했다는 사실이 걸림돌이 되는 모양새였습니다. 공릉천

과 그 주변에는 여전히 북한의 공
격에 대비한 대전차 방호벽과 용
치가 남아 있고요. 거기에 수도권
정비계획법, 군사시설보호구역,
개발제한구역 등으로 토지 활용
에 어려움이 많았답니다.

호수공원 옆 농수로

　이런저런 제한 탓에 일산에서
는 농업이 활발하게 이루어지고 있어요. 고 이가순 선생의 노력이 담긴 수로
덕분에 심한 가뭄에도 물 걱정 없이 농사를 짓고 있죠. 일산 열무를 소재로
음식축제를 개최할 정도로 근교농업도 활발히 이루어지고 있는 상황이에
요. 일산의 선인장다육식물연구소에서는 다육식물과 선인장 품종을 개발하
고 있는데, 전시 공간도 마련되어 있으니 방문해보면 참 좋겠죠? 참, 해마다
선인장 페스티벌이 열리고 있다는 것도 기억해두세요. 이처럼 일산 신도시
는 최초의 도농통합시로 승격한 고양시의 옛 모습도 가지고 있답니다.

선인장다육식물연구소 내부 모습

그리고 한강과 호수공원, 잘 보존된
녹지대로 상징되는 자연환경은 고양시
의 강점이에요. 화훼산업이 발달한 고
양시의 축제 중 유명한 것으로 봄의 국
제꽃박람회, 가을의 가을꽃축제를 들
수 있는데, 이 두 축제는 일산 신도시의
랜드마크인 호수공원에서 해마다 열린
답니다. 고양시는 '꽃보다 아름다운 사
람들이 사는 도시'라는 표현처럼 아름

행주산성에서 바라본 일산 신도시와 한강

다운 자연환경을 잘 보전해 전원도시의 가치를 높이고 있습니다. 1기 신도시 중 자연환경이 가장 쾌적한 곳으로 일산 신도시가 손꼽히는 주요 요인 중 하나가 호수공원이에요. 다만, 호수공원 근처에 고층 오피스텔이 들어서면서 바람 길을 막고 도시 경관에 부정적인 영향을 미치고 있다는 건 안타까운 일이죠.

호수공원과 공원으로 연결된 킨텍스도 일산의 또 하나의 랜드마크입니다. 킨텍스에 제3전시장 건설 계획이 결정되면서 고양은 동아시아 MICE 산업 중심지로의 도약을 준비하고 있어요. 물론, 넓은 전시장이 있다고 해서 MICE 산업의 중심지가 되는 건 아니에요. 회의(Meeting), 포상관광(Incentives), 컨벤션(Convention), 전시회(Exhibition)를 포괄하는 MICE 산업이 발달하기 위해서는 관광, 숙박 등의 다양한 분야의 관련 시설이 필요하죠. 그래서 고양시에서는 MICE 산

국제꽃박람회

킨텍스

업 육성센터를 만들었어요. 경기문화재단, 경기관광공사, 평생교육진흥원이 고양시로 이전할 예정이라고 하니 고양시의 관광산업 활성화에도 큰 도움이 될 거라고 믿어요.

고양시는 아파트 단지의 이름을 흰돌, 백마, 정발, 밤가시마을 등의 고양군 시절 마을 이름을 그대로 반영하여 옛 모습을 남기려 노력했습니다. 국적 불명의 이름이나 건설회사 이름보다는 훨씬 정감 있고 독특하죠. 또 고양시는 지하철역이나 공원 명칭도 옛 지명을 부여해 신도시 개발로 사라진 지명을 보존하려고 애썼답니다. 특히, 마두도서관은 고양시 관련 공간을 따로 마련하여 고양시의 옛 모습과 변화하는 모습을 보존하고 있죠.

일산 신도시 개발 30년이 지난 지금, 평화생활권 고양시는 갈등과 협력의 역사에서 얻은 온고지신(溫故知新)의 지혜를 통해 변화와 발전의 디딤돌로 성장하고 있습니다. 한반도에 평화가 정착되고 새로운 의주로인 경의선이 유라시아 철도와 연결되는 그날을 위해 준비하고 노력하는 고양시에 박수를 보내봅니다.

3 부

강원도

CITY

양구

해안분지 (펀치볼)

양구통일관

두타연

산양증식복원센터

DMZ생태식물원

DMZ야생동물생태관

DMZ야생화분재원

양구백자박물관

고인돌공원

양구선사박물관

한반도섬
(파로호)

양구근현대사박물관

양구5일장터

박수근미술관

국토 정중앙점

소양강 꼬부랑길

7

평화와 생명의 땅,
국토의 정중앙, 양구

경상북도 울릉군 독도 동단, 평안북도 용천군 용천면 마안도 서단, 함경
북도 온성군 유포면 북단, 제주특별자치도 서귀포시 대정읍 마라리(마라도)
남단. 이 4곳의 공통점은 뭘까요? 짐작하셨겠지만, 한반도 동서남북의 극
점들이랍니다. 이 네 극점을 기준으로 하면, 한반도 정중앙이 바로 양구군
남면 도촌리 배꼽마을입니다.

도촌리 입구 아치 조형물

그런데 아직도 양구 하면 국토 정
중앙이라는 인식보다는 전쟁, 최전
방, 휴전선, 비무장지대(DMZ), 을지
전망대와 제4땅굴, 펀치볼 등을 떠
올리는 경우가 더 많죠. 양구는 휴
전선을 지척에 둔 최전방 지역으로

긴장감 가득한 남북 분단의 대치 현장 중 하나거든요. 하지만 비무장지대라 불리면서도 중무장의 땅인 양구에도 새로운 움직임이 시작되고 있습니다.

양구는 평화와 생명의 땅(PLZ, Peace & Life Zone), DMZ 생태계를 가장 '자연'스럽게 만날 수 있는 곳, 평화와 생명의 땅으로 탈바꿈하고 있답니다. 그럼 이제부터 변화하는 양구로 함께 떠나볼까요.

한반도의 정중앙, 양구

한반도 정중앙

지도상의 한반도 정중앙은 경선과 위선에 따라 정해진 한 점에 불과할지도 모릅니다. 하지만 정중앙이라는 상징성이 그 자체로 자원이 되고 가치를 갖기도 합니다. 표준경선이 지나는 영국의 옛 그리니치천문대나 날짜변경선이 지나는 태평양의 섬, 우리나라의 마라도와 독도처럼 말이죠.

헌법에 우리나라의 영토는 '한반도와 그 부속 도서'라고 기술되어 있어요. 한반도의 동서남북 네 끝점을 찾아 사각형을 그리고, 동서의 중앙, 남북의 중앙이 교차하는 지점을 찾으면 그곳이 바로 한반도 정중앙점이 되죠. 그렇게 찾은 한반도 정중앙점은 동경 128°02′02.5″, 북위 38°03′37.5″로 강원도 양구군 남면 도촌리가 됩니다.

국토 정중앙점에는 휘몰이탑과 정중앙 표지석이 설치되어 있어요. 천

한반도 정중앙점 경위도

문대도 있고요, 다양한 전시물 중에는 여러 나라의 국토 정중앙을 소개한 것도 있죠. 천문대 옆 캠핑장에서 하룻밤 머물면서 밤하늘을 관측하는 것도 좋은 추억을 만드는 방법 중 하나랍니다.

양구에서는 2008년부터 배꼽축제를 개최하고 있습니다. 보통 한여름에 열리는데, 뜨거운 태양 아래 활기 넘치는 생명력과 배꼽 빠지게 즐거운 축제를 위한 프로그램들이 진행돼요. 2019년에는 '세상에 없던 즐거움! 웃음이 평화다'라는 주제로 어른 아이 할 것 없이 모두가 즐거운 장을 마련했

국토 정중앙 지점 표지석

국토 정중앙점 휘몰이탑

답니다. 물놀이장을 가득 채운 아이들의 웃음소리가 끊이질 않았고, 어른들은 팍팍한 일상을 잠시 잊고 축제를 즐기며 배꼽 빠지게 웃을 수 있었던 시간이었죠. 모두의 웃음소리가 가득한 축제를 경험하며 전쟁과 분단의 상처도 하루빨리 치유되기를 기원하기도 했습니다.

양구군에는 국토 정중앙이라는 의미를 살려 조성된 한반도섬도 있어요. 한반도섬이 위치한 습지는 화천댐 상류에 있는 곳으로, 원래는 주변 농경지에서 유입된 화학비료와 농약으로 인한 부영양화로 수질오염이 심했던 데다 생활쓰레기까지 더해져 생태계가 심각하게 파괴되었던 곳이었습니다. 새로 조성된 파로호 인공습지는 수질 정화와 생태계 복원을 통해 만들어진 국내 최대이자 최초의 인공습지랍니다. 근처에 파로호 꽃섬도 있어서 계절마다 다채로운 꽃들을 감상할 수 있지요.

파로호라는 이름, 좀 이상하죠? 파로호는 1944년 화천댐이 생기면서 만들어진 인공호수인데, 당시엔 화천 저수지라고 불렸어요. 한국전쟁 중 전투에서 패배하고 도망가던 중공군 패주병들이 화천 저수지에서 대부분 익사하거나 죽었다고 해요. 당시 이승만 대통령이 이를 기념해 화천 저수지를 '오랑캐를 대파한 호수'라는 의미에서 파로호(破虜湖)로 개명했죠.

국제사회에서는 영원한 적도 영원한 친구도 없다고 하죠. 한국전쟁 당시 적국이었던 중국은 1992년 우리나라와 국교를 수립했고 현재는 우리나라의 최대 무역상대국이 되었어요.

한반도섬에서는 1~2시간이

한반도섬 표지판과 한반도섬 가는 길

182

한반도섬 전망대에서 바라본 한반도섬과 파로호

면 한반도를 한 바퀴 돌아볼 수 있답니다. 배를 타지 않고 다리를 건너 제주도에 갈 수도 있죠. 무엇보다 한반도섬에는 휴전선이 없어요. 한반도섬 건너편 전망대에서 한반도를 한눈에 조망할 수 있으니 꼭 한번 올라가보세요. 한반도섬은 걸어서 들어갈 수도 있고 집라인을 이용해 공중에서 내려다보면서 상륙할 수도 있습니다.

양구군 남면의 명칭을 정중앙면으로 바꾸자는 주장도 있는데요, 양구에는 도로명은 물론 터미널, 농협, 약국, 영화관, 찜질방, 방앗간까지 정중앙이라는 이름을 많이 사용하거든요. 양구가 한반도 정중앙이라는 걸 강조하는 거죠. 그만큼 양구 사람들의 자부심이 강하다는 말인데, 한 설문조사에 따르면 우리 국민 중 양구가 국토 정중앙점이라는 것을 모른다고 응답한 비율이 60%가 넘는다고 해요. 그래서 영월군이 김삿갓면이나 무릉도원면으로 명칭을 바꿔 지역 홍보에 도움을 받았던 것처럼 양구군도 남면의 명칭을 정중앙면으로 바꾸는 게 어떻겠느냐는 의견이 나온 거죠. 독도나 마라도처럼 양구군 정중앙면으로 개명하면, 배꼽마을이라는 지리적 위치가 새로운 의미를 지닌 장소가 되지 않을까요. '한반도' 정중앙점을 방문한 사람들이 한반도의 화해와 평화를 다시 한 번 생각하는 장소가 된다면 더할 나위 없겠죠.

충돌의 현장에서 삶의 현장이 된 해안분지

양구군 해안면 해안분지(亥安盆地)는 펀치볼(Punch Bowl)이라는 명칭으로 더 유명한 곳이죠. 해안분지라는 이름의 유래부터 알아볼까요? 옛날 이곳에는 주민들이 밖에 나가지 못할 정도로 뱀이 많았대요. 이를 본 스님이 뱀과 상극인 돼지를 키우라고 권유했고, 실제로 돼지를 키우자 뱀들이 사라졌다고 해요. 덕분에 주민들이 편안히 살 수 있게 되었고, 이때부터 원래 바다 해(海) 자를 사용하던 지명을 돼지 해(亥) 자와 편안할 안(安) 자를 써서 해안분지가 되었답니다.

또 다른 명칭인 펀치볼은, 한국전쟁 당시 해안면의 지형이 마치 화채 담는 그릇처럼 생겼다고 해서 유엔군으로 참전한 미군과 외국 종군기자들이 붙인 별명이에요.

해안분지에서 가장 먼저 가야 할 곳은 양구통일관입니다. 을지전망대

양구 통일관

그리팅맨

양구전쟁기념관

나 제4땅굴을 가려면 출입 신청을 해야 하거든요. 통일관에 도착하면 가장 먼저 눈에 띄는 건 그리팅맨(인사하는 사람)인데, 2013년에 설치된 양구 출신 조각가의 작품이에요. 그리팅맨은 설치 장소에 따라 '안녕하세요', '미안합니다', '감사합니다' 등의 다양한 의미를 담는 것으로 유명한데, 양구의 그리팅맨은 평화와 화해의 메시지를 담고 있다고 합니다. 그리팅맨 1호는 2012년 우리나라의 대척점인 우루과이 몬테비데오에 설치되었어요. 한반도 정중앙점과 한반도의 대척점(정반대 지점)이라는 상징성이 돋보이죠.

양구통일관 전시관에는 남북 관계에 대한 변천과 북한 관련 전시물을 볼 수 있어요. 강원 평화지역 국가지질공원 전시관도 있고요. 이곳에서는 강원도의 지질공원을 설명한 전시자료를 살펴볼 수 있는데, 특히 해안분지 형성 과정이 자세히 전시돼 있으니 둘러보면 도움이 많이 된답니다.

통일관 바로 옆에는 9개의 기둥이 인상적인 양구전쟁기념관이 있어요. 높이가 다른 9개의 기둥은 해안면 주변에서 벌어졌던 주요 전투를 상징합

양구 지역 9개 전투를 의미하는
콘크리트 기둥

니다. 기둥과 전시관의 벽면을 살펴 보면 파인 곳들이 많은데, 포탄과 총 알 자국을 표현한 것이랍니다. 기념관 내부를 돌아보다 보면 저절로 다시는 이런 비극적인 일이 일어나지 않기를 간절히 염원하게 됩니다. 강원도에서 접경지역 대신 평화지역이라고 부르 는 이유를 실감하게 되죠.

해안분지는 을지전망대에서 바라 보면 그 크기와 모양을 한눈에 볼 수 있습니다. 을지전망대에 바라본 해안분 지는 이름 그대로 산으로 둘러싸인 낮고 평평한 모습이에요. 해안분지는 남 북으로 약 10킬로미터, 동서로는 약 7킬로미터에 달하는 길이입니다. 해안 분지는 서쪽으로 가칠봉(1,242미터)과 대우산(1,179미터), 남쪽의 대암산(1,304미 터), 동쪽의 달산령(807미터), 먼멧재(730미터) 등 산지로 둘러싸여 있고, 바닥은 400미터 정도예요. 을지전망대는 해안분지를 내려다보고 있는, 가칠봉 능선 에 위치하여 맑은 날에는 금강산 봉우리도 볼 수 있습니다. 가칠봉도 금강산 일만 이천 봉우리 중 하나랍니다.

영화 〈태극기 휘날리며〉의 소재가 되었던 '피의 능선' 전투를 포함해 이 곳이 고지전의 현장이 될 수밖에 없었던 이유를 전망대에 오르면 알 수 있 습니다. 정전협정이 체결되는 순간까지도 전투가 계속되었던 백석산, 고 지전의 시작이었던 도솔산 등 양구는 고지전으로 수많은 생명이 스러져간 현장이기도 합니다.

이제 해안분지가 어떻게 만들어졌는지 알아볼까요? 해안분지는 암석

해안분지와 을지전망대

의 차별침식으로 형성된 우리나라의 대표적인 침식분지로, 분지 바깥쪽의 높은 산지는 선캄브리아기의 변성암, 분지 바닥은 이를 관입한 중생대의 화강암으로 이루어져 있어요. 두 암석의 경계는 산지와 평지를 잇는 지점 상에 경사가 급격히 변화하는 곳과 거의 일치하죠.

해안분지의 형성 과정

해안분지의 바닥을 이루는 화강암은 약 2억 년 전에 지하 약 20킬로미터의 깊은 곳에서 마그마가 선캄브리아기의 변성암(편마암, 편암 등)을 관입하여 형성된 것입니다. 이때 화강암 위쪽과 변성암 아래쪽이 접촉하는 부분에 균열이 생기고, 이러한 균열은 침식에 약한 상태가 되어 주변보다 쉽게 풍화·제거되는 한편, 이 균열을 통해 지하로 수분이 쉽게 스며들어 화강암의 심층풍화작용을 일으키는 요인이 됩니다.

분지 바닥과 산지의 완만한 경사 지역에서 지하 깊은 곳의 암석까지 풍화(심층풍화작용)되면서 화강암이 썩어 부서진 풍화 물질이 주로 관찰되는데요, 제4땅굴 내부에서는 풍화를 덜 받아 단단한 화강암의 모습을 볼 수 있어요. 이런 경우 암석이 신선하다고 하며 풍화를 많이 받은 암석은 썩었다고 표현하기도 하죠. 심층풍화작용을 받은 바위를 푸석바위라고 부르기도 해요.

해안분지 형성 과정

　해안분지의 외곽은 1,000미터 이상의 높은 봉우리로 둘러싸여 있는 서쪽 산지에 비해 동쪽이 상대적으로 낮은 편이거든요. 그래서 해안분지의 하천이 모두 모여 하나의 본류를 이룬 다음 당물골이라는 골짜기로 빠져나가게 돼요. 당물골로 빠져나간 물줄기는 인제군 서화면 후덕리 부근에서 소양강으로 흘러들죠.

　돌산령터널 개통 이전까지 해안면은 인제군 생활권이었어요. 양구 중심지로 가려면 서쪽의 1,000미터가 넘는 고갯길을 넘어야 하니 상대적으로 낮고 평탄한 동쪽의 서화면으로 갔던 거죠. 해안면의 하천이 모두 당물골을 통해 서화면으로 흘러가듯 사람들도 낮고 편한 길을 찾아간 셈입니다. 2009년 돌산령터널이 개통되면서 돌산령 옛길은 차량 통행량이 급감하게 되었고, 이제는 하이킹 및 트레킹 코스로 이용되고 있습니다. 도솔산 전투 전적비가 있는 돌산령 정상부에 올라서면 펀치볼 전경과 돌산령 옛길이 한눈에 들어온답니다.

　해안분지의 고립된 위치 때문에 사람이 최근에야 살지 않았을까 싶겠지만, 이곳은 구석기시대부터 삶의 터전이었습니다. 뗀석기와 토기 등 다

만대리 대형 깃대와 북향집   해안면 재건비

양한 구석기 유물이 발견된 게 그 증거죠. 선사시대부터 삶의 터전이었던 해안분지는 전쟁으로 폐허가 되었다가 1954년 정부의 이주 정책으로 민간인 통제선 내에 위치한 유일한 면 지역이 되었어요. 재건촌 중 한 곳인 만대리에는 냉전 시절 체제 선전용으로 건설된 북향의 주택들과 거대한 태극기를 게양할 수 있는 깃대를 볼 수 있습니다. 이주민들은 밤 9시면 불빛이 새어나가지 않도록 등화관제를 실시하고 일상을 통제받으며 지뢰투성이 땅을 경작지로 변모시켰답니다. 지금도 지뢰 폭발이 종종 일어나는 형편이니 이주 당시의 상황은 아주 험난했겠죠. 그런데 이렇게 힘들게 가꾼 땅에도 갈등이 남아 있습니다. 입주 당시 정부는 토지와 경작권을 분배하면서 일정 기간 경작하면 소유권을 주겠다고 약속했는데 그 약속이 지켜지지 않았거든요. 게다가 토지 소유자의 동의 없이 개간이 이루어지기도 했고요. 토지 소유자는 꼬박꼬박 세금을 내면서도 재산권 행사는 하지 못하는 상황인 거예요. 이주민도, 토지 소유자도 민간인 통제구역 내 개척촌의 토지 소유권 처리로 속앓이를 하고 있답니다.

그런 어려운 환경에서도 해안면 주민들은 땅을 개척하고 삶을 이어갔어요. 벼농사, 밭농사, 사과농사, 인삼농사, 백합농사까지 다양한 작물을 재배하고 있습니다. 지구온난화 때문에 양구까지 북상한 사과는 큰 일교차로 남다른 품질을 자랑한다고 해요. 여름 내내 열심히 일한 주민들은 선선한 계절이 와도 쉴 틈 없이 시래기용 무를 심어요. 춥고 배고팠던 시기를 견딜 수 있게 도와주었던 시래기가 지금은 해안면의 효자상품이 되었거든요. 해마다 가을이면 시래기 축제도 열립니다. 겨울이면 시래기를 말리는 작업장을 여기저기서 볼 수 있고요. 대관령 황태 덕장의 명태처럼 해안면 시래기도 겨울 추위에 얼었다 녹기를 반복하면서 맛이 좋아진답니다.

조선백자의 시작, 양구 백토와 물길

양구에서는 다양한 도자기 조형물을 볼 수 있어요. 양구와 도자기가 무슨 관계가 있나 싶죠? 사실 양구군 방산면은 백자의 원료인 백토의 주요 산지로 조선백자의 시작이라 할 수 있는 곳이랍니다.

1932년, 금강산 일출봉에서 백자 사발과 향로 등이 담긴 '이성계 발원 불사리 장엄구'가 발견되었습니다. 이성계와 그의 추종자들의 발원문이 적힌 불사리 장엄구는 조선 건국 직전인 1390년에서 1391년 사이에 만들어진 것

양구경찰서 앞 교차로의 백자조형물

두타연 갤러리 앞 교차로의 백자조형물

양구백자박물관

이라고 해요. 백자의 명문 가운데 '방산 자기장 심룡(方山子器匠尋龍)'이라는 기록이 있는데 이는 고려 말기부터 방산에서 백자가 만들어졌음을 보여주는 역사적 자료라고 할 수 있죠. 그런 이유로 방산면에 양구백자박물관이 자리하게 된 거예요. 방산자기박물관으로 개관했다가 양구 백자와 백토의 우수성을 알리기 위해 양구백자박물관으로 이름을 바꾸었습니다.

양구백자박물관에는 방산면의 백토와 양구에서 찾아낸 도자기가 전시되어 있습니다. 전시관 바닥에 방산면을 흐르는 수입천 물길을 표시한 지

방산자기박물관에서 양구백자박물관으로

전시관의 백토

체험장의 현대식 가마

도도 있어요. 방산에서 생산된 도자기와 백토가 서울까지 이동하는 물길을 눈으로 보고 발로 따라가볼 수 있답니다. 수입천은 작은 하천이지만 연중 유량이 풍부해서 아무리 심한 가뭄에도 물이 마르지 않는다고 해요. 그러니 수입천 물길을 따라 소양강-북한강-한강을 통해 방산의 도자기와 백토를 서울이나 광주 분원으로 운반하기 편리했던 거죠.

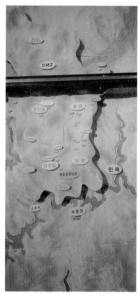

백토 운송 물길

방산면에는 오래전부터 사기를 굽는 막이 있었던 금악리라는 곳이 있어요. 사기막 혹은 사금막이라 불리다가 금막 혹은 금악으로 변하게 되었다고 해요. 방산면에서 생산되던 사기그릇도 고령토의 질이 좋아 전국적으로 유명했다고 합니다.

양구 백토에 대해 좀 더 알아볼까요. 양구 백토는 강원 평화지역 국가지질공원에도 포함되어 있어요. 양구 백토는 화강편마암의 풍화토로, 백운모계 고령토에 해당해요. 방산면 여러 지역에서 출토된 백토는 고려시대부터

박물관 옆 나무를 사용하는 복원 전통 가마

백자의 중요한 원료로 사용되었죠. 방산면에는 백토마을도 있답니다. 고령토는 화강암을 구성하는 광물 중 장석류가 화학적 풍화를 받아 만들어지는 점토광물이에요. 품질이 좋은 고령토에는 철과 마그네슘 성분이 포함되지 않기 때문에 연하고 밝은 색이라고 해요. 고령토는 가공 전에는 순백색이나 회색이지만, 고온에서 구워내면 흰색으로 변합니다. 이것을 일반적으로 백자(白磁)라고 불러요. 방산면사무소 앞에는 청화백자가 연상되는 흰 바탕에 푸른색으로 그려진 방산면 지도를 볼 수 있습니다.

중국이 남중국과 북중국의 충돌로 형성되었는데 이에 따라 한반도의 허리를 이루는 임진강대가 중국 충돌대의 연장선이라는 추론에 근거해 많은 연구가 진행되고 있어요. 임진강대는 DMZ를 따라 경기도와 강원도에 넓게 펼쳐져 있는데 북한과 접하고 있어서 연구에 한계가 있지만, 현재의 한반도 모습을 추적할 수 있어 지질사적으로 매우 중요한 지역이에요. 양

방산면 지도

백토마을 표지판

구 백토도 한반도 충돌의 증거를 담고 있을 것으로 추측하고 있죠.

도자기를 만들려면 엄청난 양의 땔감이 필요해요. 그래서 방산면 일대 산들은 나라에서 벌목을 금지한 금산이 많았어요. 수입천을 따라 가마터와 백토 생산지의 흔적도 찾아볼 수 있습니다. 방산면은 백자를 공납하다 15세기 후반 경기도 광주에 분원이 세워진 후로 백토 공급지가 됩니다. 제품 생산지에서 원료 공급지로 바뀐 셈이죠. 도자기는 운반하다 깨질 우려도 있으니 백토를 운반하는 게 더 효율적이었던 거예요. 백토는 높고 험한 산에서 채굴되었고, 해마다 압사 사고가 발생할 정도로 채굴 여건은 열악했습니다. 심지어 한겨울에도 백토를 채굴했다고 해요. 엄청난 양의 백토를 생산하고 운반해야 했던 주민들의 고통은 이루 말할 수 없었겠죠. 방산면 금악리 논골마을에는 백토 채굴 현장에 시찰 나온 감사가 채굴용 굴에 들어가자 백성들이 굴을 무너뜨려 감사를 생매장시켰다는 감사 구덩이 전설도 남아 있답니다. 그만큼 백토 생산으로 인한 백성들의 고통이 컸다는 걸 반증하는 거죠.

그럼에도 불구하고 양구 백토를 고집했던 것은 그만큼 품질이 우수했기 때문입니다. 실제로 조선시대 백자 생산을 책임지던 사옹원에서 다른 지역의 백토로 그릇을 생산하자 그릇이 거칠고 흠이 생긴다고 하여 다시 양구 백토를 가져다 쓸 것을 주장한 기록도 남아 있습니다.

금강산 가는 길, 두타연

두타연이라는 지명은 부근에 두타사라는 절 이름에서 유래했습니다. 2004년에 개방된 두타연은 2012년 한 예능 프로그램에 소개되면서 널리 알려졌어요. 민통선에 위치한 두타연을 방문하려면 양구문화관광 누리집에서 사전 신청하거나 방문 당일 금강산 가는 길 안내소에서 출입신고서를 작성하고 개인별로 위치 추적 목걸이를 휴대해야 해요.

두타연 가는 길에 설치된 대전차 방호벽과 이곳저곳에서 볼 수 있는 지뢰 표지판이 이곳이 전방 지역임을 실감하게 합니다. 두타연은 50년 이상 출입이 통제되었던 지역으로 1급수에만 산다는 열목어도 서식한다고 해요. 물론, 열목어 외에도 다양한 동식물을 만날 수 있죠. 두타연 평화누리길을 걷다 보면 양구군 상징동물인 산양을 만날 수도 있거든요. 너무 다가서지 말고 좀 떨어진 곳에서 가만히 지켜보기만 해주세요.

두타연에서는 수입천의 지류인 사태천이 산간 지방을 굽이쳐 흐르는(감입곡류) 과정에서 물길이 끊어지면서 형성된 폭포와 폭호를 볼 수 있어요. 굽이쳐 흘렀던 사태천 옛 물길은 현재 두타연 입구의 주차장으로 사용되고 있는 곳으로, 과거 물길의 방향과 규모를 짐작해보면 하천의 침식력이

대전차 방호벽

두타연 조각공원의 산양

두타연 폭포와 하식동굴

두타연에서 관찰할 수 있는 포트홀

얼마나 강력한지 알 수 있죠. 관찰데크에 설치된 표지판에는 두타연 형성 과정을 이해하기 쉽게 그림으로 설명하고 있으니 꼭 보시기 바랍니다. 두 타연 폭포 밑에 깊게 파인 둥글고 움푹한 물웅덩이인 폭호는 자갈이나 모 래가 물과 함께 폭포 아랫부분을 갈아내거나(마식) 수압으로 뜯어내(굴식) 수심이 주변보다 훨씬 깊답니다. 시퍼런 물 색깔을 보면 깊이가 가늠되지 않죠. 폭포 옆에는 하천의 침식으로 만들어진 동굴도 볼 수 있어요. 폭포 위 조망대에서 두타연을 내려다보면 하천의 침식으로 만들어진 다양한 흔 적들이 보인답니다.

물길이 끊어지는 작용으로 주변 산지와 분리되어 현재의 물길과 과거의 물길에 의해 둘러싸인 섬과 같은 지형을 '곡류핵'이라고 하는데, 현재 곡류핵

하천에 설치된 대전차 장애물

위에는 두타연을 조망할 수 있는 관찰데크와 생태탐방로 등이 조성되어 있습니다. 관찰데크 높이에서 흘렀던 하천이 물길을 깊게 파면서 폭포가 만들어지고 강바닥에 항아리 모양의 구멍을 만든 거죠. 그런 구멍을 '포트홀(pothole)'이라고 불러요. 포트홀은 하천에 의해 운반되던 자갈 등이 강바닥의 움푹한 부분에 들어가 물과 함께 회전하면서 바위를 갈아내 만든 지형이에요. 바위 위로 하천이 계속 흘러야만 만들어질 수 있는 지형이죠.

하지만 포트홀이 남겨진 지점과 현재 하천의 높이 차이가 상당해서 홍수 시에만 물에 잠길 뿐 대부분은 물이 없는 하천 주변에 분포하고 있어요. 이처럼 폭포 상부에서 포트홀이 관찰되는 것은 유로가 바뀌기 전에 폭포로 흐르던 하천의 폭이 지금보다 넓었고 낙차도 컸다는 걸 의미한답니다.

두타연에서 금강산에 이르는 물길과 31번 국도는 나란히 놓여 있어요. 하천은 대전차 장애물이 설치되어 있어도 여전히 금강산에서 흘러오고 있는데 우리는 32킬로미터밖에 남지 않은 금강산을 갈 수가 없네요. 군사통제구역 표지판과 닫힌 문, 비무장지대도 막아서고 있고요. 금강산 전기철도가 놓이기 전까지는 이 길이 금강산 가는 가장 빠른 길이에요. 그래서 조선시대 사람들도 이 길을 이용했답니다. 과거 양구 주민들은 31번 국도를 이용해 아침에 양구를 출발하여 장안사에서 점심 먹고 돌아올 수 있었다고 해요. 양구에서 내금강을 철도로 연결하면 철원에서 내금강을 연결하는 금강산선 철도의 절반 거리에 불과하다죠. 2020년 1월 국회에서 양구를 거쳐 가는 신금강산선 철도 건설을 위한 포럼이 개최되었어요. 우리는 언제 기차 타고 금강산을 갈 수 있을지 닫힌 철문 앞에서 아쉬움만 가득하네요.

선사시대부터 이어져온 생명의 땅, 양구

양구는 선사시대부터 사람들이 살아온 곳입니다. 가장 내륙에 분포하는 구석기 유적지인 상무룡리에서 10만 년 전 구석기인들이 사용했던 선사유물 4,000여 점이 발굴돼 관심을 모았는데 이 유물을 전시하기 위해 1997년 우리나라에서 처음으로 양구에 선사박물관이 만들어졌어요.

양구선사박물관은 유적 발굴을 통해 확보된 유물만 전시하기 때문에 복제 유물이 없는 박물관이랍니다. 선사박물관에서 또 하나 주목할 곳은 개인

양구선사박물관

고인돌공원

이 기탁한 고생대 화석을 볼 수 있는 '삼엽충 화석 전시실'로, 인류의 역사보다 더 오래된 지구의 역사를 볼 수 있는 특별 전시실입니다. 박물관 옆에는 파로호 수몰 지역에서 발굴한 고인돌과 복원된 움집이 전시된 고인돌공원, 함춘벌 전통 가옥과 주막 등의 전통문화체험장도 운영되고 있답니다.

선사박물관 옆에는 우리의 근현대사를 볼 수 있는 다양한 자료가 전시된 양구근현대사박물관이 있어요. 양구의 역사를 전시한 공간이 따로 마

양구근현대사박물관

자전거를 타며 돌아보는 양구 　　　　　박수근미술관

련되어 있어 양구 관광에 많은 도움이 되죠. 다양한 자전거 탐방길이 구비된 양구답게 자전거 페달을 밟으면 양구의 모습을 화면으로 보여주는 전시 공간도 있으니 자전거를 타고 '배꼬미와 떠나는 양구 여행'을 꼭 즐겨보세요. 근처에 다양한 체험 활동이 가능한 양구역사체험관도 2020년 개관될 예정이라고 합니다.

　양구를 방문한 사람들이 많이 찾는 곳 중 하나인 박수근미술관도 가봐야죠. 박수근 화백은 양구 출신으로 일제강점기와 전쟁, 분단이라는 모진

박수근미술관 전경과 박수근 동상

시간을 보냈어요. 독학으로 그림을 공부한 화백은 살아생전엔 전시회를 한 번도 열지 못했고, 돌아가시고 나서야 인정을 받았죠. 박수근미술관에는 화백의 작품이 몇 점 없어요. 이제는 작품이 너무 비싸져서 명색이 박수근미술관인데도 정작 그림은 몇 점 없는 실정이죠. 박수근 화백의 작품을 보면 화강암 같은 질감의 표현이 두드러지는데, 그 이유는 무엇일까요? 답은 박수근 화백이 피난 시절 살았던 서울 창신동의 옛 채석장에서 찾을 수 있습니다. 그의 그림에 관심이 있다면 창신동의 옛 채석장 근처를 방문해보는 것도 좋은 경험이 될 거예요. 박수근미술관은 화강암으로 만들어져 마치 화백의 그림을

건물 외벽을 장식한
박수근의 그림

보는 듯한 느낌이 든답니다. 미술관을 바라보고 앉아 있는 그의 동상과 미술관 근처에 있는 무덤을 바라보면 이곳 양구에서 화백이 평안을 찾은 것

양구의 박수근 작품

양구 5일장터

해시계

같다는 느낌을 받게 됩니다.

미술관 가는 길에 마주하는 건물들의 벽에 박수근 화백의 작품이 그려져 있는 걸 여기저기서 쉽게 볼 수 있어요. 박물관을 찾아가는 이정표 역할도 하고 있는 셈이죠. 양구시장 앞 박수근 광장에는 동상과 그의 작품을 새롭게 해석해 만든 다양한 작품들이 전시되어 있어요. 매월 5일과 10일에 양구 5일장이 열리는데, 일정을 맞춰 가면 시장 구경도 하고 박수근 광장의 작품들도 함께 감상할 수 있죠. 양구시장 근처의 걷고 싶은 거리에는 다양한 지역 특색을 반영한 조형물들도 있어요. 특히, 국토 정중앙을 상징하는 랜드마크로 세계 최대 규모의 해시계도 설치되어 있으니 찾아보세요. 기네스 인증까지 받은 해시계랍니다.

시와 철학을 소재로 2012년 개관한 양구인문학박물관은 한국 철학의 거장 김형석, 안병욱 선생의 철학사상과 우리나라를 대표하는 10명의 시인의 작품을 소개하는 공간입니다. 인문학박물관에는 이해인 수녀의 시를 소개하는 공간도 마련되어 있죠. 양구는 이해인 수녀의 고향이기도 하거든요. 이로써 양구는 역사, 미술, 철학, 문학까지 모두 아우르는 공간이 되었네요.

양구에는 사람들의 삶을 기억하고 이어가는 공간만 있는 건 아니에요.

산양증식복원센터

비무장지대라는 지역적 한계를 오히려 장점으로 활용하여 생태계 보호에
도 노력을 기울이고 있죠. 양구의 상징 동물인 산양은 세계적으로 멸종위
기에 처해 있다고 해요. 그래서 양구는 산양증식복원센터를 운영하고 있
어요. 이곳에서는 산양의 생태는 물론, 갓 태어난 아기 산양과 엄마 산양
의 모습도 볼 수 있답니다. 2007년 양구군 동면 팔랑리의 자연 암벽지대를
산양보호구역으로 지정하고 여덟 마리의 산양을 관리했는데, 현재는 스무
마리 이상이 살고 있으며 잘 자란 산양은 자연으로 돌려보내고 있습니다.
산양증식복원센터 근처에는 양구자연생태공원도 있어요. 생태공원 안에는
DMZ 생태식물원, DMZ 야생동물생태관과 야생화분재원이 있지요.

소양강을 따라 만들어진 꼬부랑길은 소양강댐이 건설된 뒤 40여 년간
양구와 춘천을 오가는 유일한 도로로 양구 주민들의 삶과 애환이 담긴 길

DMZ 야생동물생태관

DMZ 야생화분재원

소양강 꼬부랑길 쉼터 전망대

소양강 꼬부랑길 조형물

이랍니다. 새 도로가 뚫리면서 통행량이 줄어든 이 길은 아름다운 풍경과 함께하는 자전거길로 이용되고 있어요. 소양강을 바라보며 이동하는 길에는 쉼터와 재미있는 조형물들도 숨겨져 있으니 한번 찾아보세요.

양구 초입에 들어서면 양구의 슬로건을 만날 수 있습니다. "금강산 가는 길! 양구로부터 시작됩니다." 남북 관계가 개선되면 양구는 다시 금강산으로 가는 가장 가까운 길이 될 거예요. 휴전선이 멀지 않은 양구는 국가를 위해 청춘을 바치고 있는 대한민국의 건강한 청년들이 많은 곳이라 젊음의 기운이 가득하답니다. 휴전선이 가까워 깨끗한 자연환경을 잘 유지하고 있는 곳이기도 하죠. 이곳 양구가 청춘들에게, 그리고 우리나라 모든 사람들에게 젊음과 평화를 전하는 땅으로 자리 잡는 날이 빨리 오기를 바라봅니다. 그때가 되면 양구는 금강산 가는 사람들로 북적이는 도시가 되겠죠?

속초

천혜의 경관과
실향민의 정서가 어우러진 속초

한때는 수도권에서 출발해 속초로 가려면 인제군 북면 원통리를 지나 가야 했어요. 보통 군인들이 입대하면서 "인제 가면 언제 오나 원통해서 못 살겠네"라고 한탄했다는 우스갯소리의 주인공 마을이지요. 원통리 마을은 산골치고는 꽤 큰 시가지를 형성하고 있는데, 이곳이 산골 속에 있는 교통의 요충지이기 때문이에요. 한반도의 등뼈에 해당하는 태백산맥은 높고 연속성이 강해 동서 간 교통의 장애물 역할을 수행하죠. 그런데 원통과 속초 사이에는 한계령, 진부령, 미시령 등을 통해 장애물을 넘어간답니다.

태백산맥의 골짜기 사이사이에 있는 평지는 해발고도가 높고 겨울이 길어서 황태를 만들기에 안성맞춤인 곳이에요. 겨울철에 속초 앞바다에서 명태를 잡은 후 항구에서 내장을 제거하고 고개를 넘어 고지대로 가져옵니다. 여기에 덕장을 만들고 한겨울을 보내면 명태는 고급 요리 재료인 황

원통리 풍경

서울양양고속도로

태로 변신해요. 속초나 원통에 황태 판매점이나 전문식당들이 많은 이유이기도 하죠.

군인과 관광객으로 붐비던 원통리 마을도 최근에는 찾아오는 사람들이 줄어서 걱정이에요. 바로 서울양양고속도로가 뚫렸기 때문인데요, 1,000미터가 넘는 백두대간의 고갯길을 넘다가 터널 하나로 20분이면 갈 수 있게 되었으니, 관광객들은 대부분 원통을 지나는 고갯길을 이용하지 않고 편리하고 빠른 고속도로를 이용하고 있죠. 속초가 위치한 동해안은 교통이 불편할 때는 수도권에서 당일로 여행한다는 걸 생각지도 못했었는데, 고속도로 건설로 한나절이면 왕복이 가능한 곳이 되었답니다. 그럼, 이제 더욱더 가까워진 속초로 함께 떠나볼까요?

설악산이 품어주는 도시

'피서(避暑)는 서쪽을 피하라고 해서 피서(避西)'라는 우스갯말이 있어요. 서해안은 황해의 수심이 낮고, 조차가 크며, 갯벌 해안이 대부분이라

맑은 물을 구경하기가 힘들지만, 동해안은 동해의 수심이 깊고, 조차가 거의 없으며, 대부분 암석해안이거나 모래해안이라 언제나 맑은 물을 볼 수 있기 때문이지요.

이렇게 서쪽을 피해서(?) 동쪽으로 피서를 가게 되면 대부분 강원도로 향합니다. 강원도는 태백산맥이 남북으로 달리면서 동과 서, 두 지역으로 나뉘는데, 동쪽 동해안은 영동 지방, 서쪽 내륙 산간은 영서 지방으로 불려요. 태백산맥 중간에 두 지역을 크게 이어주는 고개가 있는데, 바로 대관령 (大關嶺)이에요. 영동(嶺東)과 영서(嶺西)는 이 대관령의 동쪽과 서쪽이라는 의미입니다.

영서 지방에는 강원도의 감영이 있었던 원주를 중심으로 지금 도청이 있는 춘천 등이 위치하고, 영동 지방에는 강릉을 중심으로 위로는 양양과 고성, 남쪽으로는 삼척과 지금은 경상북도로 넘어간 울진 등이 있었죠. 속초는 일제강점기까지는 양양군에 있는 작은 포구에 지나지 않았습니다. 그러다 양양에서 생산되는 철광석을 실어 나르는 항구로 속초가 이용되면서 발전하기 시작했죠. 이후 한국전쟁이 끝나면 곧 고향으로 돌아갈 줄 알고 몰려든 실향민들이 터를 잡으면서 더 큰 도시로 발전하게 되었고, 1963년 양양군에서 분리되어 속초시가 되었답니다.

이렇게 커가던 속초를 더욱더 발전할 수 있도록 해준 건 바로 설악산입니다. 금강산의 그늘에 살짝 가려 있던 설악산이 분단이 되면서 비교 불가한 산악 국립공원으로 자리매김하게 된 거죠. 흔히들 지리산은 웅장함, 주왕산은 기암괴석, 오대산은 계곡의 아름다움, 내장산은 가을 단풍이 뛰어난 산으로 유명한데 설악산은 이 모든 것을 모아놓은 산으로서 으뜸이지요.

설악산은 높이 1,708미터로 남한에서는 한라산, 지리산 다음으로 높습

백두대간

니다. 남북으로 달리는 태백산맥 중앙에 위치하기 때문에 설악산은 태백산맥을 기준으로 크게 두 부분으로 나뉘어요. 태백산맥 서쪽은 인제군 지역으로 내설악이라고 부르고 백담사 계곡이 있고요. 동쪽은 고성군, 속초시, 양양군이 위치한 지역으로 외설악이라고 부르며 신흥사 계곡이 중심이지요. 설악산을 비롯해 월악산, 모악산, 송악산, 치악산 등 악(岳) 자가 붙은 산들은 험하기로 유명한데, 설악산은 그중 또 으뜸이라고 할 수 있습니다.

큰 산줄기는 정상인 대청봉을 중심으로 북으로는 기암괴석이 이어지는 공룡능선과 용아장성이 달리고, 동으로는 화채능선, 서쪽으로는 서북능선을 따라 한계령을 넘어 점봉산으로 이어집니다. 설악산을 올라가보면 저 많은 돌산이 어디서 왔을까 한 번쯤 생각해보게 되죠. 산은 지리산, 덕유산 같은 흙산(土山)과 설악산, 금강산, 북한산 같은 돌산(石山)으로 나뉩니다. 보통 흙산은 편마암이나 퇴적암이 풍화되면서 고운 흙을 만들고 흙이 또 풀과 나무를 키워 또다시 흙을 모으면서 웅장하고 넉넉한 산세를 이루어요. 숲이 우거지고 계곡이 깊고 넓으며 산 정상에서도 넓은 봉우리를 만들고요. 하지만 화강암이 풍화되면서 생긴 돌산은 화강암 입자 중에 모래질의 석영이 다량으로 형성되기 때문에 쉽게 뭉치지 못하고 굴러떨어져 경사가 급한 산비탈을 만들면서 바위가 바로 노출됩니다. 그래서 나무가 살지 못하고 기반암인 바위가 하얗게 드러나게 되는 거죠. 이 모래는 하천이 짧은 동해로 흘러들면 고운

흙산인 소백산(위)과 돌산인 설악산(아래)

211

천불동 천당폭포

백사장을 만들지만, 서쪽으로 움직이면 흘러가는 동안 곱게 부서져서 서해안의 갯벌을 만든답니다.

돌산이 만든 기암괴석의 웅장함으로 멋들어진 설악산은 사람들을 불러모으죠. 봄에는 진달래와 철쭉이 반기고, 여름에는 녹음이 우거진 계곡으로 맑은 물이 흐르며, 가을에는 그 계곡을 단풍이 붉게 물들여요. 겨울의 설경은 또 다른 비경을 선사하고요. 사계절 다른 경관을 즐기러 찾아오는 사람들은, 특히 미시령, 공룡능선, 서북능선, 한계령, 점봉산으로 이어지는 백두대간의 핵심 구간을 많이 걷습니다.

험한 바윗길인 백두대간을 걷는 게 어려운 사람에게도, 산 아래 방문할 만한 곳들이 매우 많아 관광지로 모자람이 없습니다. 대표적인 곳으로는 천불동 계곡으로 가는 길의 초입에 위치한 신흥사가 유명하죠. 천불동 계

신흥사

곡은 정상인 대청봉에서 속초시로 내려오는 7킬로미터 정도의 물길로, 한 국판 그랜드캐니언이라고 할 수 있어요. 비선대를 비롯한 기암괴석과 오 련폭포, 천당폭포 등 수많은 폭포와 여름 신록, 가을 단풍 등이 만들어내는 절경은 볼 때마다 감탄을 불러일으킵니다.

　신흥사 뒷길로 1시간 정도 오르면 흔들바위를 만날 수 있고, 거기서 또 한 40분을 급하게 오르면 울산바위 정상에 다다르게 됩니다. 화강암이 빗 물과 바람에 풍화되고 남은 핵석(核石)인 흔들바위는 관광객들이 한 번쯤 꼭 흔들어보곤 하는 바위죠. 울산에서 금강산으로 가다가 거기에 남았다 는 전설을 가진 울산바위는 마그마가 만든 화강암이 약한 곳을 뚫고 오다 가 힘에 부쳐 멈추면서 굳어진 바위랍니다. 마그마는 폭발하면 검은 현무 암을 만들지만, 폭발할 힘을 잃어 깊은 곳에서 천천히 굳은 후 지표면이 제

누운잣나무   권금성

거되고 드러나게 되면 새하얀 화강암이 되지요. 공룡이 활약한 중생대에 우리나라는 큰 지각변동을 겪게 되는데, 그때 폭발하려다 멈춘 화강암이 북한산, 금강산, 설악산 등 기암절벽을 많이 만들었답니다.

　이렇게 멋진 설악산이다 보니 정말 많은 사람들이 찾아옵니다. 자연이 감당하기 버거울 정도로 많은 사람들이 찾아오는 바람에 환경 훼손이 심각하게 진행되고 있어요. 누운잣나무로 덮여 있어야 할 대청봉 오르는 길이 넓은 돌길이 되었고, 케이블카로 쉽게 오를 수 있는 권금성은 풀 한 포기 찾기 힘들어졌답니다. 관광객이 버린 쓰레기로 인한 오염도 심각하고 각종 희귀식물과 천연기념물로 지정된 반달곰과 산양 등도 사라지고 있습니다. 게다가 지구온난화로 인해 천 년을 산다는 주목군락지가 축소되고 있는데, 고산식물은 특성상 한번 사라지면 복구가 어렵다고 합니다. 국립공원관리공단에서는 휴식년제를 시행하거나 샛길을 줄이기 위한 노력을 기울이는 등 다방면으로 애쓰고 있습니다. 관광객들도 항상 이런 의식을 가지고 보존 노력에 동참해야겠죠?

◆━━━━━ 설악산 케이블카 추가 설치에 관한 논쟁 ━━━━━◆

요즘 우리나라 이곳저곳에서 케이블카 설치에 따른 논란이 많습니다. 케이블카가 처음 설치된 곳 중 하나가 바로 설악산 권금성이에요. 일단 논란을 제쳐두면, 사실 케이블카 덕분에 연로한 분이나 어린아이들도 설악산에 올라 백두대간의 웅장함을 엿볼 수 있어 좋기는 합니다. 이 케이블카는 속초시에 위치해 있어요.

인접한 양양군과 강원도가 설악산 남쪽에 또 다른 케이블카를 계획하고 있습니다. 오색 약수에서 끝청봉까지 3.2킬로미터의 구간에 케이블카를 설치하는 사업을 수년째 준비 중인데 이에 반대하는 환경단체들과 끊임없이 소송전을 이어가고 있어요. 최근에는 산양 스물여덟 마리가 소송을 제기해서 더욱더 관심을 받고 있는데 지자체에서는 2021년 운행을 목표로 밀어붙이고 있답니다. '환경 보호'와 '이용 편의 및 지역사회 발전' 사이의 갈등에 대해 함께 고민해보면 좋겠습니다.

두 개의 석호가 감싸주는 도시

뒤로 아름답고 든든한 설악산이 펼쳐져 있다면, 속초의 앞바다에는 그 어떤 도시에서도 찾아볼 수 없는 자연이 만든 2개의 호수가 있습니다. 이름부터 아름다운 '영랑호'와 '청초호'랍니다. 지구의 나이에 비하자면 그리 오래지 않은 1만여 년 전에 빙하시대가 끝났죠. 북극과 남극의 빙하가 녹으면서 해수면이 천천히 높아졌는데, 이때 계곡은 깊숙이 바닷물이 들어와 만입부가 되고, 산줄기는 돌출되어 반도가 되었습니다. 흔히 돌출부는 파도에 깎여서 절벽이 되고, 만입부는 하천이 보내고 파도가 실어온 모래가 퇴적되어 활 모양의 멋진 백사장이 된답니다. 이로 인해 우리나라 동해안은 절벽과 백사장이 반복되어 나타나는 모양이 되었죠. 하지만 만입부

석호인 영랑호와 청초호

가 생각보다 깊고, 그 만입부로 흘러들어오는 하천이 짧다면 이야기가 달라집니다. 하천이 모래를 거의 가져다주지 못한 상태에서 파도와 연안류가 공급해주는 모래가 만입부의 입구를 막아나가면 그 만입부는 모래기둥(사주)으로 막힌 호수(석호)가 돼요. 이런 호수는 강릉의 경포에서 함경도 끝까지 수없이 이어지는데 그중 영랑호와 청초호가 속초에 속해 있답니다.

북쪽 영랑호는 둘레가 8킬로미터 정도에 수심은 8미터 내외로 신라시대 때 유명한 화랑인 영랑이 이 호수에 비친 울산바위와 범바위의 경치에 넋이 나가 무술경연대회에 나가는 것도 잊고 머물렀다는 멋진 전설을 가

영랑호의 범바위

지고 있어요. 호수 남쪽 작은 바위섬과 그 주변의 둥근 바위를 범바위라고 하는데 흔들바위처럼 화강암이 풍화하면서 남은 핵석(둥근바위)입니다. 동남쪽에 있는 조그마한 골짜기에는 영랑호에서 가장 아름답다는 보광사가 있죠. 원래 있던 절이 1930년대 폭우에 유실되어 다시 지어진 절이지만, 아늑하게 자리 잡은 것이 천년고찰에 버금가는 분위기를 자아내고 있습니다. 절 앞에 있는 호수는 원래 영랑호의 일부였지만 순환도로를 내면서 절단되어 자연스럽게 별도의 호수가 되었습니다. 대웅전 뒤에 있는 커다란 화강암 바위도 눈길을 끌어요.

영랑호는 민물과 바닷물이 섞이는 곳에서 사는 다양한 물고기들의 서식처입니다. 덕분에 소중한 철새 도래지이면서 낚시터로도 유명했죠. 하지만 호수 주변에 대규모 리조트와 골프장, 아파트와 공공시설물, 관광체험단지까지 들어서면서 물이 오염되어 지금은 낚시 금지구역이 되었고, 뱃놀이도 더는 볼 수 없게 되었습니다. 각종 개발로 8킬로미터에 달하던 호수 둘레가 지금

청초호와 시가지

속초항 부두

은 4킬로미터 내외로 줄어들었고 일주도로를 건설해 드라이브와 산책 코스
가 조성되면서 기존에 있었던 수초 등 호반습지는 거의 사라졌습니다.

영랑호와 크기가 비슷한 청초호는 아바이 마을이 위치한 가늘고 긴 모
래기둥인 사주(沙柱)에 의해 바다와 분리되어 있어요. 하지만 거의 닫힌 영
랑호와 달리 청초호 사주는 남쪽에서 북쪽으로 성장하여 남쪽은 두껍고
북쪽으로 갈수록 가늘어지는데 북쪽 끝이 터져 있습니다. 이곳으로 배들
이 왕래해 일찍부터 청초호는 천혜의 항구가 되었죠. 조선시대부터 수군
의 중요한 주둔지였으며, 지금도 500톤급 선박이 정박하고 있습니다.

유입하천이 미미한 영랑호와 달리 청초호는 미시령 초입에서 발원한
청초천이 흘러요. 이 청초천이 퇴적시킨 평지가 현재 시가지와 그 뒤로 넓
은 논을 만들었죠. 하지만 청초호는 요즘 부쩍 옛 모습을 잃어가고 있어 안
타까워요. 속초의 성장과 함께 소규모로 매립되어 시가지가 되어가던 차
에, 관광엑스포 개최를 위해 호수의 남쪽과 서쪽을 대규모로 매립했거든

청초호수공원

요. 그때 70미터 높이의 전망대와 영화관, 해상유람선을 탈 수 있는 선착장이 들어섰어요. 청초호와 동해를 구분 짓던 아바이 마을 모래톱(사주)도 지금은 큰 상처를 입었습니다. 외곽도로 건설 과정에서 두 동강을 내 설악대교라는 큰 다리를 만들어 그 아래로 대형 배들이 청초호에 있는 부두로 들어갈 수 있게 만들었거든요.

그나마 자연 그대로의 청초호의 옛 모습을 유추해볼 수 있는 곳이 있습니다. 아바이 마을 반대쪽에 가면 속초 시내를 남북으로 나누는 청초천이 호수로 유입되면서 만들어놓은 소규모의 삼각주를 볼 수 있는데, 사면이 모두 다 콘크리트 부두로 조성된 호안 중에서 유일하게 콘크리트가 없는 부분이랍니다. 도시화가 진행된 호수 주변 도심에서 그나마 자연생태계를 간직하고 있는 작지만 소중한 공간이지요. 인기척에 놀라 날아가는 새들을 보면서, 저 새들이 사라진 땅에서 사람들이 행복하게 살 수 있을지 다시 생각해보게 됩니다.

태백산맥과 동해가 만들어낸 기후

동해안에 위치한 속초는 같은 위도상에 있는 서해안의 수도권이나 영서 지방인 춘천, 홍천에 비하면 상대적으로 겨울이 따뜻하고, 여름은 시원해요. 깊고 넓은 동해가 여름에는 천천히 데워지고 겨울에는 천천히 식기 때문이지요. 거기에 태백산맥이 겨울에 차가운 북서계절풍을 막아주는 바람막이 병풍 역할도 하고요. 이런 이유로 속초는 여름뿐만 아니라 사계절 내내 관광객이 붐벼요.

계절별로 가볼 만한 곳들을 소개해볼까요. 우선 봄에는 설악산의 야생화와 진달래, 철쭉을 보지 않을 수 없죠. 거기에 영랑호반과 설악동의 설악산 진입로는 벚꽃이 장관이랍니다. 여름에는 속초해수욕장을 중심으로 끝없이 이어진 해수욕장들이 반기고요. 설악산의 신록은 더욱더 푸르러 초록을 자랑하지요. 가을은 설악산의 단풍을 빼놓을 수 없겠죠. 차량으로 쉽게 접근할 수 있는 신흥사에서 케이블카를 이용한 권금성 등정부터, 야간 산행으로 정평이 나 있는 한계령에서 대청봉을 오른 후 천불동 계곡으로 하산하는 산행 길까지 단풍의 진수를 볼 수 있는 다양한 루트가 있답니다. 단풍철 속초는 어딜 가나 인산인해라, 복잡함은 감수하고 가야 해요. 또 가을 속초에서 지나칠 수 없는 것이 하나 있어요. 단풍에 앞서 만개하는 국화꽃이 필 무렵이면, 국화 축제 덕분에 은은한 국화 향이 시내를 살짝 덮고 있답니다.

겨울철에는 설악산 이름의 유래가 된 엄청난 눈이 볼거리이면서 동시에 골칫거리죠. 속초 겨울여행은 이따금 폭설로 난감할 때가 있으니 대중교통을 이용하는 것이 좋습니다. 시베리아에서 불어오는 차갑고 건조한 북서풍이 황해를 지나 바로 한반도로 불어오면 남부 지방의 서해안에 눈이 내리는데, 지구의 자전 때문에 생기는 전향력으로 인해 조금 더 동쪽으로 휘어져서

설악산의 단풍   설악산의 겨울

상대적으로 따뜻한 동해를 지나 수증기를 듬뿍 머금은 채 태백산맥을 넘어와 동해안에서 폭설로 내리게 된답니다. 이렇게 눈 때문에 몸과 마음이 굳을 때는 설악산 아래 척산온천에 가보세요. 수온이 53℃이며 온천 성분으로는 칼슘, 유황 등이 함유되어 있어 피로를 말끔히 씻어주거든요.

　속초에는 겨울 폭설 말고도 불청객이 하나 더 있어요. 바로 산불입니다. 봄이 되면 속초를 비롯한 동해안에서 종종 산불 소식이 들려오곤 하는데, 참 안타깝습니다. 몇 년 전에는 속초 바로 아래 있는 양양 낙산사를 홀라당 잿더미로 만들기도 했고, 어느 해에는 산불이 남북을 넘나들기도 했죠. 이런 무서운 산불은 왜 발생할까요? 봄철이면 태백산맥을 넘어온 편서풍이 영서 지방에서는 상승기류로 비를 뿌리지만 반대로 동해안은 하강기류로 인해서 건조해지는 푄현상을 일으킵니다. 여기에 오호츠크해에서 불어오는 차가운 바람과 만나면 국지적 강풍이 발생하고요. 또 동해안의 깊은 계곡, 높은 산, 짧은 하천, 모래질 토양 등 다양한 원인들도 한몫을 해 산불이 발생하면 엄청난 속도로 확산되는 경향이 있습니다. 동해안에 사는 주민들도 항상 조심해야겠지만, 혹시 속초를 비롯한 동해안으로 여행하는 경

해변 유실(트리포드)　　　　　그로인

우에도 자나 깨나 불조심을 해야 합니다.

　동해안의 강한 바람은 해안의 풍경을 바꿔놓기도 합니다. 바람은 때로 강력한 파도와 해류를 만들어요. 보통 파도와 해류(연안류)는 해변으로 모래를 공급하기도 하지만, 방파제나 부두 같은 인공적인 구조물이 만들어지면 흐름이 바뀌어 해변에서 모래를 침식시키기도 해요. 특히, 해안도로와 택지 조성을 위한 해안옹벽을 만들 때 심각한 해안침식이 발생하곤 하죠. 아바이 마을 해변에 가면 모래 유실을 방지하기 위한 시설물이 보이는데, 그 뒤로 모래는 사라지고 트리포드라는 거대한 콘크리트 구조물이 설치된 것을 볼 수 있습니다. 이 시설물은 속초 시내 북쪽 장사항과 영랑호 사주에도 설치되어 있어요. 이런 시설물은 전문용어로 '그로인(groin)'이라고 합니다. 해수욕장으로 이용되는 백사장(사주, 사빈)의 모래가 침식되는 것을 막기 위한 시설물이랍니다.

아바이 마을과 이북 음식

속초는 원래 양양군에 속해 있었는데, 일제강점기인 1914년에 강원도 양양군 도문면(道門面)과 소천면(所川面)을 합쳐서 도천면(道川面)으로 개칭하게 되죠. 그리고 요즘 해산물 맛집들로 뜨고 있는 대포항으로 유명한 대포리에 면사무소를 두게 되고요. 그 후 양양철산에서 생산된 철광석의 반출항으로 속초항이 이용되면서 도천면 속초리의 인구가 급격하게 늘어나게 되어 1937년 면사무소를 속초리로 옮기고 이름도 양양군 속초면으로 바뀌게 되었죠. 분단이 되면서 북한 지역이 되었던 속초는 한국전쟁으로 수복되어 남한의 땅이 되고, 이후 피난민들이 모여들게 돼요. 급속한 인구 증가로 1963년 드디어 속초읍은 속초시로 승격되고 양양군에서 분리됩니다. 한적한 속초리에서 속초면, 속초읍, 속초시까지 반세기 동안 숨 가쁘게 달려온 셈이랍니다.

북한과 가까운 지리적 위치 때문에 곧 전쟁이 끝나면 고향으로 돌아갈 생각에 들뜬 피난민들은 청초호 사구 위에 임시 거처를 짓고 함경도 공동체를 만들어 그들이 함께 가져온 사투리와 음식들을 지켜나갔어요. 실향민들이 이곳에 모인 이유는 먼저 고향과 가깝기 때문이에요. 거기에 빈손

아바이 마을

오징어순대

으로 온 이들에게 그나마 입에 풀칠할 수 있는 일거리도 있었고요. 남자들은 고깃배를 타고 아낙들은 그 배가 건져 올린 생선을 다듬으면서 어려운 시절을 이겨냈죠. 함경도 사투리인 아바이(보통 아버지나 나이 많은 남성을 부를 때 쓰는 호칭)를 따서 아바이 마을이라는 유래가 생겼어요. 아바이 마을 실향민들은 같은 고향 출신 사람들끼리 모여 살면서 단천마을, 이원마을, 신포마을, 홍원마을 등 집단촌을 이뤘습니다.

공식 행정구역 명칭은 청호동인데, 속초의 중심가인 청초호 북안의 동명동에서 청호동 아바이 마을을 도보로 간다면 청초호를 반시계 방향으로 빙 돌아서 가야 해요. 청초호 북동쪽 끝에서 호수와 동해는 이어지고 육지는 끊기기 때문이죠. 하지만 이 물길을 배를 타고 건너면 1~2분이면 건널 수 있습니다. 요즘 관광객들에게 인기가 많은 갯배를 타면 말이에요. 갯배는 사공이 없어 배를 탄 승객들이 스스로 힘을 보태야 합니다.

지금이야 덜하지만, 한동안 남북관계가 급변할 때마다 언론들은 앞다

갯배

투어 아바이 마을의 실향민들을 인터뷰해 보도했어요. 국내 유일의 이북 실향민 마을은 뭇 사람들에게 그렇게 인식되었죠. 다행히 지금은 분단과 통일 염원의 상징적 공간이 되었고요. 아바이 마을은 걸어서 천천히 둘러 보는 것이 제일 좋습니다. 요즘은 수협이 회센터를 새로 열어서 신선한 회 도 먹을 수 있지만, 함경도 전통 음식인 아바이순대, 오징어순대, 식해와 젓갈 등도 실향민 음식점에서 맛있게 먹을 수 있답니다.

청초호 물길을 새로 뚫은 신수로가 만들어지면서 마을은 남북으로 끊 겼어요. 하지만 엘리베이터가 설치된 다리를 통해 어렵지 않게 왕래할 수 있답니다. 다리 위에 서면 속초 시내와 동해, 청초호에 비친 설악산과 울산 바위가 볼만해요. 아래에서는 몰랐는데 다리 위로 올라가니 청호동 아바 이 마을은 사방이 멋진 풍경으로 둘러싸여 있더라고요. 다리 아래에서는 아바이 마을의 문화 전시 공간인 아트플랫폼 갯배가 있고, 갯배 선착장 주 변에는 드라마 촬영지 포토존과 실향민 문화를 보여주는 전시물들이 있어

속초시장 풍경

사진 찍기 좋아요. 갯배를 타고 건너가면 관광객들로 붐비는 속초관광수산시장이 있어서 저렴하게 장을 볼 수도 있습니다.

속초의 음식

바다와 산을 끼고 있는 속초는 다양한 음식을 자랑합니다. 대표적인 음식이 물회와 섭국인데, 물회의 인기는 가히 전국적이라고 할 수 있죠. 물회에는 속초가 자랑하는 싱싱한 해산물인 해삼, 전복, 가자미, 방어, 오징어, 멍게 등을 계절에 따라 넣고, 섭국은 섭(홍합)에 소라, 부추 등 여러 가지 채소를 넣은 속초의 대표적인 해장국이랍니다. 속초에는 정말 유명한 집들이 많으니 꼭 맛보세요.

이북 출신 실향민들이 남겨놓은 음식 중에는 오징어순대, 아바이순대, 가자미식해 등이 있어요. 오징어순대는 오징어 몸통에 소고기, 표고, 더덕 등 몸에 좋은 여러 가지 재료를 넣은 순대로 속초의 자랑입니다. 아바이순대는 돼지의 대창에 찹쌀과 여러 가지 부재료를 소로 넣어 쪄내고, 가자미식해는 가자미에 조밥과 고춧가루, 무채, 엿기름을 한데 버무려 삭힌 것으로 새콤하면서도 매운맛이 독특한 함경도 음식이죠.

이것 말고도 속초 하면 생각나는 것은 바로 중앙시장 닭강정이에요. 속초를 방문하면 많은 사람들이 손에 포장된 닭강정을 들고 다니는 걸 볼 수 있어요. 닭강정 말고도 대게찜, 학사평 순두부, 감자옹심이, 막국수, 각종 젓갈 등도 속초가 자랑하는 대표 음식이라고 할 수 있답니다.

국가대표 관광도시의 부활

다양한 볼거리와 즐길 거리가 가득한 속초는 제주도, 경주와 함께 우리나라 최고의 관광지로 각광을 받았던 때가 있었습니다. 80년대 말까지 해외여행이 자유롭지 못했던 우리 국민들이 소중한 추억을 만들 수 있는 최고의 신혼여행과 수학여행 지역으로 꼽은 곳이 이 3곳이었거든요. 이렇게 잘 나가던 속초 관광산업은 한동안 큰 어려움을 겪게 됩니다. 80년 말 해외여행이 자유화되면서, 해외여행 붐이 일어 국내 대표 여행지들은 경쟁에서 밀려나게 되는데 그중에서도 속초의 타격이 컸어요.

또 세계 여행이 자유화된 지 얼마 되지 않은 1998년 11월 남북관계가 급속히 가까워지면서 금강산 관광객이 증가하는데, 그 반대급부로 설악산을 찾는 관광객은 급격하게 줄어들었죠. 사실 금강산 관광이 아니더라도 사회 전반에 찾아온 변화에 대한 욕구를 기존 관광 기반시설과 시스템이 충족시켜주지 못한 측면이 컸습니다. 먼저 우리나라 관광산업의 특징은 계절적인 차이가 크다는 것인데, 7~8월 한여름에 강원도는 인기가 아주 많았어요. 이 시기의 강원도 동해안은 어디를 가나 인산인해였죠. 지역 내 대중교통이 열악하여 대부분 자가용을 이용하는데, 이로 인해 동해안으로 향하는 대부분의 도로가 상습 정체를 빚어, 거의 주차장이 되다시피 했습니다. 양극화된 숙박시설은 다양성이 부족했고, 시설 좋고 합리적인 비용의 공공 캠핑시설이나 숙박시설은 금방 예약이 마감되어버렸죠. 각종 바가지요금도 심각했고요. 실망한 관광객들이 하나둘 등을 돌린 것이 아주 이해 못할 바는 아니었던 거예요.

요즘 교통 불편은 많이 개선되었습니다. 우선 영동고속도로가 확장되었고, 서울양양고속도로가 개통했어요. 동해고속도로가 강릉에서 속초까지 연

리조트

장되고 국도가 개선되어 도로를 이용한 접근성이 한층 좋아졌고요. 서울시청에서 속초시청까지 최단거리는 얼마일 것 같나요? 놀랍게도 190킬로미터 정도에 불과합니다. 생각보다 가깝죠? 고속철도도 강릉까지 연결되었고, 동서고속철도가 춘천에서 속초까지 계획되고 있답니다. 이제 수도권에서 강원도 동해안은 2시간 내외면 도착하는 아주 가까운 관광지가 된 거죠.

속초를 여행 오는 분들은 대부분 가족 단위 여행객이 많아요. 이런 가족 단위 여행객들은 우리나라 최대의 콘도와 리조트 단지에 머물면 돼요. 속초 시내에서 미시령으로 넘어가는 곳에 넓은 평지가 나타나는데 이 평지는 과거 해안선이 있던 곳입니다. 동해안이 융기하면서 지금은 해발고도 100미터 내외에 위치한 곳으로, 지리 시간에 해안단구라고 배운 그 지형이죠. 파도에 오랜 시간 깎인 대지가 융기하면서 그대로 높아진 곳으로, 동해안에서 흔히 나타나는 지형입니다. 해안단구 지형이 나타나는 속초와 인근 고성 지역을 중심으로 다수의 콘도와 리조트가 몰려 있으니 이용해보세요. 최근에는 해안가의 절벽 위나 해변 가까이에도 다양한 숙박시설들이 들어서고 있어 선택의 폭이 넓어졌답니다.

또 속초가 자랑하는 척산온천에 휴양촌이 운영되고 있으며, 그 인근에 속초시에서 운영하는 속초시 청소년수련관도 있어요. 풋살구장과 실내 체육관이 같이 있어 소규모 테마형 교육여행(수학여행)을 오거나 체험학습을 진행하기에도 좋은 곳인데 레크리에이션 진행이나 강사 소개 등도 속초시의 도움을 받을 수 있답니다.

◆ 속초시립박물관 ◆

속초시립박물관

자연환경에 비해 인문적인 볼거리가 적었던 속초시에 알찬 전시 공간으로 탄생한 장소가 있는데 바로 속초시립박물관입니다. 순두부 마을로 유명한 학사평 인근에 자리 잡고 있는 박물관은 크게 3개의 전시공간으로 나뉘어 있어요.

먼저 박물관 본관은 속초 지역의 자연과 문화의 어울림, 어촌과 실향민 문화의 어울림, 선조들의 다양한 도구를 체험해볼 수 있는 공간으로 구분되어 있습니다. 설악산부터 두 석호를 지나 동해안까지 실물을 축소해놓은 그래픽 패널은 속초의 지형을 쉽게 이해할 수 있는 좋은 자료입니다.

다음으로는 실향민 문화촌을 둘러보세요. 박물관 앞마당에 실물 크기로 지어놓은 개성집, 평양집, 황해도집, 함경도집 등 흔히 볼 수 없는 이북의 민가를 그대로 재현해놓았어요. 북쪽 가옥은 남쪽에 비해 겨울 추위가 심한 기후 특성을 반영한 공간들이 나타나죠. 일단 남쪽은 일자형 가옥이나 ㄱ자형 가옥 등이 나타나고 마당에 축대를 쌓고 높이 짓는 경향이 있는데, 이에 비해 북쪽 가옥은 ㅁ자 가옥 등 폐쇄적인 가옥이 주를 이뤄요. 남쪽은 대청마루가 가옥의 중심 공간인데, 함경도 가옥은 대청마루가 실내로 들어가고 바닥에 온돌이 깔린 형태인 정주간이 중심 공간이 됩니다. 추위에 대비한 전(田)자형 방 배치

피난민 촌락

도 눈여겨볼 만하고요.

이런 전형적인 양식의 가옥 말고도 속초만 가지고 있었을 법한 가옥을 볼 수 있는데, 바로 실향민들이 모여 살았던 청호동 골목길을 재현해놓은 곳이에요. 피난민들이 고향으로 돌아갈 날을 생각하면서 합판, 깡통 등으로 임시방편 만들어놓은 집들은 가슴을 아리게 합니다. 그리고 삶의 공간이 부족해서 단체 생활을 하는 어민들을 위한 가옥, 방의 수요에 따라 부엌 등을 덧대어 지은 가옥 등 당시의 생활을 유추해볼 수 있는 공간들이 많답니다.

한동안 남북 간의 분위기가 좋았기 때문에 동해북부선 철도의 복원을 위한 실무회담이 이루어지기도 했어요. 동해북부선 철도는 양양의 철광석을 군수산업의 중심지였던 원산으로 실어 나르기 위해 양양에서 원산까지 활발히 운행되던 것이 한국전쟁 때 큰 폭격으로 사라졌고, 이후 분단되면서 영영 잊혀진 철도가 되었어요. 그때까지 운영되었던 속초역이 시립박물관 중심에 복원되어 있으니 방문해보세요.

요즘 우리나라 어디를 가나 기본적인 볼거리, 먹거리, 즐길 거리가 즐비해요. 지방자치제도가 정착되면서 대부분 자신의 지역을 홍보하고 이것을 경제적인 이점으로 만들기 위해 많은 노력을 기울이고 있죠. 어느 정도 목적을 이루기도 했지만, 지역적·지리적·역사적 특색 없이 천편일률의 축제와 개발로 국내 관광을 기피하는 원인이 되기도 합니다. 다행히 속초시는 설악산과 동해안이라는 천혜의 자연경관과 어촌과 피난민 문화가 어우러져 특유의 독

속초역 복원

특함을 가지고 있죠. 오랜 기간 관광객과 함께해온 속초라면 절대 실망스럽

지 않을 겁니다.

오대산

오대산
국립공원

대관령 하늘목장

대관령옛길

대관령 양떼목장

월정사

풍력발전단지

무이예술관

봉평오일장

알펜시아 리조트

용평리조트

도암댐

계촌클래식마을

평창올림픽시장

감자꽃스튜디오

백룡동굴

건강한 해발고도 Happy 700, 평창

하나의 지역인데, 남북으로 갈라진 도(道)가 있습니다. 바로 강원도죠. 강원도는 아직도 분단의 비극을 증명하듯 북쪽과 남쪽으로 나뉘어 있습니다. 한국전쟁에서 가장 치열한 전투가 펼쳐졌던 백마고지(철원), 금단의 땅 'DMZ', 반공의 상징적 인물로 기억되는 이승복 등이 떠오르는 강원도는 남과 북이 접경지역을 맞대고 있는 분단의 땅이에요. 이념 대립으로 인한 비극과 분단의 아픔을 간직한 강원도. 하지만 평창을 중심으로 평화의 전진 기지로 탈바꿈하고 있답니다. 2018년 '평화'를 상징하는 동계올림픽이 평창에서 열렸죠. 한반도기를 들고 남북이 공동으로 입장하고, 하나의 팀이 되어 다른 나라와 승부를 겨루기도 했어요. 스포츠를 매개로 한 민족임을 새롭게 체감하며, 평화와 공존을 향한 발걸음을 내딛는 또 한 번의 계기가 되었던 거, 다들 기억하고 계시죠? 자, 그럼 그 평창을 찾아가볼까요?

'하나 된 열정' 평화 올림픽

평창은 동계올림픽 유치를 위해 10여 년을 힘써왔어요. 2010년, 2014년 동계올림픽 유치를 위해 도전했으나 선택받지 못했죠. 두 차례의 유치 실패 끝에 맞은 세 번째 기회! 1988년 서울올림픽이 대한민국을 전 세계에 알리는 기회가 되었다면, 30년이 지나 열린 2018년 평창동계올림픽은 한반도에 평화가 찾아올 수 있음을 확인하는 무대가 되었답니다. 이로써 대한민국은 하계와 동계올림픽, 월드컵과 세계육상선수권대회를 모두 개최한 나라가 되었어요. 이렇게 세계 4대 국제 경기를 모두 다 개최한 나라는 프랑스, 독일, 이탈리아, 일본에 이어 우리나라가 다섯 번째라고 해요. 우리나라의 국제적 위상이 얼마나 높아졌는지 알 수 있겠죠?

동계올림픽 개최 1년 전만 해도, 북한과의 관계는 악화일로에 있었어요. 북한의 계속되는 미사일 발사와 핵실험은 한반도에 긴장감을 불러일으켰거든요. 이에 대응한 미국의 강경한 태도는 남북 대립이 일상화된 우리에게도, 또다시 비극적인 역사가 반복되는 것은 아닐지 불안감이 들게 했습니다. 이렇게 위태로운 정세 속에서 올림픽을 성공적으로 개최할 수 있을까 싶은 의문이 제기될 정도였죠.

그러나 2018년의 첫날, 북한의 참가 결정으로 이러한 불안이 희망으로 바뀌게 됩니다. "분단된 국가, 전쟁의 상처가 깊은 땅, 휴전선과 지척의 지역에서 전 세계를 향한 화해와 평화의 메시지가 시작됩니다"라는 문재인 대통령의 축사처럼 평창은 평화의

평창동계올림픽 (출처 : 평창포토뉴스)

초석을 다진 지역으로 기록될 것입니다.

대관령 산자락을 끼고 있는 평창에는
국립공원인 오대산(1,563미터)과 더불어
1,000미터 이상의 황병산, 선자령, 발왕
산 등 고산지대가 많습니다. 그 밖에도 평
균 해발고도 700미터의 고위평탄면들이
펼쳐져 있어서 겨울 스포츠의 본고장이라
할 수 있죠. 우리나라에 들어선 최초의 스
키장은 1975년 문을 연 용평리조트랍니
다. 우리나라에서 열두 번째로 높은 발왕

Happy 700 평창

스키장

알펜시아 스키 점프대

산(,1458미터)의 완만한 북사면에 슬로프를 개발했죠. 그 이후 여러 스키 리조트들이 들어서면서 이곳은 설원의 도시가 되었습니다.

평창은 해발고도가 높은 지형적 특성 덕에 겨울에는 매우 춥고 눈이 많이 옵니다. 올림픽 시즌에도 폭설이 내리지는 않을까 걱정했을 정도죠. 겨울철에 불어오는 시베리아의 찬 기단이 백두대간을 넘어갈 때에도, 북동기류가 동해를 지나며 수증기를 머금고 백두대간을 타고 올라갈 때에도, 산맥에 의해 구름이 만들어지면서 많은 눈이 내릴 수 있거든요. 1월 평균 기온이 −7.7℃로 상당히 춥고, 서리가 가장 먼저 내리는 곳이기도 합니다. 하얀 설원 위에 설치된 눈 조각품들을 즐길 수 있는 눈꽃 축제도 이곳에서 만끽할 수 있는 겨울 이벤트랍니다.

알펜시아는 '아시아의 알프스'라는 의미로 명명되어 동계올림픽을 위해 준비되었습니다. 특히, 알펜시아 스타디움에 펼쳐진 스키 점프대는 영화 〈국가대표〉나 예능프로그램을 통해서도 선보인 바 있죠. 올림픽이 끝나더라도 방치된 시설이 되지 않도록 사계절 모두 이용할 수 있게 했고 축구경기장으로도 사용할 수 있게 설계되었다는 점이 인상적입니다. 모노레일을 타고 전망대에 올라갈 수도 있습니다. 2층에는 대관령 스키역사관이 있어서 전 세계 및 우리나라의 스키 변천사를 볼 수 있어요.

━━━●━ 기후변화에 따른 역대 동계올림픽 개최지의 재개최 가능성은? ━●━━━

동계 스포츠를 즐기기 위한 최상의 기상 조건은 평균 -10~5℃, 바람은 약하고 눈이나 비가 내리지 않는 날이라고 해요. 역대 동계올림픽의 개최지들을 살펴보면, 평창은 위도가 낮은 편이에요. 일본 나가노 다음으로 낮지요. 그럼에도 불구하고 노르웨이 릴레함메르 이후 가장 추운 개최지로 꼽히는 이유는 무엇일까요?

대륙의 동쪽 끝에 위치한 우리나라가 전반적으로 겨울엔 춥고 건조한 대륙성기후를 보이는 데다가, 해발고도가 높기 때문이에요. 해발고도가 높아질수록 기온이 낮아지니 근래에 올림픽을 치렀던 캐나다 밴쿠버(21미터), 소치(34미터)에 비하면 평창(750미터)은 얼마나 기온이 낮은지 아시겠죠?

그런데 이러한 기후 조건이 맞지 않아 동계올림픽을 치를 수 있는 도시들이 점차 줄어들고 있다고 합니다. 지구온난화의 영향으로 2월의 평균 기온이 계속 높아지고 있기 때문이죠. 역대 동계올림픽 개최지 가운데에서도 상당수가 기후변화로 인해 21세기 내에 다시 개최하기 어려울 것이라는 연구 결과도 나왔다고 하네요.

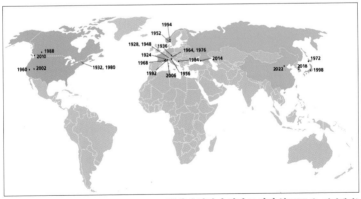

동계 올림픽이 열린 도시의 분포(출처 : 위키백과)

Happy 700 평창

'Happy 700'은 평창군의 표어입니다. 인체에 적합한 기압으로 인해 사람이 살기 좋은 해발고도와 쾌적한 자연환경을 갖추고 있다는 의미를 담았다고 해요. 강원도 평창군에는 유독 평창, 봉평, 용평, 장평, 후평, 평촌 등 '평(坪)' 자가 들어가는 지명이 많아요. 험준한 산줄기가 대부분인 지역에 평평한 곳이라니 놀랍지요. 이러한 지형을 '고위평탄면'이라고 하는데, 해발고도가 높은 곳에 위치한 평탄한 면이라는 의미랍니다.

한반도의 등줄기인 백두대간은 동쪽으로 치우쳐 있어요. 그래서 우리나라의 산지 지형의 특징을 하나만 말하라고 하면 '동고서저(동쪽이 높고 서쪽이 낮은)'가 먼저 떠오르죠. 이는 동해 쪽으로 치우쳐서 솟아올랐기 때문인데, 그 결과 동쪽으로는 더 많이 융기하고 서쪽은 덜 융기한 비대칭적인 산지가 형성되었어요. 왜 강원도 면적의 80퍼센트가 산지로 이루어져 있

백두대간의 평탄한 고원 모습

는지 알겠죠? 해발고도가 높으면서도 완만한 지역들이 있어요. 오랜 세월 동안 깎여 평탄해졌던 곳들이 산맥이 형성될 때 함께 솟아오르게 되는데, 이러한 고원을 가리켜 '고위평탄면'이라고 한답니다.

이러한 지형적 특성 때문에 겨울에는 매우 춥고, 일교차도 큰 편이지요. 평년 기준으로 0℃ 이하의 일수가 110일 이상이며, 대한민국 관측상 1월 평균 기온(-7.7℃)이 가장 낮기도 해요. 해발고도가 높기 때문에 한여름에도 20℃ 내외의 기온이랍니다. 에어컨을 틀어놓은 것 같은 착각이 들 정도죠. 기온이 낮고 해발고도도 높은 땅, 이른바 고랭지를 이루는 이곳에서 할 수 있는 농업이라곤 화전민들이 가꾼 감자, 옥수수, 메밀 등의 밭농사밖에 없었어요. 지금도 이곳은 전국 씨감자의 주산지예요. 평창군에서 생산되는 식량 작물 가운데 90퍼센트가 감자라고 해요.

1970년대 영동고속도로의 개통은 이곳의 토지 이용에 큰 변화를 가져

하늘목장에서 전망대 정상으로 올라가는 트랙터

대관령 양떼목장

왔어요. 수도권과의 시간적 거리가 가까워지면서, 여름의 서늘한 기후 조건을 이용한 상업적 토지 이용이 가능해진 거죠. 감자와 더불어 배추, 무 등의 고랭지채소를 대규모로 재배하기 시작한 거예요. 서늘한 기후에 적합해 평지에서는 가을에나 재배할 수 있는 채소들을 이곳에서는 여름에 생산해낼 수 있으니, 출하 시기가 달라 시장에서 높은 가격을 받는답니다.

양떼목장으로 가볼까요? 《알프스의 하이디》나 〈도레미 송〉으로 유명한 영화 〈사운드 오브 뮤직〉의 주인공들이 나올 법한 배경입니다. 한국의 알프스라고 불리는 이곳은 여름이 서늘한 기후 조건 덕에 해충의 피해도 적고 목초도 마르지 않으니 목장을 운영하기에 적합하답니다. 1970년대 국토의 70%인 산지를 좀 더 효율적으로 이용하고자 하는 정부의 경제개발 5개년 정책에 의해 낙농업이 육성되었어요. 이때 삼양목장이나 한일목장 등의 대규모 목장들이 발달했죠. 최근에는 목장을 개방하여 방목한 양, 말, 염소 등을 둘러보고 먹이를 주기도 하는 등의 체험거리로 관광객들을 불러 모으기도 한답니다.

대관령 일대에는 설경의 아름다움을 볼 수 있는 선자령이 있어요. 옛날 선녀들이 빼어난 계곡의 풍경 때문에 자식들을 데리고 내려와 목욕을 하고 다시 하늘로 올라갔다는 전설이 전해져오기도 하지요. 등산로가 평탄하고 완만하여 트레킹 코스로도 유명합니다. 해발고도가 높은 산맥임에도 고원들이 펼쳐져 있는 걸 보면 한반도의 땅이 솟아올라 만들어졌다는 사실을 다시 한 번 실감할 수 있지요.

바람의 도시, 평창의 산업

우리나라의 신·재생에너지 발전은 전체 에너지 공급량 중 4.8%(2016년 '신·재생에너지보급통계')에 지나지 않습니다. 여기서 신·재생에너지란 화석 연료를 재활용하거나 재생 가능한 에너지를 이용하는 것으로 태양열, 태양광, 폐기물, 바이오, 수력, 풍력, 지열발전 등을 열거할 수 있죠. 대형 풍력발전소가 본격적으로 세워지기 시작한 2000년대에는 대부분 제주도와 강원도 산간 지방에서 이루어졌어요. 다양한 지역으로 풍력 부지가 넓혀지고 해상 풍력이 개발되는 등의 변화에도 여전히 대관령은 최대 규모의 풍력발전이 들어서 있을 만큼 풍부한 바람 자원을 자랑합니다. 풍력발전에는 일정한 속도의 바람이 중요한데, 대관령은 해발고도 900미터 이상의 고산지대이고 연평균 초속 6.7미터의 바람이 일정하게 불어와 최적의 입

대관령 풍력발전기

지조건을 자랑하기 때문입니다. 해발고도가 높은 대관령에 오르다 보면, 바람의 도시인 것이 눈에 들어와요. 이곳에서 생산된 풍력에너지로 연간 5만 가구가 사용할 수 있는 전력이 생산된다고 하니, 정말 엄청나죠?

대관령의 풍력발전단지는 선자령의 풍차길 트레킹 코스를 통해 닿을 수 있어요. 선자령이 해발 1,157미터이지만 출발점이 840미터의 대관령휴게소이기에 도전하기 어렵진 않아요. 게다가 평탄한 백두대간의 능선을 따라 산행을 하기 때문에 초보 등산가들도 쉽게 오를 수 있답니다. 또 산림청이 개설한 계곡길을 통해 색다른 풍경을 즐길 수도 있죠. 삼양목장에서 무료 셔틀을 타고 동해전망대로 올라가거나 하늘목장에서 트랙터를 타고 하늘마루 전망대에 올라도 여러 대의 풍력발전기들이 운행하는 모습을 볼 수 있습니다.

대관령 옛 휴게소 근처에는 신·재생에너지관이 있습니다. 우리나라의 신·재생에너지의 현황을 알려주고 풍력발전의 역사나 원리도 자세히 설명되어 있어요. 바람의 세기나 힘을 체험할 수 있는 공간이나 직접 전기를 만들어보고 에너지의 원리를 배울 수 있는 공

신·재생에너지관

간들도 마련되어 있답니다.

평창의 바람은 특산물을 길러내기도 합니다. 바로 황태예요. 강원도 인제에 이어 대관령 또한 황태 덕장으로 유명하거든요. 한국전쟁이 끝난 후 함경도 피난민들이 위도가 상대적으로 높은 북쪽과 기후 조건이 비슷한 횡계에 황태 덕장을 세웠다고 해요. 추위 속에서 바람과 눈을 견디며 얼었다 녹기를 반복하다 보면 부드러운 살로 건조된다고 하는데, 최근에는 지구온난화로 겨울철 덕장 운영에 차질이 생기기도 한다고 하네요. 영상의 춥지 않은 겨울이 계속되면 황태 덕장이 개시조차 못하거든요.

평창의 에너지원을 하나 더 살펴볼까요. 수력발전은 높은 곳에 있는 물을 떨어뜨리며 발전기를 돌려 전력을 생산하는 방식으로 물의 위치에너지가 터빈의 운동에너지로 전환되며 발생하는 것입니다. 그만큼 낙차가 클수록 유리하겠죠. 우리나라의 큰 강들 대부분은 경사가 완만한 서쪽으로 흘러갑니다. 아무래도 급한 경사로 인한 낙차가 확보되기 어렵지요. 이에 융기량의 차이로 나타난 동고서저 산지 지형의 특색이 새로운 수력발전 양식을 가져왔습니다. 하천의 물줄기를 본래 방향에서 바꾸어 동해 쪽의 급경사로 물을 보내는 방식의 '유역변경발전'이 적용된 거예요. 남한강 상류를 댐으로 막아 물을 저장하고 산지에 뚫은 도수 터널을 통해 물을 반대편의 경사가 급한 영동 지방으로 떨어뜨려 전력을 생산하는 강릉수력발전소가 대표적입니다.

그런데 상부 댐, 즉 평창의 도암댐에 환경 문제가 여전히 끊이지 않고 있습니다. 고랭지 채소밭의 토사와 목장들의 분뇨, 리조트, 골프장의 오·폐수 등이 흘러들어와 수질을 악화시켰죠. 이미 하류 지역의 오염문제로 2001년에 전력 생산이 중단되었어요. 가동이 멈춘 도암댐을 두고 수질 악화로 인한 방류가 불가하니 댐을 해체하자는 주장과 영서 지방의 물 부족을 해결하고 신·재생에너지를 확보하는 차원에서 발전 방류를 중단해서는 안 된다는 주장이 여전히 맞서고 있다고 하니, 참 애물단지입니다.

산간지역을 개간하여 만든 고랭지 채소밭이 늘어나면서 토양 침식, 토양의 산성화 문제 또한 심각하게 대두되기 시작했어요. 토양이 비옥하지 못해서 많은 양의 비료를 사용할 수밖에 없다 보니 산성화된 거죠. 폭우 때마다 토양의 침식과 유실도 지속되어 산사태의 위험도 높아졌답니다.

대관령, 영서와 영동의 갈림길

백두대간의 대관령만 넘으면 닿을 수 있는 두 지역임에도 불구하고 영서 지방의 평창과 영동 지방의 강릉은 얼마나 큰 기후 차이를 보이는지 몰라요. 겨울철 영동 지방은 폭설주의보가 내려졌는데 영서 지방으로 넘어가다 보면 눈 내리는 곳을 언제 지나왔나 싶게 맑은 하늘이 보이지요. 또 서울에서 출발해 영동고속도로를 달리다 보면 덥고 건조한 바람이 느껴지는데, 대관령 터널을 지나면 바로 서늘하고 습윤한 공기를 느낄 수 있답니다. 그만큼 한반도의 등뼈인 백두대간이 강원도 내에서도 큰 차이를 가져오는 거예요.

이러한 대관령은 고개가 너무 험준하여 넘을 때마다 '대굴대굴 크게 구르는 고개'라는 뜻의 '대굴령'에서 유래되었다고 하기도 하고, 영동 지방과 영서 지방을 잇는 큰 관문이라는 뜻이라고도 합니다. 대관령의 지형이 얼마나 험준한지 보여주는 일화가 있어요. 강릉에서 살고 있던 한 선비가 곶감 한 접(100개)을 챙겨 한양으로 과거를 보러 길을 떠났어요. 그는 한 고갯길을 넘을 때마다 곶감 하나씩을 빼 먹었죠. 마침내 대관령 정상을 넘고 보

대관령 옛길

니 곶감이 딱 1개 남은 것을 보고 대관령이 아흔아홉 구비라는 걸 알게 되었다는 이야기예요.

강원도 강릉시 성산면과 평창군 대관령면 사이에 위치한 대관령 옛길은 우리 선조들이 영동 지역에서 한양에 이르기까지 오가던 길이에요. 신사임당이 친정어머니를 그리워하며 넘었던 길이고, 율곡 이이가 과거를 보기 위해 넘었던 길이지요. 수많은 보부상들이 이 험준한 고개를 넘나들며 영동과 영서 간의 물자 교류를 주도했어요.

옛 대관령휴게소 자리에는 '대관령 옛길(반정)'이라고 쓰인 커다란 비석이 있어요. 고개의 반쯤 다다랐다는 지표인 거죠. 혹자는 대관령을 '울고 넘는 고개'라고도 부른다고 합니다. 고향을 떠나던 신사임당이 대관령을 넘어 친정을 바라보고 눈물지으며 읊던 시가 적힌 시비도 여기에 세워져 있답니다. 고갯길 도중에 만나는 원울이재 또한 강릉으로 부임하던 원님이 세상 끝 험준한 고개 너머로 발령 난 자신의 신세 때문에 울고, 임기가 끝나고 다시 고개를 넘어갈 때에는 강릉 사람들의 인정을 잊지 못해 울고

대관령 고개를 넘던 S자 도로

대관령 고개를 관통하는 터널

갔다는 곳이지요.

어린 시절 S자로 휘어진 대관령 고개를 넘을 때마다 귀가 먹먹하고 멀미가 났던 기억이 납니다. 가장 먼저 서리가 내리던 대관령이기에 조금만 미끄러워도 위태로웠던 그 길이, 터널이 뚫리고 곧고 평탄한 길이 될 줄은 정말 몰랐어요. 터널이 개통되면서 꼬불꼬불 산을 돌아가던 도로 길은 추억이 되었죠. 2001년부터는 대관령을 관통하는 7개의 터널을 통해 영동에서 영서로 단번에 갈 수 있게 되었고요. 2015년에는 국내에서 가장 긴 산악터널(21.7킬로미터의 대관령 터널)이 연결되어 서울-강릉 간 KTX는 1시간 반 정도면 도착할 수 있게 되었으니 교통이 참 편리해졌죠?

백두대간 등줄기 내에 오대산국립공원도 자리 잡고 있습니다. 한 드라마 장면의 배경으로 소개된 이후 더 유명해진 전나무 숲길은 '천년의 숲'이라는 명성에 걸맞게 한국 3대 전나무 숲의 하나로 알려져 있습니다. 오대

247

월정사

오대산국립공원 전나무 숲길

산이 흙산인지라 토양이 비옥하여 산림자원이 풍부한 곳이거든요. 숲을 지나면 신라 선덕여왕 때 창건하여 천년이 되었다는 월정사, 가장 오래된 동종이 있다는 상원사도 보인답니다.

상원사에서는 우리가 흔히 절에서 볼 수 있는 불상의 모습을 찾을 수 없어요. 법당 안에는 방석들만 놓여 있고 불단은 비어 있으니 적잖이 당황스럽죠. 이곳은 5대 적멸(寂滅, 모든 번뇌와 집착이 사라진 상태) 보궁의 하나라고 해요. 부처님의 진신 사리를 모신 곳이기에, 따로 부처상이 필요 없는 색다른 절인 거죠.

영서와 영동을 나누는 경계이자, 태백산맥의 대표적인 고개가 바로 대관령(832미터)입니다. 대관령은 하천의 물줄기를 나누어 예로부터 서로 다른 생활권을 만들었고, 강릉과 평창의 행정구역상 경계이기도 하지요. 평창에서는 지리적 위치를 홍보할 수 있고 이를 통해 지역의 인지도도 상승할 수 있다고 보았어요. 동계올림픽 유치에도 도움이 될 것으로 판단해 '도암면'을 '대관령면'으로 개정했죠. 이에 맞서 강릉에서는 대관령이야말로 태백산맥 넘어 외지와 연결되는 주요 교통의 요충지이자, 강릉단오제가 시작되는 지역이라는 점을 내세워 반대했어요. 특히, 유네스코 인류무형문화유산으로 등재된 강릉단오제의 주신이 바로 대관령 국사 성황신과 대관령 산신이 있는 곳이기 때문에 대관령이라는 지명은 공동의 유산이라고 주장했죠. 평창군 도암면과 강릉시 성산면 사이에 위치해 있어 '대관령'의 명칭을 두고 강릉시와 평창군이 대립했던 거예요. 결국 대관령의 지명은 평창에 속하게 되었지만, 평창과 강릉의 주요 지표라는 사실에는 변함이 없습니다. 대관령면을 시작으로 추풍령면, 한반도면, 김삿갓면 등 이름만 들어도 이미지가 떠오르는 지역명들이 만들어졌어요. 지역성을 지명에 실어서 널리 알리는 계기가 되었답니다. 이를 통해 지역의 브랜드 가치도 높아져 관광객도 늘어났고요. 지역의 특산물을 널리 알릴 수 있는 기회가 되기도 했습니다.

메밀꽃 흐드러진 마을, 돌고드름 신비한 동굴

수도권에서 출발해 영동고속도로를 달리다 보면 평창군에서 가장 먼저 닿는 곳이 봉평이랍니다. "산허리는 온통 메밀밭이어서 피기 시작한 꽃이 소금을 뿌린 듯이 흐붓한 달빛에 숨이 막힐 지경이다." 바로 이곳이 이효석의 소설 〈메밀꽃 필 무렵〉의 배경 장소랍니다. 메밀꽃이 '소금을 뿌린 듯' 흐드러져 새하얀 꽃망울을 보여주는 9월에는 효석문화제가 열리기도 해요. 사실 강원도의 메밀 생산량이라고 해봤자 전국 생산량의 15% 정도밖에 안 돼요. 그럼에도 메밀 하면 강원도 봉평이 생각나는 이유는 문학작

봉평 5일장

품 덕분이지요. 감자밭과 옥수수밭이 펼쳐지던 산골 마을 봉평이 지금과 같은 유명세를 누릴 수 있었던 것은 1990년대 마을 주민들의 힘이었습니다. 이 무렵 주민들은 허허벌판이던 50만 평 산야에 메밀 씨앗을 뿌리며 문학을 통한 관광 콘텐츠를 키우는 데 애를 썼거든요.

〈메밀꽃 필 무렵〉 속 허생원은 장돌뱅이의 애환을 여실히 보여줍니다. 동이와 함께 봉평장에서 다음 대화장까지의 70리를 걷는 여정이 나오거든요. 인구가 적고 교통이 불편했던 과거에는 매일 열리는 상설시장이 발달하기 어려웠어요. 15세기 말부터 열흘 간격으로 시작된 장시는 임진왜란 이후 그 수가 증가합니다. 장시가 물물교환을 넘어 경제와 문화 교류의 장으로 여겨진 데에는 조선시대 경제 발전을 이끈 주역인 보부상 덕이 컸어요.

허생원의 공간적 배경이 되었던 봉평장(5일장. 2·7일)은 역사가 400년이나 됩니다만, 1980년대 산업화 시대에 이르러 점차 전통 시장이 활기를 잃어갔어요. 2013년 실시된 '전통 시장 활성화 프로젝트'를 통해 시장의 환경이 개선되고, 특산물인 메밀

올림픽시장

을 활용한 호떡, 볶음면, 부꾸미, 피자 등의 메뉴가 개발되기도 했습니다. 상품 종류별로 다섯 가지 색으로 나눈 앞치마와 미니 간판은 각 가게와 상인들의 스토리를 담아 공간에 활력을 불어넣었죠. 평창의 올림픽시장은 상설시장과 정기시장이 함께 열리는 곳이에요. 정기시장의 장날은 조선시대부터 변함없이 5, 10일에 정기적으로 열리고 있답니다. 동계올림픽 개최지로 확정되면서 이름도 탈바꿈해 변화를 이끌어낸 거죠.

예술의 역량으로 새롭게 마을이 살아난 사례도 있어요. 2009년 평창의 작은 시골 초등학교가 폐교 위기를 맞이하게 됩니다. 이를 극복하기 위해 교장선생님은 전교생을 단원으로 하는 별빛 오케스트라를 조직했고, 많은 클래식 연주자들이 이를 후원하면서 예술 마을로 성장하게 되었어요. 이렇게 탄생한 '계촌 클래식마을'은 해마다 축제를 개최하며 산골에서 울려 퍼지는 클래식의 향연을 느낄 수 있는 대표적인 명소가 되었답니다.

또 폐교가 미술관으로 변신한 무이예술관도 있습니다. 아이들이 뛰어놀던 운동장은 조각상들

계촌 클래식마을

로 꾸며져 있고, 서예, 도자기, 회화 등의 작품들이 전시되어 있답니다. 작가들의 아틀리에로 사용되기도 한 장소예요. 감자꽃스튜디오 또한 폐교를 탈바꿈시켜 문화 공간으로 재창조한 곳이랍니다. 문화예술을 창작하고 주민들과 함께 나눌 수 있는 공간으로 쓰이고 있죠. 더 이상 기능을 할 수 없는 학교라는 공간에 예술을 유치해 새로운 의미가 부여된 도시재생사업이 재미있게 느껴지지 않나요?

이번에는 동강이 만들어놓은 또 다른 신비, 백룡동굴을 소개해볼게요. 평창, 영월, 정선 일대를 흐르는 동강은 산을 휘감아 도는 하천, 즉 감입곡류하천이에요. 이 또한 한반도가 동쪽으로 치우쳐 융기했음을 보여주는 지형 중 하나입니다. 동강이 만들어놓은 절벽, 백운산 자락에 만들어진 석회동굴이 바로

무이예술관(위, 중간), 감자꽃스튜디오(아래)

동강

백룡동굴입니다. 바닷속 석회암층이 수면 위로 융기한 이후 오랜 세월 물이 스며들며 만들어진 동굴이죠. 동굴 안에는 석회암이 서서히 녹으면서 형성된 다양한 동굴 생성물을 볼 수 있어요. 천장에 고드름처럼 달려 있는 종유석이라든지, 위를 향해 자라는 석순, 이들이 서로 연결되어 기둥 모양을 이룬 석주 등이 그것입니다. 1976년 발견된 백룡동굴은 2010년 일반인에게 개방되었는데, 대한민국 최초로 생태체험학습장으로 조성되었답니다. 최소한의 탐방로만 마련하여 인위적인 손길을 배제했죠. 카메라나 휴대폰 등의 개인 소지품도 금지하고 있습니다. 빨간색 체험복과 장화로 환복하고 랜턴 불빛에 의존해 때로는 포복 자세로 좁은 동굴 입구를 기어가기도 하다 보면 탐험가가 된 기분이 든답니다. 똑똑 물 떨어지는 소리부터

백룡동굴(출처: 평창포토뉴스)

물방울이 여기저기 맺혀 있는 장관까지 여전히 살아 있는 동굴의 모습을 만날 수 있지요.

산으로 둘러싸여 고생대의 흔적을 찾아볼 수 있는 동강에서 또 다른 레 포츠를 즐길 수도 있어요. 래프팅이나 집라인을 타러 어름치 마을로 가보 세요. 물이 맑고 차가운 곳에서만 산다는 천연기념물 어름치를 보게 될지 도 몰라요. 이처럼 평창은 겨울뿐 아니라 여름 휴가지로도 손색이 없답니 다. 휴가철에 들러볼 곳을 찾는다면, 평창을 결코 빼놓아선 안 되겠죠?

◆━━━ 평창의 먹거리 ━━━◆

길고 추운 겨울에 생각나는 황태는 대표적인 평창의 특산물입니다. 황태국밥, 황태구이 등 황태를 넣어 맛을 낸 각종 음식은 평창 여행에서 빼놓을 수 없는 먹거리죠. 이곳 강원 도 산간 지방에서는 워낙 쌀이 귀하고 척박한 땅에 농사짓기가 어려워 식량이 부족했어요. 그래서 메밀, 옥수수, 감자 등의 구황작물이 밥상 위에 많이 올라왔죠. 길고 추운 겨울이나 보릿고개를 버틸 수 있게 해주었던 먹거리들이 오늘날에는 건강 음식으로 알려져 사람들이 일부러 찾는 음식이 되었어요. 메밀의 다양한 효능이 알려지며 메밀을 재료로 사용하는 전병이나 막국수 등은 봉평에 가면 꼭 맛보아야 할 음식이 되었답니다. 그런데 사실 메밀 음식의 중심은 강원도지만 메밀 생산의 중심은 제주도예요. 평창의 많은 음식점의 메밀도 국내산일 경우 제주도에서 가져오는 경우가 많다고 하네요.

또 옥수수 전분으로 죽을 쑤어 구멍 뚫린 바가지에 붓고 찬물에 내려 건져놓으면 짧고 굵게 만들어지는 면발을 먹기도 해요. 면이 마치 올챙이 같다고 해서 올챙이 국수라고 불리죠. 저렴한 가격으로 색다른 한 끼를 맛볼 수 있답니다.

곤드레밥은 강원도 산간 지방에서 채취한 곤드레풀(정식 학명은 고려엉겅퀴)로 밥을 지어 만들어낸 강원도 토속 음식이에요. 곤드레는 농사를 짓기 힘든 보릿고개 때 산간 지방에서 참 유용했지요. 어린잎과 줄기를 넣고 밥을 같이 하면 양이 부풀어져 배고픔을 달랠 수 있었고요, 아무리 먹어도 탈이 나지 않아 식량이 귀한 시기에 많이 찾게 되었다고 합니다.

4^부

충청도

CITY ▷
천안 & 아산

호두과자의 원조, 천안 &
온천의 고장, 아산

부드러운 빵 안에 큼직한 호두 조각을 감싸 안은 달콤한 팥앙금이 환상적인 맛을 내는 호두과자, 다들 잘 아시죠? 고속도로 휴게소에서 갓 구워 낸 따끈따끈한 호두과자를 한 번쯤 안 먹어본 사람은 없을 거예요. 이 호두과자가 처음 탄생한 곳이 바로 천안입니다. 천안의 호두는 '천안호두'라는 이름으로 임산물 지리적표시등록 제18호로 지정되어 있습니다. 호두 수확 시기와 맞물리는 10월에 '천안호두축제'도 열린답니다.

천안호두의 역사는 고려 말까지 거슬러 올라갑니다. 유청신이라는 사신이 원나라에서 호두 묘목과 열매를 가지고 와서 고향인 천안시의 광덕사와 그 인근에 심었다고 해요. 호두는 물 빠짐이 좋은 모래질의 경사진 땅에서 잘 자라는데, 천안 광덕산 일대가 이 조건에 딱 맞거든요. 그래서 천안은 호두의 시배지가 되었고 호두는 천안을 대표하는 특산물이 되었죠.

광덕사 천연기념물 호두나무와 유래비

광덕사 대웅전 앞에는 천연기념물 제398호로 지정된 호두나무와 그 유래
가 적힌 비석이 있답니다.

천안의 호두과자로 이야기를 시작했지만, 온천의 고장으로 알려진 아
산과 함께 요즘 천안, 아산 지역이 하루가 다르게 변모하고 있어요. 지금부
터 천안, 아산 지역만의 특별한 이야기를 들어볼까요?

KTX 천안아산역과 천안삼거리의 관계는?

천안의 불당동과 아산의 배방읍의 경계에는 KTX 천안아산역이 자리 잡
고 있어요. 여기서 KTX를 타면 서울역, 용산역을 30분대에 갈 수 있고, SRT
를 타면 세 역 만에 강남 수서역에 도착할 수 있습니다. 천안아산역은 수도

KTX 천안아산역

권 전철 1호선 아산역에서 환승할 수 있어 전철을 이용해 경기도와 서울로 오갈 수도 있답니다. 그뿐만 아니라 주변에 경부선철도, 경부고속도로, 천안논산고속도로, 1번 국도가 지나가요. 그야말로 교통의 요지입니다.

수도권과의 접근성이 좋은 이점 덕분에 공기업, 대기업, 중소기업 등이 유입되면서 천안과 아산이 빠르게 성장하고 있어요. 아산의 현대자동차와 삼성디스플레이, 천안의 삼성SDI 등 대기업 제조 공장이 자리 잡고 이와 관련된 협력 기업까지 몰리면서 천안과 아산에는 충청남도 전체 제조 기업의 절반이 몰려 있을 정도랍니다.

또 천안시 동남구 안서동은 다섯 개의 대학이 몰려 있어서 세계에서 가장 대학이 많은 동네로 기네스북에 올라가 있어요. 단국대, 상명대, 백석대, 호서대, 백석문화대의 학생 수를 모두 합하면 약 4만 명인데, 안서동 전체 주민이 7천 명 정도이니 여섯 배가량 많은 거죠. 천안과 아산 지역에는 모두 16개의 대학이 분포하고 있어서, 전체 인구 대비 10% 정도가 대학생이에요. 우리나라에서 전체 인구 대비 대학생이 가장 많은 곳이기도 합니

천안삼거리공원의 버드나무　　　　　　　천안삼거리 주막

다. 이런 현상이 나타나는 것도 수도권과의 접근성을 높여주는 교통의 역할이 컸겠지요.

　천안·아산 지역의 교통 발달은 아마도 '천안삼거리'에서 시작되지 않았나 싶어요. 천안은 예로부터 교통의 요충지였어요. 한양과 충청, 전라, 경상의 삼남 지방을 연결하는 삼남대로의 분기점이었거든요. 한양에서 내려오다 천안에 이르면 공주를 거쳐 전주와 광주로 가는 길과, 병천, 청주를 거쳐 문경새재 넘어 경상도로 가는 길로 갈라지기 때문에 천안삼거리라고 불렸어요. 주막들이 즐비하고 상인과 나그네들로 항상 붐볐던 곳이지요.

　천안시 삼룡동의 옛 천안삼거리 자리는 '천안대로'와 '충절로'가 교차하는 사거리가 되었지만, 바로 옆에 '삼거리초등학교'가 그 이름을 이어가고 있어요. 또 근처에 '천안삼거리공원'을 만들어 당시의 시대상을 알 수 있는 연못과 능수버들이 있는 경관을 조성해놓았답니다. 능수버들은 삼거리공원을 비롯해 천안 곳곳의 가로수 역할을 하고 있는데, 천안의 시목이기도 해요.

천안박물관   천안삼거리 휴게소 호두과자점

이곳의 버드나무에는 전설이 있어요. 어명을 받들고자 한양으로 가던 홀아비 유봉서가 천안삼거리 주막에 들러 데리고 가던 어린 딸을 부탁했어요. 자신이 짚고 왔던 버드나무 지팡이를 주막집 앞에 꽂고는, 지팡이에서 잎이 나고 나무가 무성해졌을 때 다시 찾아오겠노라는 약속을 하고 이별을 했지요. 오랜 세월이 지나 버드나무 지팡이가 아름드리나무가 되었을 때 부녀는 감격의 상봉을 했다고 해요. 딸 이름이 능소였기에 이곳의 버드나무를 능수버들이라 부르게 되었다는 내용의 전설입니다.

수많은 사람들로 북적댔을 장터와 주막거리는 이제 모두 사라지고 공원 맞은편에 주막 두 곳만 남아 있어요. 그중 하나는 3대째 100년을 이어온 주막집이라고 해요. 주막의 옛 모습은 사라졌지만, 출출한 배를 채우며 과거의 천안삼거리 나그네가 되어보는 것도 좋을 것 같아요. 천안삼거리 공원을 구경하고 큰길(천안대로) 건너 천안박물관에 들러서 천안의 역사와 문화를 한눈에 체험할 수도 있습니다. 경부고속도로 서울 방향에 있는 천안삼거리 휴게소에 들러서 따끈한 호두과자를 맛보는 것도 잊지 마세요.

현재 '천안아산역(온양온천)'이 위치한 곳은 아산시 배방읍 장재리입니다. 이곳은 아산시와 천안시의 경계예요. 장재리는 행정구역은 아산시이지만 주민들의 생활권은 천안시였어요. 이곳 주민들은 생활권을 고려해서 행정구역을 옮겨달라고 시위를 벌이기도 했지만 받아들여지지 않았다고 해요. 어쨌든 경부고속철도 건설 계획 단계에서 정부는 기존에 있던 '천안역'의 고속철도 정차를 대체하는 역으로서 가칭을 '신천안역'으로 정했죠. 천안시는 이에 찬성했지만, 아산시가 크게 반발했어요. 역사가 들어서는 자리는 엄연히 아산시인데 '천안'이라는 이름을 사용할 수 없다는 거였죠. 아산시와 천안시의 갈등이 깊어지자 정부는 역 이름을 '천안아산역'으로 변경했어요. 천안시는 이를 수용했지만, 아산시는 또다시 반대했지요. 다시 논의한 결과 아산시 측이 원하는 관광명소 이름을 괄호 안에 넣는 것으로 최종 결정되었어요. 이런 과정을 거쳐 '천안아산역(온양온천)'이라는 역이 탄생하게 되었답니다.

경부고속철도 '천안아산역(온양온천)'과 수도권 전철 1호선 '아산역(선문대)'은 서로 환승할 수 있지만, 역 이름은 각각 따로 붙어 있어요. 괄호 안에 있는 온양온천은 천안아산역과 10킬로미터 정도 떨어져 있고, 온양온천 근처에 수도권 전철 1호선 '온양온천역'이 따로 있답니다.

애국지사들의 혼이 살아 있는 곳

"나라에 바칠 목숨이 오직 하나밖에 없는 것이 이 소녀의 유일한 슬픔입니다." 서대문형무소에 갇힌 유관순 열사가 형무소 바닥에 남긴 유언이에요. 열여덟 살의 어린 소녀에게 '나라'가 어떤 의미였기에 갖은 고문으로 서서히 꺼져가는 생명을 붙들고 이런 유언을 남길 수 있었을까요? 천안아산 지역은 대표적 독립운동가인 유관순 열사를 비롯해 독립군의 산실이었던 신흥무관학교의 교관 이장녕, 김좌진 장군과 함께 청산리 전투에서 승

독립기념관 겨레의 탑

리한 이범석, 독립군 군자금을 조달했던 홍찬섭, 대한민국 임시정부를 이
끈 이동녕, 독립운동가이자 정치가였던 조병옥 등 수많은 독립운동가를
배출한 곳이에요. 오늘날의 대한민국을 있게 한 선조들의 독립정신을 기
리기 위해 독립기념관을 세운다면 그 장소는 당연히 천안일 수밖에 없죠.
그래서 1987년 천안시 동남구 목천읍에 독립기념관이 건립되었답니다.

　독립기념관은 일제강점기의 수난과 나라를 되찾기 위해 싸운 독립운동
의 역사 자료를 수집, 보존, 전시, 조사, 연구하는 곳이에요. 그뿐만 아니라
1월 1일 해맞이 행사, 3·1절 기념행사, 어린이날 행사, 광복절 경축 행사,
단풍나무숲길 힐링 축제, 봄·가을의 주말 공연 등 1년 내내 다채로운 행사
가 열려요. 독립기념관의 전체 넓이는 축구 경기장 500개를 합한 것보다
더 넓습니다. 때문에 걸어서 전체를 둘러볼 엄두를 내지 못하는 경우가 많

아우내독립만세운동기념공원   유관순 열사 사적지 내 동상

죠. 이런 분들을 위해 독립기념관 입구인 겨레의 탑부터 겨레의 집까지 가
는 태극열차버스를 운영하고 있답니다. 걸어가면 직선이지만 태극열차버
스를 타면 독립기념관 바깥쪽으로 크게 한 바퀴를 돌기 때문에 독립기념
관 전체를 관람하기 좋습니다.

　독립기념관을 둘러보았으면 이제 독립운동가들의 발자취를 따라가볼
까요? 병천순대로 유명한 천안시 병천면에는 유관순 열사의 사적지와 생
가가 있어요. 유관순 열사가 1919년 4월 1일 호서지방 최대의 독립만세운
동의 물결을 일으켰던 아우내 장터도 있고요. 아우내 장터는 아우내독립
만세운동기념공원으로 조성되어 있습니다. ‘아우내’는 병천(並川)의 또 다
른 이름이에요. 병천 지역이 병천천과 광기천이 만나는 지점에 위치하기
때문에 ‘두 개의 내를 아우른다’라는 뜻의 순우리말 ‘아우내’라고 부른 거
죠. 아우내독립만세운동기념공원에서 직선거리로 약 1킬로미터 떨어진
곳에서 유관순 열사의 사적지와 열사의 생가를 만날 수 있습니다.

유관순 열사는 1902년 병천면 용두리에서 태어났어요. 서울의 이화학당에 재학 중이던 1919년 3월 1일 3·1독립만세운동에 참가했고, 학교가 휴교하자 고향으로 내려와 한 달 뒤인 4월 1일에 아우내 장터에서 만세운동을 주도했어요. 일제에 의해 체포된 후 혹독한 고문을 당하고 이듬해 9월 옥중에서 순국하셨습니다.

● 담백한 맛의 병천순대 ●

병천은 진천, 청주에서 천안삼거리를 거쳐 한양으로 올라가는 길목이어서 항상 사람들로 붐비는 곳이었습니다. 더욱이 조선 후기에 5일장인 병천장이 열리면서 사방에서 장사꾼들이 모여들었죠. 병천장이 열리면 장터에 온갖 먹거리들이 펼쳐졌어요. 그중에 솥단지를 걸고 김이 무럭무럭 오르는 순대국밥을 파는 곳도 더러 있었지요. 1960년대에 병천면에 햄 공장이 들어서자 돼지의 부산물이 많이 생겼어요. 이 무렵부터 아우내 장터에서 본격적으로 순대가 선을 보이게 돼요. 병천순대는 돼지의 소창으로 만들기 때문에 누린내가 없고 당면을 넣지 않고 각종 채소를 다져 넣어 맛이 담백해요. 처음에는 병천장이 열리는 1일과 6일에만 순대국밥을 팔았어요. 그러다가 병천 인근에 중소기업이 많이 들어서기 시작한 1990년대부터 현재와 같은 아우내순대거리가 형성되었죠. 천안시

는 이곳의 도로명을 '아우내순대길'로 정하고, '순대특화거리'로 지정해서 병천순대를 알리기 위해 노력하고 있답니다. 순대특화거리에서 순대와 순대국밥을 먹고 후식으로 고소한 튀김소보로호두과자까지 먹은 후에 아우내독립만세운동 기념공원을 둘러보세요.

병천순대거리

유관순 열사 생가에서 얼마 떨어지지 않은 곳에는 조병옥 박사의 생가가 있고, 독립기념관에서 북동쪽으로 약 3킬로미터를 이동하면 석오 이동

석오 이동녕 선생 생가

녕 선생의 생가지와 기념관이 있어요. 석오 이동녕 선생은 대한민국 임시
정부 임시의정원 초대 의장을 지낸 대한민국 임시정부 수립의 주역 중 한
분입니다. 기념관에는 선생의 친필서신을 비롯해 초상화, 임시정부 문서
등과 같은 귀중한 유품이 전시되어 있답니다.

현충사와 공세리, 외암민속마을

이번에는 아산으로 가볼까요? 아산시 백암리 방화산 기슭에는 이순신
장군을 기리는 사당인 현충사가 있어요. 이순신 장군이 순국한 지 100년
이 조금 지난 1707년, 공의 넋을 기리기 위해 사당을 세우고 숙종 임금이
현충사(顯忠祠)라 사액했어요.

원래 이순신 장군이 태어난 곳은 서울 건천동(현재 중구 충무로 일대)이에
요. 현재 서울시 중구에는 '충무로'라는 이름의 도로와 법정동이 있는데,

현충사 본전

이순신 장군이 태어난 곳을 기리기 위해 붙인 이름이죠. 이순신 장군은 여덟 살 때 본가와 외가가 있는 아산으로 왔어요. 그 후 무과에 합격한 32세까지 살았고, 묘지도 현충사 근처에 있습니다. 그래서 아산은 이순신 장군의 실질적인 고향이라고 할 수 있죠. 매년 충무공 탄생일인 4월 28일을 전후해서 '아산 성웅 이순신 축제'가 개최되고 있답니다.

현충사에 도착하면 커다란 무덤처럼 보이는 '충무공이순신기념관'이 있는데요. 이곳에는 국보 제76호로 지정된 《난중일기》와 《임진장초》(충무공이 1592년부터 1594년까지, 즉 전라좌도 수군절도사로 근무할 때부터 삼도수군통제사를 겸직할 당시까지 군의 업무에 관한 사항을 기록한 보고

충무공이순신기념관

외암민속마을

서)를 비롯해 거북선 설계도가 전시되어 있고, 주요 전투들도 소개되어 있어요. 《난중일기》는 유네스코 세계기록문화유산으로 등재되어 있지요.

현충사의 본전에는 충무공의 영정이 모셔져 있습니다. 이곳은 새로 지은 건물이고 박정희 전 대통령이 직접 쓴 한글 '현충사' 현판이 걸려 있어요. 숙종 임금이 직접 하사한 친필 현판은 바로 옆 구 본전에 걸려 있고요. 두 현판을 비교해보는 것도 의미가 있을 거예요.

아산 외암리에 위치한 외암민속마을은 충청 지방 고유의 격식과 특징을 갖춘 양반집과 초가, 돌담, 정원이 옛날 모습 그대로 잘 보존되어 있기 때문에 중요민속자료 제236호로 지정돼 있습니다. 160여 명의 주민이 지금도 살고 있는 외암민속마을은 전형적인 풍수지리 명당이에요. 마을 뒤쪽에 설화산(477미터)의 세 봉우리가 마을을 병풍처럼 편안하게 받쳐주고 있고, 계곡에서 흘러나온 물이 외암천을 이루어 마을을 빠져나가는 전형적인 배산임수 지형입니다.

'외암'이라는 마을 이름은 어디서 유래된 것일까요? 외암마을은 조선시대에 예안 이씨가 정착하면서 집성촌을 이루었어요. 이 마을에서 성리학의 대가로 알려진 외암(巍巖) 이간(李柬) 선생이 태어나 살았는데, 그의 호에서 마을 이름이 비롯되었지요. '건재고택'이 바로 이간 선생이 태어난 집이에요. 외암민속마을 뒤편에는 외암 이간 선생의 묘소도 있습니다.

외암민속마을을 구경한다면 테마 마을에 전시된 가옥들을 먼저 보고, 마을 길을 따라 걸으며 실제 주민들이 거주하는 곳을 둘러보시길 권합니다. 입장권을 사면 마을 전체 지도가 있는 안내 자료를 함께 주는데, '지붕 없는 박물관'이라는 별명에 걸맞게 산책하듯이 걸어 다니며 하나하나 살펴보는 재미가 상당하답니다. 마을의 개인 고택들은 주민들이 직접 생활하는 곳이라 출입이 제한되어 있어요. 함부로 들어가거나 지나치게 소란스럽게 구는 것은 마을 주민들에게 실례가 되기 때문에 주의해야 합니다.

공세곶고지

외암민속마을에서는 전통 가옥들만 구경하는 것이 아니라 떡메치기, 공예품 만들기, 두부 만들기, 천연 염색 등 다양한 체험도 할 수 있어요. 마을 입구에 있는 식당에서 출출한 배를 채울 수도 있고요. 조청이나 연엽주와 같은 전통 상품을 살 수도 있고 농촌 체험과 민박도 할 수 있어서, 가족 나들이에 안성맞춤인 곳이죠. 매년 10월에는 짚풀문화제도 개최됩니다.

공세리 성당

공세리 성당은 수많은 영화와 드라마의 촬영지였기 때문에 보는 순간 '어, 그때 거기…'라는 말이 저절로 나오는 곳이에요. 아산시 인주면 공세리 일대는 아산만의 안쪽 한가운데 서해와 맞닿아 있던 마을이었어요. 충청남도의 아산, 서산, 당진, 홍성, 예산 지역을 내포(內浦)라고 부르는데, 이 내포 지역의 관문이자 서해로 드나드는 해상교통의 요충지가 공세리였죠. 특히 이곳은 충청 지역 40개 고을의 세곡을 모아 배에 실어 한양으로 운반하던 중요한 지역이었어요. 따라서 세곡을 보관하는 창고인 조창을 짓고 공진창(貢津倉)이라 불렀죠. 공세리라는 이름도 공진창이 있던 곳을 공세곶창(貢稅串倉)이라 부르던 것에서 유래되었답니다.

물자가 모이니 당연히 사람도 모여들었겠죠? 18세기 중반에 편찬된

《여지도서》의 '아산현지'에는 당시 공세리 5개 마을에 257호 895명이 거주했다고 기록돼 있어요. 그때 아산현 관아 내에는 303호 974명이 거주했던 것으로 나오는데, 무려 90%가 넘는 사람들이 공세리 일대에 살고 있었던 거예요. 공세리가 얼마나 번창했던 곳인지 짐작이 가죠? 그러나 조선 후기에 조세 징수를 화폐로 하는 금납화가 이루어지면서 조창의 기능이 점차 축소됩니다. 19세기 중반에는 완전히 조창의 기능을 상실했고, 창고 건물은 그대로 방치됐어요.

파리 외방선교회 소속 선교사였던 에밀 드비즈 신부는 1897년 방치돼 있던 옛 조창을 헐고 그 자리에 사제관을 세웠어요. 1922년에는 고딕 양식에 종탑을 뾰족하게 세우고 붉은 벽돌을 쌓아 올린 본당을 직접 설계해 완공했죠. 이 건물은 당시의 우리나라에서는 너무나도 생소한 외양의 건물이었기 때문에 많은 사람들이 구경하러 왔다고 해요.

공세리는 아산만 간척이 이루어지면서 서해와의 연결이 끊겨버려서 지명으로만 당시의 명성을 살펴볼 수 있게 되었답니다.

온천의 도시, 아산

아산시는 온천의 도시라고 할 수 있어요. 아산에는 1997년에 지정된 온천관광특구가 있는데, 온양온천을 비롯해 도고온천과 아산온천을 포함하고 있죠. 보통 온천은 화산활동이 활발한 곳에 나타난다고 알고 있을 거예요. 그런데 화산활동과 관련이 없는 곳에도 온천이 많이 있어요. 지하에서 데워진 물이 지표로 올라올 수 있는 통로, 즉 단층이 있는 곳에도 온천이 형성되기 때문이죠. 아산의 온천 역시 단층이 있는 곳에 형성된 온천이에요.

온양온천원탕　　　온양온천관광호텔

● 온천 ●

우리나라에서는 온천을 '지하로부터 용출되는 25℃ 이상의 온수로 그 성분이 인체에 유해하지 아니한 것'(온천법 제2조)으로 규정하고 있어요. 여름철 수돗물 온도가 21~22℃인 걸 감안하면 수온 25℃는 그리 높지 않다는 걸 알 수 있죠. 목욕물로 쓰려면 인체 온도보다 2~3℃는 높아야 하기 때문에 수온이 낮은 온천들은 보일러를 이용해 물을 데워서 씁니다. 현재 우리나라에는 437개(2017년 12월 31일 기준)의 온천이 있는데, 그중 49%가 25~30℃의 저온형 온천이에요. 고온으로 분류되는 45℃ 이상은 22%밖에 되지 않죠. 온양온천은 고온형 온천에 속해 온천수를 식혀서 사용하지만, 도고온천과 아산온천은 온천수를 데워서 사용해요. 온천수는 지하수이기 때문에 지나치게 많이 뽑아내면 지하수위가 낮아지게 되거든요. 지하수위가 낮아지면 하천수나 주변의 오·폐수가 지하수로 흘러들어갈 수도 있어요. 온천을 개발해서 지역 경제가 활성화되는 것도 좋지만, 혹시 무분별한 개발로 인해 후손들이 써야 할 소중한 자원을 훼손하는 것은 아닌지 생각해 봐야 할 때입니다.

　아산의 세 온천 중 가장 역사가 오래된 것은 온양온천이에요. 온양온천은 삼국시대부터 이용했다는 기록이 남아 있을 정도로 역사가 길죠. 유황

온양온천전통시장　　　　　　　　온양온천전통시장 내 족욕탕

성분이 풍부한 도고온천은 1920년대 일본인에 의해 개발되었고, 알칼리
성 탄산천으로 유명한 아산온천은 1991년에 개발되었어요.

　온양온천은 세종대왕이 특히 좋아했다고 해요. 이곳에 온양행궁을 짓
고 휴양하면서 집무를 봤다고 해요. 그 후 세조, 현종, 숙종, 영조, 사도세자
등 왕이나 왕족들이 휴양이나 병을 치료할 목적으로 여기 머물곤 했죠.

　1970년 6월 한 신문에는 당대 최고의 탤런트 최불암 부부가 온양온천
으로 신혼여행을 떠났다는 기사가 난 적이 있어요. 1970년대에는 온양온
천이 신혼여행지 1순위였거든요. 최고의 호황을 누리던 시기였지요. 이후
점점 인기가 사그라들다 2000년대 초 수도권 전철이 온양온천역을 지나
신창역까지 연장되면서 다시 호황을 누리는가 싶었지만, 예전의 명성을
따라가지는 못했어요. 그러나 온천욕과 함께 아기자기하게 즐길 수 있는
것들이 많기 때문에 더 즐겁게 여행할 수 있답니다.

　온양온천 주변에는 전통시장인 온양온천전통시장이 있는데요, 온천욕
을 즐긴 후 온양온천전통시장을 방문하면 다양한 볼거리와 먹거리를 만날

아산레일바이크   세계꽃식물원

수 있답니다. 싱싱한 채소와 해산물이 눈길을 사로잡고, 윤기가 자르르 흐
르는 떡볶이와 튀김, 닭강정 등은 줄을 서서 기다려야 할 만큼 인기가 많아
요. 온양온천전통시장의 명물 족욕탕도 빼놓을 수 없죠. '건강의 샘'이라고
불리는 이곳에서는 누구나 자유롭게 족욕을 즐길 수 있습니다. 달력의 끝
자리가 4, 9로 끝나는 날에 온양온천전통시장을 방문했다면 온양 5일장도
구경해보세요. 온양온천역 역사 아래에서 온양 5일장이 서요. 상설시장인
온양온천전통시장과는 또 다른 매력을 느낄 수 있답니다.

　도고온천 주변에서는 장항선의 직선화 사업이 실시되면서 폐역이 된
옛 도고온천역에서 레일바이크를 탈 수 있어요. 옛 도고온천역에서 옛 신
장역까지 왕복 40여 분간 레일바이크를 타며 시원한 바람과 아름다운 풍
광을 즐겨보세요. 또 사시사철 20여 가지 테마의 꽃축제를 여는 국내 최대
온실 테마 식물원인 세계꽃식물원도 도고온천 가까이 있답니다. 겨울철엔
실내에서 따뜻하게, 그 외 계절엔 실내외에서 아름다운 꽃구경을 할 수 있
는 최적의 장소입니다.

아산온천은 온천 물놀이 시설과 수치료 시설을 갖추고 있고, 주변이 울창한 산림으로 둘러싸여 있어 산림욕까지 덤으로 할 수 있는 장점이 있답니다.

첨단산업단지로 바뀐 포도밭

아산시 탕정면은 포도밭밖에 없었던 시골 마을이었어요. 그런데 2000년대 초반 이곳에 삼성디스플레이가 들어오면서 눈이 휘둥그레질 만큼의 변화가 찾아옵니다. 2000년대로 들어서면서 디스플레이 대형화가 본격화되어 생산라인 또한 규모가 커져야 했죠. 아산 탕정 지역은 대규모 공장이 입지할 수 있는 부지가 있으면서도, KTX 천안아산역과 경부고속도로, 서해안고속도로가 인접해 있어 교통 편의성 면에서 뛰어난 곳이었어요. 또 정부의 지역균형발전 정책에도 부응할 수 있는 곳이었기 때문에 국내 최대 디스플레이 생산기지가 들어올 수 있었죠. 이곳은 전 세계 디스플레이 패널 시장의 4분의 1 정도를 생산하는 세계 디스플레이 산업의 메카라고 할 수 있는 곳이에요. 탕정에서 서쪽으로 20킬로미터가량 떨어진 인주면에는 이보다 약 10년 먼저 자리 잡은 현대자동차 아산공장이 있어요. 한편 천안에는 1990년대 후반 삼성SDI가 들어오고, 삼성디스플레이 천안 사업장과 2000년대 초반 리튬 이온 2차 전지 공장이 자리를 잡으면서 주변 지역의 변화를 주도했죠.

이들 산업단지 주변에는 먼지 풀풀 날리던 비포장도로가 '대로'로 변하고, 수십 층의 고급 주상복합아파트며 각종 쇼핑센터들이 줄줄이 들어섰어요. 이러한 천안과 아산의 변화는 인구 증가에서 뚜렷하게 드러나요. 최

현대자동차 아산공장   천안삼성SDI

근 지방 도시들은 저출산·고령화로 인한 인구 감소로 고민이 깊어지고 있

지만, 천안과 아산은 인구가 꾸준하게 증가하는 모습을 보이고 있어요. 천

안시는 2009년부터 2018년까지 10년 동안 평균 2.6%의 인구 증가를 보

였고, 아산시는 같은 기간 평균 2.8%의 증가율을 보였는데, 이는 기업체

입주에 따른 부가적인 효과라고 볼 수 있어요. 특히 아산은 1999년 18만

여 명에서 2016년에 30만 명을 돌파하며 10여 년 사이 인구가 두 배 가까

아산디스플레이시티

천안 불당동

이 증가했어요. 특히 젊은 층의 유입이 많았는데, 20세 이상 40세 미만 청장년층의 비율이 전국 평균, 충남 평균을 훌쩍 넘었죠. 이러한 변화는 지역 경제에도 영향을 미쳤어요. 아산시와 천안시가 충청남도 내 재정자립도 1, 2위를 차지하면서 지역의 재정 상황이 크게 개선되었거든요.

아산 탕정의 대규모 첨단산업단지 근처에 있는, 지중해 마을로 불리는 '블루크리스탈빌리지'도 빼놓을 수 없는 명소죠. 이름에서부터 벌써 이국적인 향기가 배어 나오죠? 프랑스 남부 프로방스풍의 노랗고 파란색의 아기자기한 건물들, 마치 파르테논 신전을 축소한 듯 굵직굵직한 기둥이 늘어선 건물들, 하얀 벽면에 눈부시게 파란색 돔을 인 지붕이 그리스의 산토리니 마을을 떠올리게 하는 건물들이 한데 어우러져 있어요. 레스토랑과 빵집, 카페, 기념품숍, 패션 로드숍 등 눈으로 구경하는 것만으로도 즐거운 시간을 보낼 수 있는 곳이랍니다.

사실 지중해 마을은 탕정에 들어선 첨단산업단지 부지에 살던 원주민

지중해 마을

이 집단으로 이주하기 위해 만든 마을이에요. 보통 한 지역의 개발이 이루어지면 그곳에 살고 있던 원주민은 뿔뿔이 흩어져 공동체가 해체되는 경우가 대부분이죠. 그러나 지중해 마을은 희망하는 원주민의 100% 재정착이라는 놀라운 결과를 이끌어냈답니다. 여기에는 어떤 과정이 있었을까요?

지중해 마을이 탄생하기까지의 과정이 순탄하지만은 않았어요. 처음엔 여느 개발 지역처럼 주민들이 개발을 찬성하는 쪽과 반대하는 쪽으로 나뉘어 대립하기도 했거든요. 그러나 원주민들은 다시 똘똘 뭉쳐 공동으로 대책을 마련했고, 2013년 4월 드디어 '지중해 마을'을 탄생시켰어요. 고향을 떠나는 대신 공동으로 집을 짓고 공동으로 운영하기로 결정한 거죠. 지중해 마을의 1, 2층은 상가이고 주민들은 3층에 거주하고 있어요. 마을의 상가는 마을 회사가 임대를 책임지고 수익금을 주민들에게 공동 분배하고 있습니다.

지중해 마을은 이주 개발의 새로운 모델이 되었어요. 성공적인 마을 공동체의 탄생인 거죠. 여기에는 주민과 주민, 주민과 기업 간 배려와 양보가 있었을 뿐만 아니라 이들 사이에서 지방자치단체가 중재를 잘했기 때문이기도 해요. 지중해 마을은 개발을 앞둔 지역의 주민, 지자체, 기업 등이 앞다퉈 벤치마킹하는 마을이 되었습니다.

자, 지금까지의 여행, 어떠셨나요? 천안의 명물 호두과자를 먹고, 독립기념관과 현충사에서 역사적 의의를 되새기고, 따뜻한 물에 힐링하는 온천여행을 거쳐 지중해 마을의 색다른 매력까지, 한 곳에서 모두 체험할 수 있는 천안과 아산으로 떠나보세요. 🌱

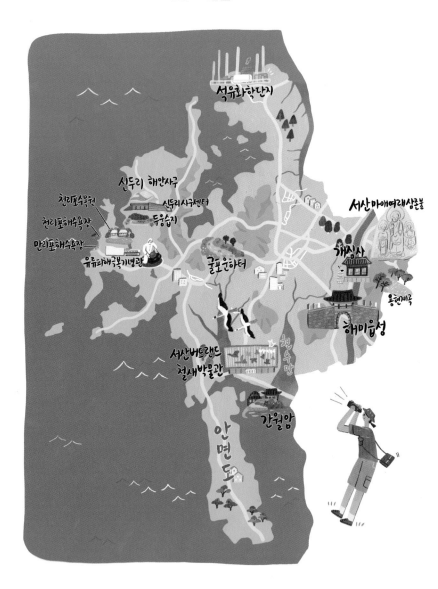

CITY

서산 & 태안

석유화학단지

신두리 해안사구

천리포수목원
천리포해수욕장
만리포해수욕장
유류파해극복기념관

신두리사구센터
두웅습지

굴포운하터

서산 마애여래삼존불

개심사

용현비곡

해미읍성

서산버드랜드
철새박물관

천수만

간월암

안면도

거듭된 개발에도
여전히 아름다운 서산 & 태안

"굴을 따라 전복을 따라~ 서산 갯마을♬" 어르신들은 기억하실지도 모르는 〈서산갯마을〉은 굴이나 전복 같은 해산물을 채취하여 경제를 꾸려가는 바닷가 처녀들과 고기잡이 나가는 어부들의 삶을 그린 노래입니다. 태안반도 하면 우선 바다가 떠오르실 거예요. 깨끗한 모래사장이 펼쳐진 수많은 해수욕장과 다양한 해안 지형을 가진 우리나라 유일의 해안형 국립공원으로 인기가 높은 휴양지이죠. 굴이나 바지락 등 해산물을 제공해주는 갯벌도 넓게 발달해 있고요.

태평하고 안락하다는 뜻을 지닌 이 지역에도 재앙에 가까운 일이 벌어졌었죠. 2007년 유조선 기름유출사고로 깨끗했던 바다와 해변이 한때 절망의 장소로 변해버렸던 일, 기억하고 계시죠? 그러나 123만 자원봉사자의 손길이 모인 끝에 기적적으로 완벽하게 부활했답니다.

태안반도는 중국과 근접한 지리적 이점이 있어 예부터 교역을 하던 관문의 역할을 해왔어요. 그래서 이 지역에는 바닷길을 통해 들어온 불교와 천주교 등의 유적도 많이 분포합니다. 우리나라 최초의 바닷길을 만드는 국가 주도의 공사가 실시되었던 지역이라는 것도 꼭 기억해주세요. 완료한 곳도 있고, 중도에 포기한 곳도 있지만요. 그럼, 지금부터 국가 주도의 대규모 운하사업이 실시되었던 갯마을 서산과 태안으로 떠나볼까요?

섬이 될 뻔한 태안반도와 섬이 된 안면도

'굴포(掘浦)'란 인위적으로 파낸 하천을 말하는 것으로 '운하'라는 뜻이에요. 서산시 팔봉면 어송리와 태안군 태안읍 인평리의 경계 선상에는 우리나라 최초의 운하가 될 뻔한 미완의 '굴포운하' 유적이 남아 있습니다.

고려나 조선시대에는 지방에서 거둬들인 세곡을 수도인 서울(한양)까지 운반하는 것이 국가적으로 매우 큰일이었어요. 육상교통이 발달하지 않았던 당시에는 선박을 이용해 운반을 했죠.

삼남 지방의 세곡을 실은 선박은 보령 앞바다-태안-안흥량-당진 난지

굴포운하 터

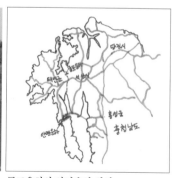

굴포운하와 안면운하 위치

도를 경유하여 서울(한양)까지 운반했다고 해요. 그런데 서해는 전형적인 리아스식해안으로 조수 간만의 차가 심하고, 유속이 강한 데다 암초가 많아서 선박이 자주 전복되고 파손되었죠. 그래서 가로림만과 천수만의 큰 갯골이었던 적돌강을 연결하는 운하를 건설해 세곡을 운반하는 데 걸리는 시간도 절약하고 안전성도 높이려고 한 거예요.

고려 인종 12년(1134년)에 처음 건설을 시도했지만 성공하지 못했고, 1669년(현종 10년)까지 530여 년간 계속되었지만 결국 전체 7킬로미터 중 4킬로미터만 건설되고 나머지는 완공하지 못했답니다. 가로림만과 적돌강을 연결한다고 하여 '가적운하'로도 불렸던 이 굴포운하가 완공되었더라면 지금의 태안은 우리나라에서 제주도 다음으로 큰 섬이 되었을 거예요.

반대로 우리나라에서 여섯 번째로 큰 섬인 안면도는 원래는 섬이 아니었어요. 태안군 남면과 연결돼 있어 지명도 '안면곶'이었답니다. 앞서 나왔던 가적운하의 건설이 실패하게 되자 그 대안으로 남면과 안면도 북쪽 창기리의 목이 좁은 곳을 파내어 천수만과 서해를 잇게 됩니다. 개미의 목과 같이 좁은 곳을 파내었다 하여 '개미목' 또는 '판목운하'로 불리기도 해요.

이 공사로 인해 안면도는 태안반도에서 떨어져 섬이 되었고, 세곡선들은 남북으로 길게 뻗어 있는 안면반도 남쪽을 빙 돌아 올라가는 대신 물결이 잔잔한 천수만을 이용할 수 있게 되었죠. 조선 인조 때 완공된 이 바닷길이 우리나라 최초의 운하랍니다.

안면운하

가적운하 주변의 집들을 보면 집단을 이루지 않고 어느 정도 거리를 두고 흩어져 분포하는 것을 알 수 있습니다. 이렇게 가옥들이 집단을 이루지 않고 어느 정도의 거리를 두고 흩어져 있는 촌락을 산촌(散村)이라고 해요. 사람들은 군집성이 있어 취락(마을)이 만들어질 때 집끼리 서로 모여서 자리 잡는 '집촌(集村)'의 형태로 발달하는 것이 일반적입니다. 특히 벼농사와 같이 협동노동이 필요하거나 물이 부족하여 공동의 우물이 필요한 지역, 또는 방어가 필요한 지역 등에서는 더욱더 모이는 성격이 강해지죠.

그런데 태안반도 일대의 취락은 집들이 각각 흩어져서 나타나는 전형적인 산촌(散村)의 형태로 나타난답니다. 이 지역은 지형이 100~300미터 정도의 높지 않은 구릉성 산지가 많아요. 이러한 산지는 개간해 밭농사를 할 수 있죠. 밭농사는 논농사보다 협동노동이 크게 요구되지 않는다는 점도 산촌이 발달한 하나의 이유가 되었을 거예요. 이 외에도 수리 조건이 유리하여 물을 얻는 데도 큰 어려움이 없었다는 점, 고려 말 이후 왜구의 잦은 침입으로 이를 피하기 위해 도피·은거하게 된 점 등도 산촌이 발달하게 된 이유랍니다.

태안읍 인평리 일대의 촌락 경관(산촌)

갯벌과 간척사업, 철새도래지

갯벌은 밀물 때는 물속에 잠기고 썰물 때는 땅이 드러나는 해안지형을 말해요. 육지와 바다를 이어주는 완충지대로서 각종 어패류의 서식지와 산란장을 제공하지요. 또한 갯벌에 사는 다양한 생물들은 하천을 통해 흘러들어오는 오염물질을 분해하여 깨끗하게 만들어주기도 해요.

이러한 갯벌은 조차가 크고, 수심이 얕으며 파랑의 작용이 적은 만(灣)이 발달한 곳에 잘 발달합니다. 우리나라 서해안은 조차가 크고 해안선의 출입이 심하고 만(灣)이 잘 발달하여, 캐나다 동부 해안, 미국 동부 해안과 북해 연안, 아마존강 유역과 더불어 세계의 5대 갯벌로 꼽힌답니다.

가적운하의 남쪽 시작점인 적돌강이 유입되는 천수만은 홍성군과 서산시, 태안군 안면도로 에워싸인 바다를 일컫는데, 넓은 갯벌이 발달한 바다였어요. 특히, 천수만 중간의 간월도는 어리굴젓의 본고장으로 유명하죠.

그러나 1980년대 초 서산 A, B지구 간척사업 방조제가 완공되면서 갯벌 마을이었던 천수만 북쪽 지역은 여의도 면적의 서른 배가 넘는 엄청난 농경지로 변하게 됩니다. 국내 민간 기업에 의한 최초의 대규모 간척사업인 이 공사는 유조선 공법(정주영 공법)으로 더 유명해요.

조수 간만의 차가 큰 이 지역은 마지막 물막이 구간에서 큰 비용과 기간이 필요했다고 합니다. 빠른 조류의 흐름 때문에 집채만 한 큰 돌을 계속 쏟아부어도 떠내려가버렸거든요.

그런데 이때 정주영 현대그룹 회장이 방조제 사이를 유조선으로 막은 상태에서 유조선 탱크에 바닷물을 넣고 바닥에 가라앉혀 조류의 유입을 차단한 후 마지막 물막이를 하는 공법을 제안해 성공했다고 해요. 이 공법 덕분에 현대건설은 공사 기

유조선 공법(안내판)

밀물과 썰물 때의 간월암

간과 비용을 크게 절감했죠. 그래서 이 공사기법을 '유조선 공법' 또는 '정주영 공법'이라고 한답니다. 이 방조제가 완공되면서 천수만 한가운데 외로이 떨어져 있던 섬 간월도는 육지와 연결되었어요.

간월도는 방조제 앞쪽의 조그만 섬 속의 섬 안에 자리한 암자에서 유래한 이름이에요. 무학대사가 이곳에서 달빛을 보고 득도했다고 하여 암자이름을 '달빛을 본다'는 뜻의 간월암(看月庵)이라고 지었고, 섬 이름도 간월도(看月島)라고 했죠. 이곳에서 수행하던 무학대사가 임금(이성계)에게 보낸 간월도 어리굴젓이 궁중의 진상품이 되었다는 이야기가 전해 내려오고 있어요.

간척 전에는 잔잔한 천수만에 옹기종기 떠 있는 섬들의 경관이 그림 같았다고 해요. 하지만 지금 그 섬들은 육지가 되었고, 간월암이 있는 지역만 밀물 때 물이 차올라 섬이 된답니다. 암자에 들러 탁 트인 바다를 바라만 보고 있어도 득도를 할 만큼 힐링되는 기분을 만끽할 수 있을 거예요.

대규모 간척사업으로 갯벌에서 살아가고 있던 수많은 생명체는 삶터를 잃게 되었습니다. 하지만 간척은 또 다른 생태계를 만들었답니다. 간척사

간월암의 암자

업으로 넓은 농토가 생겨났고, 추수가 끝난 겨울철이면 떨어진 나락을 찾아 간월호와 부남호 일대로 모여든 수많은 철새를 만날 수 있죠. 국내 최대의 철새 도래지랍니다.

'서산버드랜드'는 새로운 철새 도래지인 천수만을 체계적으로 보전·관리하여, 체험과 교육 중심의 생태관광 활성화에 주력하고 있어요. 철새를

서산버드랜드

버드랜드 둥지전망대

주제로 한 철새 박물관, 4D 영상관 등 다양한 프로그램을 운영하고 있으며, 철새를 직접 관찰할 수 있는 탐조투어도 진행하고 있답니다. 이제 천수만은 해산물에 의존하는 어업보다는 논농사와 철새 관광의 명소가 되었죠. 이렇듯 간척사업으로 인해 변형된 지형은 생태계뿐만 아니라, 사람들의 삶의 방식까지 바꾼답니다.

● 어리굴젓과 굴밥 ●

어리굴젓과 영양굴밥

간월도에 들어서면 굴을 캐는 아낙네들 조형물과 함께 우뚝 솟은 어리굴젓 기념탑을 볼 수 있어요. 간척사업으로 갯벌이 사라지면서 예전의 명성은 다소 시들해졌지만, 여전히 간월도를 대표하는 음식은 어리굴젓이랍니다.

어리굴젓은 고운 고춧가루로 양념을 해서 만든 매운 굴젓으로 '맵다'는 뜻의 방언 '어리어리하다'에서 나온 이름이라고 해요. 다른 지방의 젓갈에 비하여 빛깔이 거무스름하고 알이 작은 편이지만 굴에 나 있는 물날개(명털)의 수가 많아 양념이 잘 배어들어가기 때문에 단맛이 나고 비린내가 안 나는 것이 특징이라고 합니다.

기념탑 앞쪽으로 즐비한 식당에 들러 영양굴밥을 시키면 천수만 간척지에서 나온 쌀에 대추, 밤, 통통한 굴을 듬뿍 넣은 밥과 함께, 바지락무침, 굴전, 주꾸미 등 서해안 해산물을 이용한 반찬들을 맛볼 수 있어요. 특히, 과거 조선시대 임금님 수라상에도 올랐다는 서산의 특산품 어리굴젓도 맛볼 수 있답니다.

바람과 모래가 빚어낸 선물

우리나라에는 22개(2020년 현재)의 국립공원이 있는데요, 이중 1호 지리산을 포함한 17곳이 산악형 국립공원이고, 사적형인 경주를 제외한 나머지 4곳(다도해상, 한려해상, 변산반도, 태안해안)은 바다와 관련이 있습니다. 그 가운데 열세 번째로 지정된 태안해안국립공원은 국내 유일의 해안형 국립공원입니다.

태안해안국립공원은 해안을 따라 펼쳐진 갯벌과 사빈(모래사장), 사구(모래언덕), 크고 작은 섬들의 아름다운 경관과 함께 다양한 해안 생태계가 공존하고 있어 그 가치가 더하는 곳이에요. 특히, 넓은 모래사장은 대부분 해수욕장(학암포, 천리포, 만리포, 백리포, 연포, 몽산포, 방포 등)으로 이용되고 있는데, 동해나 남해안보다 경사가 완만하고 넓게 펼쳐져 있어서 물놀이에 적격이지요.

이곳 해안의 또 다른 큰 특징은 사구(砂丘), 즉 모래언덕이 대규모로 형성되어 있다는 점입니다. 사구(모래언덕)는 사빈(모래사장)의 모래가 바람에 날려 사빈의 뒤편에 쌓여 만들어지는 지형을 말해요. 태안반도 일대는 우선 모래해변이 매우 잘 발달한 데다 겨울철 북서계절풍이 강하게 불어 바닷가에 이러한 사구가 잘 만들어지죠.

이중 천연기념물로 지정된 원북면 신두리 해안사구는 전체 길이 3.4킬로미터, 폭 0.5~1.3킬로미터에 달하는 우리나라 최대의 사구랍니다. 간조때면 넓은 모래갯벌과 사빈이 노출되고, 북서풍을 정면으로 받는 지형 요건 때문에 우리나라에서 사구 형성에 가장 최적의 지리적 환경이 된 거죠. 지금은 사구 위를 통보리사초 등 여러 가지 식생이 덮고 있지만, 예전에는 식생이 없어 한국의 사막으로 불릴 때도 있었어요. 이런 경관 덕에 사막에

천리포해수욕장

만리포해수욕장

신두리 해안사구

서 지쳐가는 여행자가 신기루같이 아이스크림을 만나는 내용의 광고를 이 곳에서 촬영하기도 했었죠.

내륙과 해안의 생태계를 이어주는 완충지 역할을 하는 해안사구는 육지와 바다 사이의 퇴적물의 양을 조절해 해안을 보호하고, 폭풍이나 해일로부터 해안선과 농경지를 보호하는 역할을 합니다. 이렇듯 해안사구는 그 가치가 매우 높은 지형임에도, 한때 이 지역 사구의 모래는 유리의 원료나 공사용 모래로 사용되어 많은 양이 파헤쳐지던 때도 있었어요. 지금은 사구센터가 건설되어 사구 축제 등 여러 가지 생태관광 프로그램을 운영하고 사구를 보호·관리하는 역할을 하고 있어 다행이지요.

또 태안해안국립공원에는 '해변길'이라는 걷기여행길이 있어요. 총 7개

신두리 사구센터

의 코스가 있는데, 이원면 학암포로부터 시작되는 1코스 '바라길(바다의 옛
이름인 바룰 혹은 아라)'에서 신두리 해안사구의 아름다운 경관을 걸어볼 수 있
답니다.

신두리 사구 뒤쪽에는 사구 배후습지인 '두웅습지'도 있어요. 두웅습지
는 모래로 만들어진 호수에 바닷물이 아닌 민물이 고여 있어, 해안사구에
살고 있는 생물들에게 수분 공급원 및 서식지로서의 중요한 역할을 하고
있답니다. 모래 위에 이처럼 민물이 고일 수 있는 이유는 밀도가 높은 바닷
물이 아래쪽으로 스며들어 받쳐주고 있기 때문이죠. 이 습지에는 멸종위
기 야생동물인 금개구리 등이 집단 서식하고 있어 2002년에 습지보호지
역으로 지정되었고, 2007년에 람사르 습지로 등록되었습니다.

두웅습지

태안반도 끝부분에는 만리포-천리포-백리포 등 고운 모래로 이루어진 해수욕장이 이어져요. 이중 천리포 해수욕장에는 국제수목학회로부터 '세계의 아름다운 수목원'으로 인증받은 천리포 수목원이 있습니다. 이 수목원은 한국인보다 더 한국을 사랑했다는 푸른 눈의 한국인, 미국 출신의 민병갈원장이 설립한 것이에요. 국내에서 가장 많은 종(16,000여 종)을 보유하고 있다는 것도 자랑이지만, 식물의 외형을 변형시키는 가지치기를 최소화하고, 화학비료와 농약의 사용을 줄여 자연 그대로의 숲을 이루고 있다는 점이 특징이랍니다.

295

종교 문화의 전파 길목, 태안반도

차량 내비게이션을 켜놓고 태안반도에 들어서서 당진시를 넘어서면 '백제의 미소! 서산마애삼존불이 있는 서산시에~'와 같은 멘트가 나올 거예요. 이 지역은 중국과 근접한 지리적 특성으로 인해 예부터 중국과 교역을 하며 일찍이 불교와 천주교 등이 유입되었어요. 따라서 이곳에는 여러 종교 유적지가 분포하고 있죠.

그중 단연 최고의 유적은 국보 제84호로 지정된 '서산마애여래삼존불상'입니다. 마애불은 자연 암벽에 새겨 넣은 불상을 말하는 거예요. 서산마애삼존불은 이곳 사람들이 '강댕이골'이라고 부르는 운산면 용현계곡에 위치합니다. 운산면은 중국의 불교문화가 태안반도를 거쳐 백제의 수도 부여로 가던 길목이었답니다. 해골 물 일화로 알려진 원효대사의 흔적을 연결한 자아성찰순례길 '원효깨달음길'도 당진과 이 지역이 연결되어 있죠.

보통 백제의 불상은 단아한 느낌이 드는 귀족 성향의 불상과 온화하면서도 위엄을 잃지 않는 서민적인 불상으로 나눌 수 있는데, 서민적인 불상의 대표적인 예가 바로 서산마애여래삼존불상입니다. 얼굴 가득히 품고 있는 온화하고 아름다운 미소가 특징이지요. 이 미소는 햇빛의 각도에 따라 그 표정이 오묘하게 변하는데, 아침 햇빛에 비친 평화로운 미소가 가장 아름답다고 알려져 있어요.

마애삼존불이 있는 용현계곡 인근에는 백제시대에 건립되었다는 보원사지 절터도 있는데요, 지금은 당간지주와 오층석탑 등만 남아 있을 뿐 사찰 건물은 없습니다. 하지만 당간지주의 규모를 볼 때 과거 이 사찰의 규모가 매우 컸다는 걸 알 수 있죠.

또 인근의 신창리에는 백제 때 지어진 사찰로 전해지는 개심사도 있습

서산마애여래삼존불상

니다. 개심사 역시 '원효깨달음길' 구간에 있는데, '개심(開心)'은 마음을 열어 깨달음을 얻으라는 의미가 있다고 합니다.

　개심사는 다른 유명 사찰과 비교해 규모가 아주 크거나 호화롭지는 않아요. 하지만 아름드리 소나무가 우거진 산속을 통과하여 개심사에 이르는 산길만 걸어도 산사의 맛을 충분히 느낄 수 있답니다. 주차장을 지나 10분 정도 산길을 오르면 숨이 차오르는데 그 무렵이면 주변 경관과 어우러진 소박하면서도 조그만 사찰에 도착할 수 있어요. 붉은 배롱나무꽃이 수놓은 연못을 가로지르는 통나무 다리를 건너 마당 위로 올라서면 범종각을 볼 수 있죠. 범종각의 기둥은 사찰 주변에 쭉쭉 뻗은 소나무들이 많음에도 휘어진 소나무를 사용했는데요, 자연스러운 곡선미가 돋보여 정말 멋스럽답니다.

개심사

석가탄신일을 전후하여 찾게 되면 사찰 주변에 만개한 벚꽃이 감동을 더해줄 거예요. 특히 명부전의 푸르스름한 빛이 감도는 청벚꽃은 국내에서 유일하게 개심사에서만 피는 벚꽃이라고 합니다.

문화 및 문물 이동의 길목 역할을 하던 태안반도 일대는 옛날부터 왜구를 비롯한 외적의 침입이 잦던 곳

범종각

이에요. 그래서 해미읍성, 안흥진성, 백화산성, 만리성, 토미성 등 성곽과 전적지가 많아요. 그중 해미읍성은 고창읍성, 낙안읍성과 함께 우리나라에서 보존이 아주 잘된 읍성 중 하나입니다. 한때 충무공 이순신 장군이 충청병마

해미읍성

절도사로 부임해 10개월간 근무한 곳이기도 하고요. 이 지역에 자주 침입하는 왜구를 막기 위한 목적으로 건축되었다고 볼 수 있죠.

해미읍성은 탱자성이란 뜻으로 '지성(枳城)'이라 불리기도 했습니다. 옛날에 성을 쌓으면 성벽 주위에 적군이 접근하지 못하게 못을 파고 물을 끌어들였는데, 이러한 시설을 '해자(垓字)'라고 하죠. 그런데 해미읍성에는 못 대신 가시가 많은 탱자나무를 심어 적군의 접근을 막았다고 해요. 물론 지금은 찾아보기 힘들지만요.

또 해미읍성 성벽에는 청주, 공주 등 각각의 고을명이 새겨져 있어요. 이는 건설 당시 고을별로 정해진 구간을 맡기고, 만약 책임 구간의 성벽이 무너지면 공사자에게 책임을 물어 부실 공사를 방지하려고 한 것이랍니다.

해미읍성은 2014년 프란치스코 교황의 방문으로 더욱 유명해졌어요. 교황이 찾은 이유는 이곳이 조선시대 천주교 박해 당시 수많은 신자가 잡혀와 고문 받고 죽임을 당한 곳이었기 때문입니다. 특히, 1866년 박해 때에는 1,000여 명이 이곳에서 처형됐다고 하죠. 성안의 호야나무에는 고문의 흔적으로 지금도 철사줄이 박혀 있답니다.

자원봉사 희망의 성지, 태안

2018년 우리나라 수출 부문에서 반도체 다음으로 큰 비중을 차지했던 품목이 무엇일까요? 정답은 석유 관련 제품이랍니다(통계청 e-나라지표 참조). 석유를 제일 많이 수입한다는 것은 쉽게 이해가 되지만, 기름이 거의 생산되지 않는 우리나라의 주요 수출 품목이 석유 관련 제품이라는 것이 이상하죠? 바로 석유를 활용한 석유화학제품을 포함하기 때문입니다.

서산석유화학단지(출처 : 현대오일뱅크)

　석유는 자동차나 가정용 난방 등의 연료로만 사용되는 것이 아니고, 옷이나 신발 등과 같이 우리 생활에 필요한 많은 물건을 만드는 원료로 활용되기도 한답니다. 이러한 산업을 '석유화학산업'이라고 해요. 석유화학산업은 원료인 석유를 바탕으로 서로 연관되어 있기 때문에 단지를 형성해 함께 입지하는 경향이 있습니다.

　우리나라의 석유화학단지는 정부의 중화학공업 육성 정책에 발맞춰 만들어졌습니다. 산업 파급효과가 큰 석유화학공업을 철강공업, 기계공업과 함께 3대 전략 부문으로 지정하여 자립적인 공업 발전의 기틀을 확립하고자 한 것이지요.

　1970년 석유화학공업육성법을 제정하여 석유화학단지 건설에 대한 법률적 근거를 마련한 후, 1972년 울산석유화학단지, 1979년 전남 여천(여

기름을 제거하고 있는 자원봉사자들

수)의 제2석유화학단지를 건설했습니다. 이후 1991년 이곳 충남 서산에 제3석유화학공단을 건설하게 되면서 현대오일뱅크, 호남석유, LG화학, 한화토탈, KCC 등 대기업이 단지를 형성하게 되었죠. 서산시청에서 운영

하는 시티투어 '산업관광코스'를 이용하면 이 지역의 산업시설을 견학할 수 있답니다.

석유화학산업의 규모는 통상적으로 '에틸렌(ethylene) 생산능력'을 기준으로 해요. 이는 에틸렌이 합성수지인 폴리에틸렌 등 다양한 화학제품을 생산하는 데 기본이 되는 화학물질이기 때문이죠. 에틸렌 생산량 기준으로 볼 때, 우리나라는 미국, 중국, 사우디아라비아에 이어 세계 4위 생산국(2018년 기준)이에요.

지금은 우리나라 대표 산업이 된 석유화학산업이지만, 한때 석유는 태안반도를 포함한 서해안에 거주하는 주민들에게 있어 재앙과 같은 사건의 원인이 된 적도 있어요. 바로 '2007년 태안 원유유출사고' 혹은 '삼성-허베이 스피리트 원유유출사고'라고 부르는 사고였죠. 이 사건은 2007년 12월 7일 태안 앞바다에서 일어난 사상 최악의 해상 오염 사고예요. 그날 삼성물산 소속 크레인 무동력선을 예인선이 끌고 가다가 와이어가 끊어지는 바람에 정박해 있던 홍콩 선적의 유조선 허베이 스피리트호와 충돌했는데, 그때 유조선 탱크에 있던 1만 2,547킬로리터(7만 8,918배럴)의 원유가 태

유류피해극복기념관

안 인근 해역으로 유출되고 말았어요.

유출된 원유는 태안반도 일대의 양식장과 어장 등 8,000여 헥타르를 오염시켜 어패류를 폐사하게 만들었어요. 또한 검은 기름띠는 깨끗한 모래 백사장을 자랑하던 만리포, 천리포, 안면도 등의 해수욕장을 덮쳤고, 가로림만, 천수만, 안면도 등 일대에 퍼져 이 지역 수산업 및 관광산업을 초토화시켰답니다. 타르 찌꺼기는 군산 앞바다까지 밀려갔으며, 이후 전남 진도와 해남을 거쳐 제주도의 추자도 해안에서까지 발견되었죠.

피해 규모가 너무나 컸기에 세계 각국의 환경전문가들은 수십 년이 걸려도 사고 이전으로 되돌리기 힘들 것이라는 비관적인 전망을 내놓았고, 사고 해역에서 장기적인 생태·환경 파괴가 일어날 것을 우려했어요.

그런데 기적이 일어났습니다. 검게 오염된 해안을 보며 절망과 분노를 느낀 것은 이 지역 주민뿐만이 아니었어요. 전국 각지에서 주말과 휴일을

희망의 고리

반납하고 태안으로 달려온 자원봉사자들은 기름을 퍼내고 갯바위와 자갈 하나하나를 닦아냈답니다. 봉사활동 참여 인원이 자그마치 123만 명이나 되었으니 정말 놀랍죠? 이러한 활동 덕분에 정부는 사고 발생 7년 만인 2014년, 사고 이전 수준으로 복원되었다는 발표를 할 수 있었어요.

만리포해수욕장에는 사고 발생 10주년(2017년)을 기념하여 개관된 '유류피해극복기념관'이 있어요. 사고 발생부터 극복에 이르기까지의 모든 과정을 담아, 서해안의 기적을 만들어낸 123만 명의 자원봉사자의 헌신과 노고를 기념하고자 한 것이지요. 또 기념관 앞에 있는 상징탑은 복구 과정을 '사람과 바다, 그리고 자연'을 모티프 삼아 희망의 고리로 형상화한 작품이랍니다. 이를 통해 자원봉사자들의 숭고한 정신과 국민적 감동을 오래도록 기리고자 한 것이에요. 그때처럼 우리 모두 항상 자연을 생각하고 이웃들의 아픔까지 보듬고 살아갔으면 좋겠습니다.

서산과 태안은 해안지형의 아름다움과 오직 이곳에서만 제대로 음미할 수 있는 음식들, 우리 역사의 한 흔적들, 그리고 자연을 지키고 아픔을 나누고자 했던 국민적 염원이 한데 모여 있는 곳이랍니다. 어떤 측면에서든 감동받을 수 있는 땅, 서산과 태안으로 여행을 떠나보세요.

CITY 충주

12

중원문화가 꽃피운 도시, 충주

충주에 가면 '중앙탑'이라는 곳이 있어요. 충주 사람이라면 이곳에 대한 소중한 추억이 하나쯤은 있죠. 이 탑을 왜 '중앙탑'이라고 부를까요? 또한 충주의 문화를 왜 '중원'문화라고 부르는지 아세요? 그건 충주가 통일신라의 '중원경'이라 불릴 만큼 한반도 교통의 중앙, 사통팔달의 중심 지역이었기 때문이에요. 이렇듯 남한강의 물길을 따라 역사를 품은 고장, 충주(忠州)의 이름만 봐도 '충' 자는 가운데 중(中)과 마음 심(心)이 더해진 형태잖아요? 이 글자의 음을 따 '중심 고을'로 충주를 설명할 수 있답니다. 남한강이

중앙탑과 탄금대를 테마로 한 다리

307

동서의 물길을 이어주고 문경새재가 남북의 육로를 이어주는데, 그 두 길
이 만나는 곳에 충주가 위치하고 있어 예로부터 남과 북을 이어주는 중요
한 지역이었어요. 이제 충청북도의 북동쪽에 위치하여 경기도와 강원도,
경상북도를 접하는 지리적 요충지이며, 남한강 수운과 영남대로가 만나는
길의 고장, 충주에 대해 알아보기로 해요.

남한강 맑은 물빛을 따라가다

충주는 한반도 중앙에 있는 중원문화권의 중심지로 자연경관이 뛰어나
요. 산, 온천, 호반 등 천혜의 자연경관과 중원문화, 역사 유적지 등의 인문
경관이 조화를 이루는 도시이지요. 예전엔 강이 육로보다 이동의 속도가
빨라서 문화가 급속히 전파되는 고속도로 역할을 담당했어요. 서울을 가
로지르는 한강은 남한강과 북한강이 서울 근처 양수리에서 만납니다. 남
한강은 태백의 검룡소에서 발원하여 충청도 중부 내륙 들판을 적시며 느
리게 흘러 충주 탄금대 앞에서 남한강의 지류인 달천(達川)과 합류해 경기
도 여주, 이천, 양평을 지나 서울 근처의 양수리로 흘러가요.

충주만 줌인(ZOOM-IN)해볼까요? 충주는 남한강 중류에 위치한 그릇
모양의 침식분지 지형이에요. 충주 도심을 중심으로 북쪽으로 천등산, 남
동쪽으로 소백산맥의 여맥인 계명산, 월악산으로 둘러싸여 있죠. 북동부
와 남쪽은 높은 반면에 서쪽은 낮아요. 이렇게 산으로 둘러싸여 있는 도심
에는 강원도 태백에서 발원한 남한강과 속리산에서 발원한 달천이라는 남
한강의 지류가 흐르고요. 이 두 하천이 남한강 탄금대에서 'Y'자 모양으로
합류하여 북쪽으로 흐르죠. 이런 하천 유역은 농업용수와 생활용수가 풍

충주호

부해서 사람이 살기 좋은 곳이에요. 그래서 탄금대 주변이 오랫동안 충주의 문화가 꽃필 수 있었던 중심 지역이었죠. 이렇듯 충주는 물이 차지하는 비중이 큰 도시입니다. 호반의 도시로 불리는 충주는 충주호, 탄금호, 남한강, 달천 등 풍광이 뛰어난 수자원이 풍부해요. 이제부터 충주의 남한강 물줄기를 따라 여행을 해볼까요?

매년 4월이면 충주호 주변에 벚꽃이 지천으로 피어나요. 벚꽃 터널과 함께, 마술, 음악 공연, 각종 행사가 열리죠. 충주호는 충주댐으로 조성된

충주댐

조정지댐

인공호수로 남한강 상류지역인 충주시, 제천시, 단양군 일대에 걸쳐 있는 국내에서 두 번째로 큰 담수호예요. 충주댐은 1978년부터 1985년까지 충주시 종민동과 동량면 조동리 사이의 남한강 물길을 막아서 만들었어요. 충주댐은 지역의 용수 공급, 관개, 전력 생산, 홍수 조절 등을 위한 다목적 댐으로 우리나라 최대의 수력발전시설이랍니다. 규모가 워낙 커 본 댐에서 하류 약 19킬로미터 지점에 조정지댐도 건설되어 있어요. 조정지댐은 충주댐의 급작스러운 방류로 인한 수위 변화를 조정하는 보조 댐이라고 할 수 있습니다. 충주댐 물문화관의 전시품에서 삶의 터전을 물 아래 두고 떠나야 했던 수몰민들의 마음을 느낄 수 있어요. 물문화관의 전망대에 올라 충주호의 넓고 시원한 풍경을 바라보면, 유유히 떠다니는 유람선이 마치 작은 낙엽처럼 보인답니다.

충주 시내 탄금대에서 달천을 따라 남쪽으로 거슬러 오르면 너른 물줄기

수주팔봉

가 ㄷ자로 봉우리 8개를 휘감고 도는 걸 알 수 있어요. 강 건너편에 병풍처럼 서 있는 산자락의 바위 능선이 수주팔봉이에요. '물 위에 선 8개의 봉우리'는 송곳바위, 중바위, 칼바위 등 각기 다른 이름이 있는데, 깎아지른 듯한 절벽과 절벽 사이의 구름다리에서 보면 논으로 이용되고 있는 하안단구(河岸段丘, 강 옆의 계단 모양 지형)를 볼 수 있죠. 이 달천은 전 구간이 상수원보호구역으로 지정되어 취사나 야영이 불가능합니다. 유일하게 팔봉교 아래 일부 구간만 개방되어 수주팔봉의 운치와 달천의 깨끗한 물줄기를 느낄 수 있죠. 수주팔봉 캠핑장은 전국 최고의 조망을 자랑하는 곳이에요. 달천이 산을 휘감아 돌면서, 하천의

달천 하안단구

311

문강 캠핑장

퇴적사면의 백사장과 자갈밭은 천연 캠핑장이 되었죠. 달천 반대쪽 공격사
면에 장대하게 우뚝 서 있는 수주팔봉은 한 폭의 그림이 되어주고요.

탄금대에서 남한강 물줄기를 따라 북쪽으로 흘러가면 목계나루가 나옵
니다. 목계나루는 조선시대 물류의 중심지였어요. 조선 후기 실학자인 이
중환이 지은 인문 지리서 《택리지》에는 "충주 목계는 경상도에서 서울로
가는 길이 좌도에서는 죽령을 지나서 이 읍에 통하고 우도에서는 조령을

목계나루에서 바라본 남한강

목계장터 선창마을과 장터 옛집

지나 이 읍과 통한다. 읍이 경기도와 영남을 왕래하는 길의 요충에 해당되므로 유사시에는 반드시 서로 점령하는 곳이 될 터이다. 실제로 온 나라의 중앙이 되어서 중국의 형주·예주와 같다"고 적혀 있습니다. 이렇듯 충주는 조선시대 가장 크고 중요한 남한강 물길과 영남대로가 만나는 지점에 위치한 고을이었죠.

충주 목계나루는 강원도 정선 아우라지에서 소나무를 싣고 내려온 뗏목이 고된 노를 멈추던 곳이며, 서해안에서 올라온 소금, 새우젓이 내륙지

목계나루터

남한강 선창마을

목계장터 시비

역에 팔리고, 우시장으로 팔려가는 소들이 배에 실려 슬픈 울음소리를 내던 곳이에요. 1973년에 건설된 목계다리를 중심으로 한편은 엄정면 목계리, 반대편은 가금면 가흥리입니다. 가을걷이가 끝난 후 충청도 일대와 경상도의 세금으로 수납된 곡식을 배에 실어 육로나 낙동강 수로를 따라 경북 상주까지 운반한 후 육로로 조령을 넘어 남한강변의 가흥창(可興倉, 조선시대의 관곡 창고)에 모아 보관했죠. 다음 해 봄에 얼음이 녹으면 물길을 따라 서울의 용산창까지 운반했다고 합니다. 가흥창 주변은 약 1천 호가 살았다는 기록이 있을 만큼 융성했던 고을이에요. 목계나루는 충북선 철도가 건설되고 도로가 발달하며 화물자동차가 등장하기 전까지 상업의 중심지였어요. 오늘날 목계나루

남한강(물길 위쪽이 가흥창 터)

가흥창 터

터에 가면 강배체험관, 가흥창 터, 남한강 수석전시판매장 등을 볼 수 있죠. 마을 주민들은 민속 줄다리기를 재연하고 목계별신제, 꼭두놀이 제머리마빡, 당굿을 거행하는 등 전통을 계승하고자 노력하고 있답니다.

강배체험관

가흥창 주변 수석판매장

강배 모형

꼭두놀이 제머리마빡 인형

"하늘은 날더러 구름이 되라 하고 땅은 날더러 바람이 되라 하네. …(중략)… 산은 날더러 들꽃이 되라 하고 강은 날더러 잔돌이 되라 하네."

독백으로 시작되는 이 글은 신경림 시인의 <목계장터>라는 시예요. '구름'과 '바람' 등 떠남의 상징과 '들꽃'과 '잔돌' 등 정착의 상징을 대조함으로써 산업화로 인한 시대적 격변기를 상징한 시죠. 오늘날에는 수운의 흔적으로서 나루터 취락이나 포구 시설 등은 사라졌지만, 목계나루는 갈수기에도 배가 드나들 수 있는 남한강 수운 물류 교역의 중심지였어요.

이사벨라 버드 비숍(Isabella Bird Bishop)은 영국 잉글랜드 출신의 19세기 여행가이며, 영국 왕립지리학회 여성회원이자 작가예요. 그녀가 쓴 《한국과 그 이웃나라들》은 대한제국 말에 한국을 답사하고 쓴 여행기죠. 비숍은 여행 자금을 환전하기 위해 여주 이포나루에 갔지만 환전에 실패하고 수소문 끝에 충주 목계나루에서 환전했다고 해요. 이렇듯 충주는 사람과 물자가 많이 모이던 중심 도시였죠. 일제강점기에는 전국 최초로 백화점과 소방서가 설치되었다고 해요. 강배전시관에 가면 100여 년 전에 썼던 근대 소방관 옷과 우리나라 최초의 소방차였던 소방완용펌프도 전시되어 있답니다.

역사가 깃든 충주로 떠나는 시간 여행

충주에 가면, 느린 충청도 방언보다 투박한 강원도 억양의 말투를 접할 수 있어요. 일찍이 충청도 북동부 지역에 위치한 충주는 인접한 강원도와 교류가 많았던 까닭에 충청도와 강원도 문화의 점이지대라고 할 수 있지요. 충청북도는 백두대간에서 뻗어 나온 한남금북정맥을 분수계로, 북으로는 충주를 중심으로 한 남한강 중심의 중원문화권과 남으로는 청주를 중심으로 한 금강 중심의 서원문화권으로 구분돼요. 남한강이 동서의 물길을 이어주고 문경새재가 남북의 육로를 이어주는데, 그 두 길이 만나는 곳에 충주가 위치하죠.

영남 지방과 중부, 호남 지방의 경계인 소백산맥은 지역 간 왕래에 장애가 되었어요. 그 험준한 산줄기에 형성된 작은 고개가 계립령, 조령, 죽령이에요. 충주는 육상교통과 수운이 편리한 지리적 요충지거든요. 또한 충주는 질 좋은 철을 생산하던 곳인데, 철은 당시 국력의 중요한 기준이었죠. 그래서 충주에서는 대원사, 단호사, 백운암의 철조여래좌상, 제철소 유적 등이 많이 발견되고 있어요. 한때 고구려 장수왕이 이 지역에 진출해 국원성으로 불렸고, 통일신라시대에는 중원경(中原京)으로 불렸던 고을이죠. 한강 유역은 고구려와 백제, 신라가 서로 확보하기 위해 경쟁을 벌이던 각축장이었기 때문에 이런 역사적 흔적이 남아 있어요. 그 덕에 충주에는 승전을 기리는 비와 탑이 유난히 많답니다.

남한에 있는 유일한 고구려비가 뭔지 아세요? 바로 충주고구려비입니다. 단양의 신라 적성비, 온달산성, 월악산 덕주산성 등은 남에서 북으로, 북에서 남으로 진출하려던 세력들이 부딪친 흔적이죠. 한편 충주에는 고구려의 성터 유적인 장미산성이 있어요. 장미산성에서 조금 내려오면 입

장미산성

구에 돌기둥 하나가 서 있다고 하여 오래전부터 선돌(立石)마을로 불렸던
곳이 있어요. 생각해보세요. 통일신라 이후, 중원 거리에 우뚝 서 있던 고
구려비는 어떤 대접을 받았을까요? 전해지는 이야기에 따르면 박해를 염
려한 고구려 유민들이 이 비를 땅에 묻었다고 해요. 오랜 세월이 지나 비문
이 뭉개진 채 드러나자 대장간의 밑돌로 사용했다고 합니다. 그러니까 이
비는 망치질과 풀무질을 견디며 살아남은 거죠. 때로는 아들을 점지해주
는 마을의 수호석으로 여겨지거나 논과 밭을 구분하던 이정표로 쓰이기도
했다고 해요. 이 이름 없던 돌기둥이 1979년 예성동호회(충주지역답사모임)
가 우연한 기회에 학계에 알리면서 고구려비임이 밝혀졌답니다.

크기는 높이 2.03미터, 너비 0.55미터가량 되는 두툼한 돌기둥 모양이
고, 만주 광개토대왕비와 매우 유사하게 생겼어요. 발견 당시, 보관 상태가

좋지 않아 청태와 이끼가 끼어 있었고, 오랜
세월을 지나며 마찰이 심해 읽어내기 힘든 글
자가 많았죠. 그러나 최근 디지털카메라로 분
할 촬영한 사진과 탁본 정밀 촬영 사진, 3D 스
캐닝 자료를 확보해 글자를 분석한 결과 광개
토대왕의 연호인 '영락칠년(永樂七年)' 글자를
판독했다는 연구 결과가 나왔습니다. 고구려
광개토대왕이 남하 정책을 펼치며 한강 유역
까지 세력을 확장한 증거로 추정하고 있어요.
지금 고구려비는 고구려 고분을 모형으로 한
충주고구려비전시관에 있습니다.

충주고구려비

충주고구려비전시관에서 나와 북쪽으로
가면 충주고구려천문과학관이 있어요. 고구
려의 기상을 이어받자는 취지로 만들어진 시
민 천문대죠. 천체 망원경을 통해 흑점, 행성,
별, 성단, 성운 등을 관측할 수 있답니다. 천체
투영실에 가면 천장에 투영된 다양한 별자리
와 우주를 경험할 수 있고, 전시실에서는 별자
리와 천문에 관한 고대인들의 우주관과 우리
나라의 고천문도인 〈천상열차분야지도〉를 볼
수 있죠.

충주고구려천문과학관

고구려비전시관에서 강을 따라 남쪽으로 가면 누암리 고분군이 나와
요. 신라 진흥왕 때, 국토 확장을 위한 정책으로 경주에 있는 귀족의 자제

누암리 고분군

와 호족, 합병한 가야 사람 중 일부를 충주로 이주시켰어요. 누암리 고분군은 230여 기의 신라 귀족들의 무덤으로 밝혀졌습니다. 이 시기에 충주로 이주한 대표적인 인물로는 우륵이 있어요. 신라 진흥왕은 가야인 우륵을 충주에 정착하게 하고, 가야금 곡조를 장려했어요. 탄금대(彈琴臺)는 가야금을 연주하던 곳이라 하여 붙여진 이름이죠.

탄금대는 남한강을 대표하는 절경 중의 절경으로 명승 42호로 지정된 곳이에요. 병자호란 때 활약한 임경업 장군이 어릴 때 무술을 닦은 곳이라는 이야기도 전해집니다. 임진왜란 때 신립 장군이 배수진을 치고 군사들을 독려하기 위해 열두 차례나 오르내렸다는 열두대도 이곳에 있고요. 열두대 절벽 아래 남한강에는 '용섬'으로 불리는 하중도가 있어요. 용섬을 지나 탄금대 하류 쪽으로는 남한강이 달천강과 만나는 합수머리가 나오죠.

탄금대

합수머리 주변에는 조선시대까지만 해도 선박이 오가는 나루터가 있었어
요. 지금은 가야금을 형상화한 현수교가 있습니다.

이처럼 아름다운 탄금대에는 뼈아픈 역사가 있어요. 임진왜란 초기, 신
립 장군은 탄금대 앞에서 달천과 남한강을 뒤에 두고 배수진을 쳤습니다.
왜군과의 이 치열한 전투에서 8,000여 명의 조선군 중 두서너 명만 살아남

용섬

탑평리 칠층석탑

았다고 해요. 일부에서는 조령(문경새재)의 골짜기를 이용해 전투를 벌여야 한다는 주장이 있었으나, 장군은 조령을 포기하고 탄금대 앞의 들을 선택했어요. 조선 군사의 수가 부족했고, 한양으로 진격할 왜군의 보급로를 차단해야 했기 때문이죠. 지리적으로도 탄금대는 달천과 남한강이 천연의 해자 역할을 하고 있었고요. 신립 장군은 천연의 해자를 최대한 이용해 왜군을 탄금대 앞의 넓은 들로 유인한 다음 철기로 일격을 가하려고 했죠. 하지만 급하게 편성된 훈련 받지 못한 병력으로는 왜군을 당해낼 수 없었어요. 신립 장군은 탄금대에서 끝까지 활을 쏘며 저항하다 자결했습니다.

탑평리 칠층석탑은 삼국을 통일한 신라가 자랑스러운 새 나라의 기상을 상징하기 위해 국토의 한가운데 세운 탑입니다. 충주 사람들은 보통 중앙탑이라고 불러요. 신라 원성왕 때, 국토의 중앙을 알아보기 위해 남과 북의 끝 지점에서 보폭이 같고 잘 걷는 사람을 같은 시각에 출발시켰더니, 지금의 탑평리 칠층석탑이 있는 곳에서 만났다고 해요. 그리하여 국토의 정 중앙임을 표시하는 탑을 세웠다고 합니다. 탑평리 칠층석탑은 높은 곳에 자리하고 있어 등대처럼 위치를 알려주는 역할도 해요. 석탑 주변은 과거엔 절터였으나, 현재는 공원으로 조성되어 있습니다.

중앙탑 주변에는 다양한 조각상과 박물관이 있어요. 공원 앞 남한강(탄금호)에서는 시민들이 조정을 체험하는 모습도 쉽게 볼 수 있죠. 충주 시민들의 하이드파크라고 할 수 있습니다. 과거 떼몰이꾼이 노를 저어 가던 물

탄금호 조정체험학교

길 위로 최근 세계적인 조정 선수들의 질주가 이어졌답니다. 바로 이곳에서 2013년 세계조정선수권대회가 열렸었거든요.

오밀조밀 새콤달콤 원도심 이야기

지금부터 시내를 좀 걸어볼까요? 문제를 하나 낼게요. 명동에는 걷는 사람들이 많은데, 광화문 대로에는 왜 걷는 사람들이 별로 없을까요? 그것은 '이벤트 밀도'의 차이 때문이에요. 사람들이 많이 찾는 거리는 이벤트 밀도가 높은 곳이라고 해요. 이벤트 밀도란 건축학에서 쓰는 용어로, 100미터 구간에 있는 상점과 건물들의 입구 수를 말해요. 이벤트 밀도가 높을수록 보행자에게 새로운 변화와 다양한 체험을 제공해서 볼거리가 많아지는 거죠. 충주 원도심 관아공원 주변이 바로 이벤트 밀도가 높은 곳이에요.

관아공원(옛 충청감영 터)

조선식산은행 충주지점

미로형의 골목길마다 다양한 이야기와 볼거리가 있거든요. 최근 도시재생 사업으로 예술 공간과 갤러리, 청춘대로까지 특색 있는 카페와 식당들, 향교, 관아골 고미술 거리, 전통시장 등이 오밀조밀 조화를 이루며 환경이 정비되고 있답니다.

충주는 조선 중기까지 남한에서 한양 다음의 도시였어요. 1908년까지 충청감영이 있던 고을이었거든요. 충청감영이 청주로 이전하기 전까지 명실상부한 충청도의 중심지였던 거죠. 충청감영을 둘러싼 충주읍성은 임진왜란을 거치며 사라졌다가 고종 때 개축되었습니다. 일제강점기 충주읍성이 의병에게 장기간 점령당한 후, 대부분 헐리고 그 자리에 학교나 관공서가 지어졌어요. 옛 충청감영은 한때 중원군청으로 쓰이다가 최근 관아공원으로 재정비되었습니다. 사또가 쓰던 청녕헌, 중앙관리의 숙소였던 제금당, 실무자가 쓰던 산고수청각, 신유박해 때 순교한 이들을 기리는 순교자 헌양비가 공원에 남아 있습니다.

공원 주변에는 과거 갑오개혁 때 경무청이 있던 자리에 충주예총회관과 1933년에 건립된 조선식산은행 충주지점이 있어요. 조선식산은행은 건물의 복원과 철거를 놓고 거센 논쟁이 일다가 최근 문화재 등록으로 보

수가 결정되어 근대문화전시관으로 활용될 예정이랍니다. 찬반 논란은 있지만, 비극적인 역사를 통한 교육이라는 측면에서 다크투어리즘과 일맥상통한다고 할 수 있겠죠.

충주향교

관아공원 북쪽으로는 교현초등학교와 이웃한 충주향교가 있어요. 향교 너머 충주천변에는 무학시장, 자유시장, 공설시장, 풍물시장, 충의시장이 정겹게 서로 어깨를 맞대고 있고요. 사람이 있고 삶이 녹아든 시장 모퉁이에는 70년 경력의 장인이 꾸려가는 삼화대장간이 있는데요, 장인과 함께 망치질 체험도 하고, 수십 번의 담금질과 망치질로 만들어진 호미와 낫, 기념품을 구매할 수도 있답니다. 또한 무학시장 안에는 반기문 유엔 사무총장이 유년시절을 보낸 '반선재'라는 한옥집도 있어요. '반듯하고 착하게 살자'라는 의미가 담겨 있다고 하네요.

삼화대장간

사과나무 가로수길   사과나무 이야기길

충주 하면 생각나는 유명한 특산물은 무엇일까요? 바로 사과입니다. 충주 가로수길에는 사과나무가 많습니다. 충주 사과가 맛있는 이유는 월악산을 포함한 여러 산으로 둘러싸인 분지 지형 덕분에 일교차가 커서 맛이 새콤달콤하기 때문이죠. 충추에서 사과를 처음 시험 재배한 곳이 관아공원 근처 지현동이에요. 1911년에 변두리였던 지현동에서 처음 개량종 사과나무를 재배했다고 해요. 지금은 원도심의 주택지로 변해서 '사과나무 없는 사과나무 이야기길'로 유명한 곳이랍니다. 해마다 도시재생사업의 일환으로 사과나무 축제, 전화 부스와 옥외용 벤치를 활용한 스트리트 갤러리(Street Gallery)를 조성해 새로운 문화공간으로 시민들의 눈길을 끌고 있지요.

충주세계무술공원에서는 매년 세계무술축제가 열립니다. 이 지역에서 무술축제가 열리는 이유는 택견의 계보를 이은 송덕기, 신한승 선생이 1970년대 충주에 터를 잡고 무예를 전수하기 시작했기 때문이에요. 택견은 중요무형문화재로, 유네스코 인류무형문화유산에도 등재되어 있습니다. 택견은 고구려 무용총과 각저총 고분벽화에서 찾아볼 수 있어요. 고려시대와 조선시대에는 택견이 '수박', '수박희'라는 이름으로 병사를 뽑는 정식 종목이었다고 합니다. 세계무술박물관에는 세계 여러 나라의 무술과

충주세계무술공원

문화에 관련된 내용이 전시되어 있어요.

한편 남한강의 호박돌을 쌓아 올려 만든 '돌미로원'은 사과 모양의 미로와 태극무늬를 형상화한 미로로 나뉘어 있습니다. 그리고 남한강의 크고 작은 돌로 만든 '수석공원'도 볼만해요. 이곳에서 자연이 빚은 예술품을 구경하는 것도 또 하나의 재미랍니다.

물길, 산길 따라 여유를 맛보다

말을 타고 광야를 달리던 인디언들이 이따금씩 말에서 내린 채 누군가를 기다립니다. 인디언들은 누구를 기다리는 걸까요? 바로 너무 빨리 달린 탓에 미처 따라오지 못한 자신의 영혼을 기다리는 거라고 합니다. 인디언들의 지혜를 보여주는 이야기인데요, 감정과 생각을 정리하는 데 '걷기'만한 것이 있을까 싶어요. 충주는 걷기에 최적화된 곳이이죠. 영혼이 따라오

비내길

지 못할까 걱정하지 않아도 되고 여유를 만끽할 수 있어 더없이 좋은 곳이랍니다.

걷기 장소로 먼저 추천할 곳은 비내길과 비내섬입니다. 비내길은 행정안전부가 선정한 '우리 마을 녹색길 베스트 10'에 선정된 곳이에요. 남한강을 따라 걷는 소박한 길이죠. 갈대와 억새꽃이 유명해서 〈사랑의 불시착〉, 〈육룡이 나르샤〉 등 영화나 드라마 촬영지로도 인기가 많은 곳입니다. '비내'는 갈대와 나무가 무성하여 '베어냈다'는 말에서 유래되었어요. 비내섬은 남한강 협곡 내부에서 여울목을 따라 모래 등이 퇴적되어 형성된 하중도(河中島)로, 여의도 면적의 약 3분의 1에 해당하는 규모예요. 매년 비내섬이 한미공동군사훈련장으로 이용되기 때문에 훈련 기간에는 민간인 출입이 통제되는 곳이기도 합니다. 가을이면 '비내길과 함께하는 앙성탄산온천축제'가 열리고요.

두 번째로 추천할 길은 충주호를 어루만지며 걷는 '종댕이길'입니다. 충주호 서편에 위치한 심항산을 한 바퀴 빙 돌아 걷는 둘레길이죠. 심항산은 하늘에서 내려다보면 충주호 서쪽에 동그랗게 도드라진 얼굴을 담고 있

종댕이길

는데, 정선 정씨 집성촌이자 시조를 모신 사당이 있었기 때문에 계명산 줄기의 이 산을 사람들은 '종당산' 혹은 '종댕이산'이라고 불렀어요. 1985년 충주댐이 건설되면서 종당마을은 호반 위쪽으로 옮겨 자리를 잡았고, 옛 흔적은 물속으로 사라졌습니다. 댐 건설로 사람의 발길이 끊기고 오랜 침묵 속에 잠겨 있던 길이 최근 '종댕이길'이라는 이름으로 다시 각광받고 있죠. 총 거리는 8.5킬로미터인데, 중간중간 조망대와 쉼터, 벤치가 있어 쉬어갈 수 있답니다.

세 번째 길은 '하늘재길'과 '미륵대원지'예요. 해발 525미터의 하늘재는 《삼국사기》에 따르면, 156년 아달라 왕이 "신라가 소백산맥 이북까지 세력을 확장할 수 있는 단초를 마련했다"고 말한 바로 그곳이랍니다. 소백산맥을 넘어 영남과 서울을 잇는 죽령보다 2년이 빠르고, 조선시대 등장한 조령(문경새재)보다 천 년 빨리 조성된 고갯길이죠. 산적이 많아 통행료로 닷 돈을 내야 한다고 해서 이름 붙여진 닷돈재, 껍질을 벗긴 삼대 '겨릅'이 많아 지릅재라 불리는 곳과 하늘재를 합쳐 계립령이라고 부릅니다. 하늘

하늘재

재는 하늘과 맞닿을 듯한 나무들이 울창한 숲에 완만한 흙길이 1.8킬로미터 이어져요. 울창한 숲길을 걷다 보면 계곡 사이로 구름다리가 보이거든요. 그 길의 출발은 미륵대원지랍니다. 이 미륵대원지를 경계로 충청도 방면은 충주시 수안보면 미륵리이고, 반대편은 경북 문경시 문경읍 관음리가 됩니다.

미륵대원지는 지릅재와 하늘재 사이의 분지 지형에 있어서 오랜 세월 많은 문물과 사람들이 오갔던 곳입니다. 이를 '문화회랑(文化回廊)'이라고 해요. '오랜 세월 동안 일부 폭이 좁고 길이가 긴 통행로로 문화가 퇴적된 곳'이라는 의미죠. 이 길을 통일신라의 마의태자가 넘었다고 하는데, 그가 금강산으로 가는 길에 이곳에다 대원사를 지었다는 전설이 전해집니다. 미륵불만 있던 곳이었는데, 1976년 절터를 옮기는 과정에서 지하에 있던 대규모 석굴사원이 발견되었죠. 절터 옆에서는 역원(譯院)의 흔적도 찾을 수 있었고요. 대원사와 관리들의 숙소였던 것 같아요.

대원사지 미륵불의 특이한 점은 북쪽을 바라보고 있다는 점입니다. 미

미륵대원사 석등

미륵대원사 석탑

륵불에 담긴 신라인의 소망이라는 설과 고려 초기 고구려의 옛 땅을 찾겠다는 신흥국가의 염원이라는 설이 있습니다. 또 절 앞의 돌거북은 크기가 우리나라에서 가장 크기로 유명해요. 거북이의 힘 있는 목덜미와 앞을 바라보는 눈, 정면으로 향한 듯 한쪽 발만 내민 모습에서 서두르지도 않고 중단하지도 않으면서 자신만의 속도로 묵묵하게 나아가는 자세를 엿볼 수

역원취락 터

미륵대원사 거북돌

충주 사과

산채 정식

있죠. 또한 거북이 등에 물을 부으면 왼쪽 어깨에 자그마한 거북이 두 마리가 어미의 등을 기어오르는 모습이 마술처럼 서서히 드러납니다. 지금은 석굴사원을 복원하느라 공사 중이지만, 복원을 마치고 대규모 석굴사원과 위풍당당한 미륵불이 월악산과 조화를 이룰 모습이 정말 기대됩니다.

충주는 남한강 맑은 물과 청정한 산, 넓은 들판이 있어 먹거리도 다양해요. 사과를 이용한 사과와인과 사과만주 외에도 청명주, 꿩고기, 올뱅이(다슬기의 충주 방언)를 이용한 음식 등 다채롭답니다. 청명주는 24절기의 하나인 청명 일에 사용하기 위해 담갔다 하여 유래되었어요. 재래종 통밀, 찹쌀로 저온에서 약 100일 동안 발효, 숙성시킨 전통 명주입니다. 청명(淸明)은 춘분과 곡우 사이에 들어 있는 24절기의 하나로 이날 술을 빚었어요. 색과 향, 맛이 좋아 조선시대 궁중에 올리는 진상품이었죠.

꿩을 이용한 샤브샤브 생채, 사과초밥, 만두, 불고기, 수제비 등의 코스 요리도 일품입니다. 충주를 품고 있는 월악산의 20여 가지 산채 정식과 남한강 맑은 물에서 잡은 싱싱한 초록빛 다슬기를 이용한 올뱅이 해장국과 메기찜 등도 토속음식으로 유명하답니다.

수안보온천

수안보온천은 '왕의 온천'으로 유명합니다. '물이 솟는 보의 안쪽 마을'이라는 뜻의 '물안비', '물안보'라는 단어가 한자를 사용해 '수안보'로 바뀌게 되었죠. 《세종실록지리지》에 따르면 태조 이성계가 욕창을 치료하기 위해 수안보온천을 자주 찾았다고 해요. 수안보온천의 지명은 조선시대의 피부병 환자가 수안보의 논바닥에서 온천수를 발견했다는 전설에서 유래했습니다. 한 피부병 환자가 문전걸식하면서 논바닥에 볏짚을 깔고 침식을 하던 중 볏짚이 젖어 있는 것을 보고 따뜻한 물이 솟아나는 것을 발견했는데, 신기하게 그 물로 생활하면서 피부병이 나았다는 이야기죠. 수안보온천의 온천수는 중앙집중방식으로 충주시에서 관리해요. 수온 53℃, 산도 8.3의 약알칼리성 온천수로 칼슘과 나트륨, 불소, 마그네슘 그리고 리듐에 이르기까지 인체에 유익한 각종 무기질이 함유되어 신경통, 류머티즘, 피부병 등에 효과가 있는 것으로 평가받고 있습니다. 주말 이벤트, 축제 등 관광 진흥을 위한 다각적인 노력이 이루어지고 있어요. 또한 양성온천, 문강유황온천 등이 관광지로 지정되어 있답니다.

새롭게 비약을 꿈꾸는 기업도시

오늘날 젊은이들이 다국적기업인 구글이나 애플을 최고의 직장으로 선망하는 것처럼 1960년대 젊은이들에게 최고의 직장이었던 곳이 바로 충주비료공장이랍니다. 충주비료공장은 1955년 미국의 원조를 받아 세워져 우리나라 식량 자급에 중요한 역할을 했어요. 충주는 남한의 중심에 있고, 남한강의 물을 끌어올 수 있는 최적의 입지였죠. 공장 운전 기술, 자동화

충주 기업도시(현대모비스와 롯데주류)

설비, 공장 건설 경험 등이 훗날 화학단지 건설에 기여했고요. 초기 미국인 엔지니어들이 공장 건립과 기술 전수를 위해 근무했었죠.

하지만 충주비료공장은 수도권의 한강 수질 오염, 남동임해공업지역으로의 화학 업종 이전, 비료 수요량 감소, 국제 비료 가격 하락 등의 영향으로 1984년 폐쇄되고 말았습니다. 19세기 이전에는 한강뱃길과 육로교통의 길목이어서 충청권의 행정, 문화, 경제의 중심이었으나, 20세기에 들어서는 청주로의 도청 이전, 경부고속도로와 철도 등의 국가개발 축이 비켜나감으로써 교통의 사각지대로 전락해버렸죠. 한동안 충주의 성장이 주춤거리다가 2005년 7월, 충주 기업도시로의 진행이 활발해지면서 내륙첨단산업벨트의 중심에 서서 도약을 꿈꾸고 있습니다.

충주 기업도시는 충주시 주덕읍, 대소원면, 중앙탑면 등 3개 읍·면에 위치하여 중부내륙권의 성장 거점으로 떠오르고 있어요. 기업도시란 국가균형발전을 위해 민간 기업 주도로 이루어지고 있는데, 기존 산업단지와 달리, 연구, 관광, 레저, 업무 등의 주된 기능과 주거, 교육, 의료, 문화 등의 자족적 복합기능을 고루 갖추도록 개발하는 도시를 말해요. 대표적으로 미국의 실리콘밸리, 일본의 도요타 시, 프랑스 소피아 앙티폴리스 등이 있죠. 이런 곳들을 모델로 현재 우리나라에서는 충주, 원주, 무안, 태안, 영암, 해남 등 여섯 곳이 기업도시로 지정되어 있습니다. 그중에서도 충주 서북부에 위치한 충주 기업도시는 북부의 고속국도 교통망과 수도권과의 연결성이 좋아 각광받고 있지요. 현재 현대모비스, 현대엘리베이터, 롯데주류, 포스코건설, 코오롱생명과학, 기아모터스, 유한킴벌리 등 의약, 화학, 기계, 첨단전자정보부품소재 회사가 입주해 있어요. 사전에 견학 신청을 하면 유한킴벌리와 롯데주류 공장을 방문해 생산시설과 근무현장을 견학할 수도 있습니다.

유한킴벌리는 2011년 경기도 군포시에서 공장을 이전한 후 주로 여성용품이나 시니어 제품들을 생산하고 있어요. 또 롯데주류 공장에서는 맥주의 역사와 생산과정을 살펴보고 시음도 할 수 있죠. 또한 인근에 바이오헬스 국가산업단지가 조성되고 있고 충북대병원 충주 분원도 2023년 개원을 목표로 건립되는 등 지역 발전을 위해 발돋움하고 있습니다. 충주가 한국 경제 성장의 원동력이 되기 위해 여러 가지 노력과 준비를 하고 있다는 걸 알 수 있죠.

새롭게 도약할 충주의 모습이 자못 기대됩니다. 전통문화와 자연에 기반한 문화관광자원이 풍부한 도시, 충주는 우리나라의 도시를 여행한다면 절대 빠질 수 없는 곳이겠죠?

5 ^부

전라도

고창 & 정읍

13
세계유산과 동학농민혁명의 도시,
고창&정읍

선사시대부터 마한시대에 이르기까지 세계 제일의 거석문화를 꽃피웠던 찬란한 역사를 간직한 고창은 '농생명 문화 살려 다시 치솟는 한반도 첫 수도'라는 슬로건 아래 지자체와 주민이 하나로 뭉쳐 지역 발전에 힘쓰고 있습니다. 1955년에 읍으로 승격되어 현재 1읍 13면으로 구성되어 있고, 5만 5,000여 명(2020년 7월 1일 기준)의 인구가 모여 살고 있죠. 산과 들과 바다를 품은 빼어난 자연경관과 각종 문화유적을 간직한 고창은 하나의 단어로 정의하기 어려울 만큼 온갖 매력으로 똘똘 뭉쳐 있는 팔색조 같은 지역이랍니다.

이웃 지역 정읍의 슬로건은 '더불어 행복한 더 좋은 정읍'이에요. 정읍은 미래를 향한 아름다운 단풍도시를 만들기 위해 노력하고 있죠. 현재의 정읍시는 1995년 시·군 통합(정주시 12개 동과 정읍군 15개 읍·면)으로 형성되었

으며 총 면적은 692.91제곱킬로미터, 인구는 10만 9,500여 명(2020년 7월 1
일 기준)입니다. 고창과 정읍은 도시 규모에 비해 이름만 대면 누구나 알 수
있는 유명한 축제와 매력 넘치는 명소가 많아서 사계절 내내 전국에서 많
은 사람이 찾아오고 있답니다. 농생명 문화 살려 다시 치솟는 한반도 첫 수
도 고창, 그리고 색이 아름답고 자연이 들려주는 이야기가 궁금한 정읍. 이
두 도시가 여러분에게 어떤 이야기를 들려줄지 궁금하지 않나요? 그럼 지
금부터 고창과 정읍으로 떠나볼까요.

행정구역 전체가 생물권보전지역인 고창

국제기구인 유네스코는 생물 다양성 보전과 지속 가능한 이용을 조화
시킬 방안을 모색하기 위해 전 세계적으로 뛰어난 생태계 대상 지역을 선
정해 생물권보전지역으로 지정하고 있습니다. 현재 우리나라에는 1982년
설악산을 시작으로 여섯 곳이 지정되어 있는데, 고창은 2013년 5월 우리
나라에서는 처음으로 행정구역 전체가 유네스코 생물권보전지역으로 지
정되었죠. 특정한 위치가 아닌 행정구역 전체가 생물권보전지역으로 지정
되었다는 것은 고창 전역이 생태적인 가치를 지니고 있다는 걸 의미합니
다. 그중에서도 핵심 구역이라고 불리는 고창 갯벌 람사르 습지, 선운산도
립공원, 운곡 람사르 습지, 고인돌 세계문화유산은 고창에 오면 반드시 가
봐야 하는 곳입니다. 그러므로 고창에서 제일 먼저 들러볼 곳은 생물권보
전지역들입니다.

선운산은 호남의 내금강이라고 불릴 정도로 푸른 숲과 시원한 계곡물
이 함께 어우러진 호남과 고창을 대표하는 아름다운 산이에요. '선운'은

유네스코 생물권보전지역 관리센터   선운산도립공원

'구름 속에서 참선한다'라는 뜻으로, 백제시대에 창건된 대표적인 사찰인 선운사가 이곳에 있어서 선운산이라고 불려요. 미륵불이 있는 도솔천궁이라는 뜻으로 도솔산이라고도 하죠. 모두 불도를 닦는 산이라는 뜻입니다. 아름다운 기암괴석이 봉우리를 이루는 선운산에 가면 이른바 천연기념물 3종 세트를 볼 수 있는데, 바로 장사송(長沙松), 송악, 동백나무숲이랍니다.

장사송은 천연기념물 제354호이자 수령이 600년 이상 된 소나무예요.

송악

선운사

소나무의 품종 중 하나인 반송(키가 작고 가지가 옆으로 뻗어서 퍼진 소나무)인데, 일반적인 소나무의 경우 외줄기가 올라와 자라는 것에 비해 반송은 밑에 서부터 줄기가 여러 갈래로 갈라져 그 모습이 매우 웅장하고 풍성하답니다. 송악은 천연기념물 367호이고 따뜻한 남쪽 섬 지방과 서남해안을 따라 인천 앞바다까지 흔하게 자라는 늘푸른 덩굴식물입니다. 하지만 내륙으로는 고창 선운산 일대가 송악이 자랄 수 있는 북쪽 끝자락인 데다가 선운산의 송악은 높이가 15미터나 되는 거목이어서 내륙에서 자생하고 있는 송악 중 가장 규모가 큰 나무라고 해요. 한편 선운사 대웅전 뒤에는 수령이 500년 이상 되고, 높이가 평균 6미터인 동백나무들이 숲을 이루고 있어요. 붉은 빛깔을 뽐내는 동백꽃은 보통 3~4월에 피어 선운사를 더욱더 향기롭게 만들어줍니다. 천연기념물로 보호되고 있는 선운사 동백 숲은 산불로부터 사찰을 지키기 위해 심었다고 하죠.

선운사를 빼놓고 선운산을 논할 수는 없겠죠? 아름다운 자연경관과 소중한 문화유산을 지닌 선운사는 대한불교 조계종 제24교구의 본사로, 신라 진흥왕이 창건했다는 설과 백제 위덕왕 24년(577년)에 검단선사가 창건했다는 두 가지 설이 전해지고 있어요. 봄에는 벚꽃이 흐드러지게 피고, 여름에는 초록빛 나무와 시원한 계곡이 관광객을 맞으며, 가을에는 꽃무

꽃무릇

릇이 활짝 피어 선운산 일대를 붉은 물결로 수놓는답니다. 그 모습이 정말 장관이에요. 겨울에는 흰 눈과 붉은 동백꽃이 어우러져 예술적인 경관을 만들어냅니다. 그래서 사시사철 아름다운 풍경을 보기 위해 많은 관광객들이 찾아오는 곳이죠.

혹시 '생태관광지역'이라는 말을 들어본 적 있으세요? 환경적으로 보전 가치가 있고 생태계 보호의 중요성을 체험·교육할 수 있는 지역을 생태관광지역으로 지정하고 있답니다. 생태관광을 육성하고자 2013년부터 환경부가 도입했죠. 우리나라에는 현재 20개의 생태관광지역을 지정하여 운영하고 있는데 고창에서는 운곡 람사르 습지와 고인돌 습지가 지정되어 있어요. 람사르 습지로 등록되어 있기도 한 운곡 습지는 864종의 동식물이 서식하는 생태우수지역으로 세계문화유산으로 등재된 고창 고인돌 유적과 연계하여 탐방할 수 있습니다. '고인돌 질마재 따라 100리길'은 모두 4개의 코스로 나뉘는데 총 거리 8.89킬로미터의 고인돌 길을 따라 걷다 보면 고인돌 유적지, 운곡저수지의 아름다운 풍경을 자세히 볼 수 있어요. 길

운곡 람사르 습지

을 따라 펼쳐진 기막힌 절경에 쉽게 떨어지지 않는 발걸음을 옮기다 보면 어느새 고인돌 길을 모두 둘러볼 수 있죠.

우리나라 서해안 갯벌이 세계 5대 갯벌 중 하나란 걸 알고 계셨나요? 그중에서도 고창은 우리나라 서해안을 대표하는 내만형 갯벌이랍니다. 국가대표 갯벌인 만큼 펄 갯벌, 모래 갯벌, 혼합 갯벌이 조화롭게 분포되어 있는데 그 가치를 인정받아 습지보호지역 및 람사르 습지로 지정되어 보

고창 갯벌

갯벌체험

호되고 있지요. 람사르협약은 '물새 서식처로서 국제적으로 중요한 습지에 관한 협약'으로, 2018년 11월 현재 우리나라에서는 23곳의 습지가 람사르 습지로 등록되어 있어요. 그중 등록 면적이 가장 넓은 곳이 고창·부안 갯벌로, 무려 45.5제곱킬로미터나 됩니다. 이것은 국제 축구장 규격의 약 6,400배가 되는 넓이랍니다.

　고창 갯벌 중에서 하전 갯벌과 만돌 갯벌은 갯벌체험학습장을 운영하고 있어서 전국적인 갯벌 생태체험 학습 명소로도 잘 알려져 있습니다. 이른바 '갯벌 택시'라는 이름의 개조된 트랙터를 타고 드넓은 갯벌에 진입해 갈퀴를 이용한 조개잡이 체험을 할 수 있죠. 세계 여러 나라의 갯벌 중에서 사람과 조화를 이루는 곳은 우리나라뿐이고 그 중심에 고창 갯벌이 있다고 말할 수 있습니다. 고창 람사르 갯벌센터는 학생들과 관광객들에게 여러 교육 프로그램을 제공함으로써 갯벌의 가치와 중요성을 교육하고 있답니다.

고창과 정읍은 지금 축제 중!

장소 마케팅(Place Marketing)이란 지역의 주민과 행정기관 등이 기업과 관광객 등에게 특정 장소를 매력적인 곳이 되도록 독특한 이미지를 만들고 이를 통해 부가가치를 창출하는 다양한 방식의 전략을 말해요. 장소 마케팅을 실현하는 가장 대표적인 방법이 바로 축제입니다. 청보리밭 축제, 구절초 축제, 복분자와 수박 축제 등 고창과 정읍에는 이름만 들어도 알 만한 유명한 축제들이 여러 개 있어요.

우선 청보리밭 축제를 빼놓을 수가 없죠. 매년 4월이 되면 고창의 학원농장(고창군 공음면)을 온통 초록빛으로 수놓는 청보리밭은 마치 초록 바다를 보는 듯한 아름다운 장관을 연출해요. 고창 청보리밭 축제는 2004년에 시작되어 2019년 16회를 맞가까지 매년 수십만의 인파가 몰려올 정도로 인기가 많습니다. 해를 거듭할수록 발전해 축제 기간이면 한적한 시골 마을이 인파로 북적거리죠. 청보리밭은 어릴 적 어머니의 품처럼 따뜻함을 가져다주고, 지친 도시 생활 속에서 잠시나마 고향으로 돌아가고 싶은 귀

청보리밭

향 본능을 느끼게 합니다.
보릿고개의 아련한 추억을
떠올리며 현재에 감사하는
어르신들도 계실 거예요.
청보리밭은 봄에는 보리와
유채꽃, 여름에는 해바라
기, 가을에는 메밀꽃을 차
례로 심어 영화 촬영장소

복분자

의 메카로 주목받기도 했습니다.

　예로부터 땅이 기름지고 풍수해가 거의 없는 고창에는 땅콩, 해풍 고추, 멜론 등 다양한 특산품이 유명합니다. 그중에서도 복분자와 수박을 빼놓을 수 없는데요, 그 가치를 증명하듯이 '2019 국가브랜드 대상' 시상식에서 고창 수박과 복분자가 농수산물 부문 대상으로 선정되었어요. 과거 전국 마트에서 판매되는 모든 수박이 '고창 수박'으로 둔갑할 정도로 유명한 고창 수박은 질 좋은 황토와 기후, 전국 유일의 수박시험장에서 개발된 재배 기술 등 삼박자가 어우러져 탄생했어요. 매년 6월에는 선운산도립공원 특설무대에서 복분자와 수박 축제가 열는데 수박 빨리 먹기, 수박씨 얼굴에 묻히기, 복분자즙 체험 등의 행사가 펼쳐집니다.

　복분자는 지리적 표시제로 등록될 만큼 고창 주민들의 애정과 자부심이 높은 특산물이에요. 복분자(覆盆子)의 '엎을 복' 자와 '그릇 분' 자는 복분자를 먹고 소변을 봤더니 요강이 뒤집혔다는 데서 유래되었어요. 고창에서는 스테미너에 좋은 복분자주와 풍천장어를 함께 먹는데 이것이 고창음식의 상징이 되고 있습니다. 여기서 풍천장어의 풍천은 바닷물과 민물

풍천장어

풍천 안내 표지판

이 만나는 강의 하구를 말해요. 곰소만으로 흐르는 주진천 하구는 대표적
인 풍천으로, 이곳에서 잡히는 뱀장어를 보통 풍천장어라고 일컫습니다.
주진천이 바다로 흘러드는 선운사 입구에는 풍천장어 가게가 즐비해요.
고창에 오신다면 반드시 맛보아야 하는 대표적인 별미가 바로 풍천장어랍
니다.

고창읍성

답성놀이(출처 : 고창군청)

고창 읍내에는 조선 단종 원년(1453년)에 왜구의 침략을 막기 위하여 전라도와 제주도 19개 현의 백성들이 축성한 고창읍성이 있습니다. 고창읍성은 고창의 대표적 랜드마크로, 우리나라에서 가장 원형이 잘 보존된 자연석 성곽입니다. 백제시대에 고창을 모량부리현이라고 불렀던 것에서 유래해 고창읍성을 '모양성'이라고 일컫기도 해요. 매년 음력 9월 9일 중양절을 전후해 나흘간 고창읍성과 그 일대에서는 '모양성제'가 열립니다. 축성출정식, 강강술래 경연대회, 마상 무예 공연 등 다양한 볼거리로 가

모양성제 홍보 포스터

득한 모양성제의 대표적인 프로그램은 답성놀이인데, 손바닥만 한 돌을 머리에 이고 1,684미터의 성곽을 도는 전통 민속놀이예요. "한 바퀴 돌면 다릿병이 낫고, 두 바퀴 돌면 무병장수하며 세 바퀴 돌면 극락 승천한다"라는 속설이 있답니다. 성을 밟음으로써 흙을 더욱 다져 튼튼하게 하고 전쟁 시 석전을 대비하기 위한 선조들

구절초 축제

의 지혜라고 할 수 있어요. 머리에 돌을 이고 성을 돌고 난 후 성 입구에 다시 그 돌을 쌓아놓는 거예요.

정읍에서는 10월 초가 되면 구절초 축제가 열려요. '순수'라는 꽃말의 구절초는 전국의 야산에서 쉽게 볼 수 있는 꽃이지요. 음력 9월 9일에 꺾는 풀이라고 해서 구절초라는 설과, 음력 9월 9일에 줄기가 아홉 마디가 되어서 구절초라는 설이 있다고 해요. 꽃이 피는 절정기인 음력 9월 9일을 전후하여 정읍시 산내면 구절초 테마공원에서 향기 가득한 구절초 축제가 열리니, 꼭 한번 들러보세요. 이곳은 옥정호의 상류에 있어서 해가 뜨기 전 이른 아침에는 물안개가 피어 몽환적인 광경을 만날 수 있답니다. 소나무와 어우러진 구절초는 추령천을 내려다보며 그 우아함을 뽐내죠.

여러분들은 어떤 축제에 가보고 싶나요? 떠나기 전 축제 정보를 미리 숙지하고 간다면 더욱더 즐거운 여행이 되고 행복한 추억을 한가득 남길 수 있을 거예요.

● 칠보 수력발전소(유역변경식발전) ●

유역변경식발전은 완경사로 흐르는 하천의 방향을 급경사로 흐르게 하면서 물의 낙차를 이용해 발전하는 방식이에요. 칠보 수력발전소는 계화도 간척사업을 하면서 부족한 농업용수를 섬진강으로부터 공급받는 과정에서 만들어졌어요. 옥정호의 물을 동진강으로 방류함으로써 호남평야에 농업용수를 공급하고, 전라북도 서남지역에 상수도 수원을 제공하는 우리나라 최초의 유역변경식 수력발전소입니다. 옥정호는 우리나라 최초의 다목적댐인 섬진강댐이 축조되면서 생긴 인공저수지입니다. '옥정'이란 명칭은 머지않아 맑은 호수, 즉 옥정이 될 것이라고 예언한 데서 유래되었다고 해요. 칠보 수력발전소는 1985년부터 섬진강 수력발전소로 불리다가 2018년 다시 본래 이름을 되찾아 칠보 수력발전소로 불리게 되었답니다.

유네스코 지정 유산의 도시

세계 평화와 인류 발전을 위해 노력하는 국제기구인 유네스코는 세계유산, 무형문화유산, 세계기록유산을 지정하여 보호하고 있어요. 고창은 세계문화유산인 고인돌 유적과 무형문화유산인 농악과 판소리를 보유하고 있죠. 여기에 2019년 7월, 정읍의 무성서원이 세계문화유산으로 등재되었어요. 또 고창 갯벌이 세계자연유산으로 확정을 앞두고 있어서 진정한 유네스코 지정 유산의 도시로서 자격을 갖추었다고 말할 수 있습니다.

우선 살펴볼 유산은 바로 고인돌입니다. 고인돌은 청동기시대 대표적인 무덤 양식으로 우리나라에 3만여 기 이상이 분포하는 것으로 알려져

고인돌 유적지

있어요. 그중 고창 지역 전체에 약 1,600기의 고인돌이 분포하고 있습니다. 특히 고창군 죽림리 일대에는 447기의 고인돌이 밀집 분포하고 있는데, 이것은 세계적으로 그 사례가 드문 경우라 할 수 있습니다. 또한 숫자의 방대함뿐만 아니라 탁자식과 변형탁자식, 바둑판식, 개석식 등 각종 형식이 혼재되어 있어 고인돌의 발생과 그 성격 면에서 중요한 자료를 제공해주고 있답니다. 그리고 고인돌 군락 가까이에 고인돌 축조과정을 알 수 있는 채석장이 있어 고인돌 변천사를 규명하는 데 중요한 자료가 되고 있죠. 이 같은 연유로 2000년 세계문화유산으로 등재되었어요. 그리고 역사적 가치를 인정받은 고인돌 유적을 보전하고 선사문화의 체계적인 이해를 위한 교육의 장을 마련하고자 2008년에는 유적지 입구에 고인돌박물관을 건설했습니다. 박물관에는 선사시대 및 청동기시대의 생활상을 살펴볼 수 있는 각종 유물이 전시되어 있어요. 박물관 관람 후에는 '모로모로 탐방열차'를 타고 고인돌 유적지를 둘러볼 수 있답니다.

고인돌박물관

모로모로 탐방열차

다음으로 만나볼 유산은 정읍 무성서원입니다. 무성서원을 포함한 우리나라의 9개 서원은 2019년 7월 '한국의 서원'이라는 이름으로 세계문화유산에 등재되었어요. 우리나라의 열네 번째 문화유산이죠. 유네스코에 따르면 '한국의 서원'은 조선시대 사회 전반에 널리 보편화되었던 성리학의 탁월한 증거이자 성리학의 지역적 전파에 이바지했다는 점을 인정한 것이라고 해요. 그중 무성서원은 신라 말 최치원의 치적을 기리기 위해 세워진 태산사에서 유래되어 지금에 이르고 있어요. 쇄국정책이 한창이던

무성서원

1868년 흥선대원군은 전국의 서원을 철폐하는 정책을 시행했는데 무성서원은 존속한 47개 서원 중 하나이며, 전라북도에서는 유일한 서원입니다. 서원은 대부분 아름다운 자연경관을 중시하여 백성들의 생활공간과 조금 떨어진 곳에 지어지기 마련인데 무성서원은 마을 가까이에 있는 것이 특징이에요. 이 사실은 무성서원이 향촌 사회와 자연스럽게 어우러져 백성들의 삶과 함께했다는 역사가들의 평을 뒷받침하고 있답니다.

한 명의 소리꾼이 한복을 곱게 차려입고 고수의 북 장단에 맞추어 구연하는 판소리를 한 번쯤은 들어보셨죠? 판소리는 그 독창성과 우수성을 세계적으로 인정받아 2003년 11월 유네스코 세계무형문화유산으로 등재되었어요. 그중에서도 고창은 판소리 거장 신재효 선생과 김소희 여사를 배출해낸 판소리의 대표 지역이에요. 따라서 국내에서 유일하게 판소리를 테마로 한 판소리박물관이 2001년 6월 처음 문을 열었죠. 박물관 바로 옆에는 신재효 선생의 생가가 있고, 그의 업적을 기리고 판소리의 대중화에 기여하고자 선생의 호를 따서 '동리 국악당'을 세워 운영하고 있습니다. 건물 지하에는 고창의 작은 영화관인 '동리 시네마'도 함께 있답니다.

고창에서는 판소리와 함께 무형문화유산인 농악(2014년 지정)을 보존하고자 노력하고 있어요. 고창군은 2000년에 폐교된 학천초등학교를 개축해 고창 농악 교육기관인 '고창농악전수관'을 개관했습니다. 농악전수관에서는 고창군민을 대상으로 한 교

판소리박물관

육, 고창 읍·면 농악단 교육, 농악 체험, 어린이 풍물학교 운영, 농악 공연 등의 사업을 시행하고 있어요. 고창농악보존회는 인문학 콘서트와 같은 다양한 공연을 통해 전북도민들에게 유네스코 세계 인류무형문화유산인 농악

고창농악전수관

에 대한 인식과 공감을 형성하고 농악을 더욱더 쉽고 재미있게 접할 수 있도록 많은 노력을 기울이고 있답니다.

동학농민혁명의 성지

서해안고속도로의 고창 지역에는 고인돌 휴게소가, 호남고속도로의 정읍 지역에는 녹두장군 휴게소가 있어요. 그중 녹두장군 휴게소에 관해 얘기해볼게요. 동학농민혁명이 끝나고 백성들은 전봉준 장군의 죽음을 슬퍼하며 '새야 새야 파랑새야, 녹두밭에 앉지 마라'라는 가사의 노래를 불렀다고 하지요. 누구나 한 번쯤은 들어봤을 이 노래에서 파랑새는 청나라 군대를 의미하고, 녹두장군은 전봉준 장군을 뜻합니다. 전봉준 장군은 152센티미터의 유난히 작은 키를 가졌지만 옹골지고 단단한 그를 녹두에 비유해 녹두장군이라고 불렀던 거예요. 정읍이 동학농민혁명의 도시인 만큼 휴게소 이름도 전봉준 장군을 의미하는 녹두장군이라 붙인 거죠.

1855년에 태어난 전봉준 장군의 출생지에 대해서는 전주, 고부, 고창 등 여러 설이 있는데 역사적 고증에 따라 지금의 고창읍 죽림리에서 출생

한 것으로 보고 있어요. 젊은 시절에 관하여는 기록이 없어서 잘 알 수 없지만, 고부 농민 봉기가 일어나기 몇 해 전부터 고부에 거주하며 활동했다고 합니다. 그래서 고창에는 생가가 복원되어 있고, 정읍에는 고택이 복원되어 있죠.

2018년 4월 24일에는 서울 지하철 종각역 5번 출구와 6번 출구 사이에 전봉준 장군 동상이 건립되기도 했어요. 전봉준 장군 순국 123주기 기일에 맞춰 제막된 동상의 위치는 당시 의금부에서 재판을 받은 전봉준 장군이 1895년 순국한 장소로 알려져 있습니다.

동학농민혁명과 관련하여 우선 함께 갈 곳은 정읍의 황토현 전적지예요. 황토로 이루어진 언덕이란 의미인 황토현은 동학농민군과 관군이 처음으로 전투를 벌인 곳이자 동학농민군 최대의 승전지입니다. 농민군은 평소 지형에 익숙한 황토현으로 관군을 유인했고, 미리 비워둔 진지에 관군이 오자 사방에서 일시에 공격해 관군을 물리쳤죠. 그리고 황토현에 있

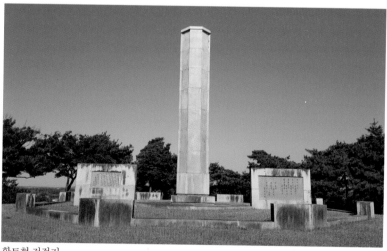

황토현 전적지

동학농민혁명기념관

는 관군의 진지마저 공격해 대승을 거두었습니다. 황토현 전투는 단순히 승리한 것을 넘어 농민군의 사기를 고무시키고 관군의 사기를 저하시킴으로써 이후 동학농민운동의 전개 과정에 큰 영향을 끼쳤죠. 정부는 동학농민혁명의 정신을 계승·발전시키기 위하여 국가기념일 제정을 추진했고 2019년에, 5월 11일 황토현 전승일을 동학농민혁명 기념일로 제정·공포했어요. 동학농민혁명은 대한제국 시절을 지나 일제강점기에는 폭도의 반란이었던 것처럼 매도되기도 했지만, 2004년 국회의 특별법 제정으로 비로소 '동학농민혁명'이라는 명칭을 찾았답니다.

정읍시 이평면에는 만석보유지비가 있어요. 만석보는 고부군수 조병갑이 농민을 강제로 동원하여 만든 저수지로, 농민 수탈의 원흉이었죠. 조병갑이 만석보를 통해 농민들에게 물세를 거두자 이에 항거하면서, 훗날 고부 농민 봉기로 이어지게 됩니다. 전봉준은 1894년 1월 10일, 농민군을 모아 고부 관아를 공격해 옥에 갇힌 백성들을 석방했으며 원한의 대상인 만석보를 허물었습니다. 현재 고부 관아터에는 고부초등학교가 자리하고 있답니다.

고창군 무장면에 가면 조선 태종 때(1417년) 왜구의 침입을 막기 위해 축

무장읍성

성된 무장읍성을 만날 수 있어요. 무장읍성은 1910년 일제가 성안에 무장 초등학교를 세우면서 제 모습을 잃고 훼손되기 시작했죠. 무장읍성을 복원하자는 여론이 높아지자 고창군은 2004년 무장초등학교를 다른 장소로 이전하고 2009년에는 무장읍성 내 연못 터를 발굴했어요. 기존 학교 운동장의 모래를 걷어내고 연못을 복원했더니 연꽃이 피어올라 100여 년 전의 온전한 형태를 되찾았다고 합니다. 정말 신기한 일이죠?

이후 2018년에는 조선시대 훈련청과 군기고로 추정되는 군사시설이 확인되었고 비격진천뢰가 발굴되었어요. 비격진천뢰는 조선 선조 때 발명된 무기로, 목표물로 날아가 굉음과 섬광 파편을 쏟아내면서 폭발하는 일종의 시한폭탄이에요. 현재까지 보고된 비격진천뢰는 국립고궁박물관 소장품을 비롯해 6점에 불과한데 무장읍성에서 11점이 출토되었으니 역사적 의의가 굉장히 높다고 할 수 있죠. 비격진천뢰는 동학농민군이 1894년 3월 20일 포고문을 낭독하고 봉기에 나선 이후 무장읍성 입성 시에 은닉

한 것으로 추정되는데, 앞으로 문화재청
의 '생생 문화재 활용 사업'과 함께 무장
읍성의 새로운 역사문화의 스토리텔링
이 되는 중요한 문화유산이 될 것으로
기대를 모으고 있습니다.

비격진천뢰

　동학농민혁명은 우리나라 최초의 반
봉건 민주주의 운동이자 반외세 민족주
의 운동이었어요. 동학 농민들은 부패한
탐관오리를 없애고 신분과 성별의 차별이 없는 평등한 사회를 만들고자
노력했죠. 그리고 한반도를 노리고 경복궁을 무단 점거한 일본을 몰아내
는 데 노력을 기울였습니다. 동학농민혁명의 정신은 이후 항일의병운동과
3·1운동으로 이어졌고, 광복 후에는 우리나라 민주화운동의 초석이 되었
답니다.

무장읍성 내 연못

통문이란 어떤 일이 있을 때 사람을 모으기 위해 알리는 문서를 말해요. "났네, 났어, 난리가 났어. 에이 참 잘되었지. 그냥 이대로 지나서야 백성이 한 사람이라도 어디 남아 있겠나"라는 서론으로 시작하는 사발통문은 주동자가 누구인지 알 수 없게 사발 모양으로 둥글게 이름을 적은 것이 특징이에요. 1893년 11월에 돌린 이 사발통문은 전봉준 등이 작성했고, 1968년 12월 전라북도 정읍시 고부면 송준섭 씨의 집 마루 밑에 70여 년 동안 묻혔던 족보에서 발견되었습니다. 무장읍성 내에 지어졌던 학교 건물이 2004년 새로 이전하면서 건축한 무장초등학교는 사발통문 모양으로 둥글게 만들어진 것이 특징이랍니다.

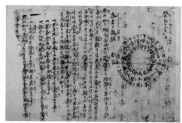

사발통문(출처 : 국립중앙박물관)

무장초등학교

단풍 미인의 고장, 정읍

우리나라에서 단풍으로 유명한 산을 꼽을 때 탐방객들의 감탄사를 절로 자아내게 하는 내장산국립공원을 빼놓을 수 없죠. 호남 5대 명산 중 하나이자 한국을 대표하는 8경 중 하나로 손꼽히는 내장산은 전라북도 정읍시에 있고, 1971년 우리나라 여덟 번째 국립공원으로 지정되었어요. 내장산은 사계절이 아름답지만 유독 가을 단풍이 예쁘기로 소문나 단풍 절정기인 10월 말부터 11월 초까지는 하루에 10만 명이 넘는 인파가 몰려든답니다.

내장산의 단풍에 어떤 특별함과 비결이 있을까요? 우선 내장산에는 국내에 자생하는 15종의 단풍나무 중 11종이 서식하고 있다고 해요. 굴참나무(갈색), 단풍나무(빨간색), 느티나무(노란색) 등 다양한 종류의 단풍이 저마다 울긋불긋한 장관을

단이와 풍이

연출하죠. 그리고 내장산 단풍은 잎이 일곱 갈래인 데다 작고 섬세하며 다른 산에 비해 유난히 붉어요. 특히 내장사 앞까지 이어진 길에 심어진 100년이 넘은 나무숲은 내장산 단풍의 백미로 꼽힌답니다. 이 나무숲은 우화정과 함께 사진 찍기 좋은 장소로 유명해서 전국의 많은 사진작가와 동호인들

내장산 단풍

내장사

이 셔터를 눌러대느라 분주한 곳이죠.

단풍의 도시답게 정읍시에는 친환경 농특산물 대표 브랜드인 '단풍 미인'을 운영하고 있습니다. 단풍 미인 브랜드는 현재 쌀, 한우, 수박, 토마토, 복분자주 등 5개 품목이 지정되어 있어요. 씨름단 명칭도 단풍 미인 씨름단이 있을 정도니 정말 정읍은 단풍의 도시로 인정해줄 만하죠?

겨울이면 생각나는 뜨끈한 쌍화차! 정읍에는 쌍화차를 테마로 하는 '전설의 쌍화차 거리'가 조성되어 있어요. 쌍화차 거리는 정읍경찰서에서 정읍세무서까지 이어지는 새암로에 자리한 약 350미터의 찻집 골목을 말하는데, 이곳은 1980년대부터 자생적으로 형성되어 현재 쌍화차가 특화되어 있답니다. 정읍은 예로부터 약초 산지로

쌍화차 거리

유명해서 약초 시장이 생겨났고, 자연스럽게 약초를 활용한 쌍화차를 팔면서 현재의 쌍화차 거리가 형성된 거예요. 쌍화는 '서로 합치다' 또는 '서로 짝이 되다'라는 뜻으로 부족한 기운을 보충한다는 의미로 쓰이는데, 넉넉한 한약재에 밤, 대추, 견과류를 넣어 만든 쌍화차야말로 제대로 된 전통 보양차라고 할 수 있어요. 쌍화차 거리에는 아직도 30년을 훌쩍 넘긴 쌍화탕 찻집이 건재하고, 10여 곳이나 성업하고 있습니다. 몸이 움츠러드는 으슬으슬한 겨울철에 마시는 쌍화차는 건강에도 좋고 맛도 좋으며 가격도 적당해서 일석삼조의 효과를 가져온답니다. 탕약처럼 진한 쌍화탕에 담긴 대추, 밤, 은행을 건져 먹고 진한 국물을 한 숟가락씩 떠먹다 보면 달콤 쌉싸름한 쌍화탕의 매력에 빠지게 되죠. 지난 2018년부터는 정읍 쌍화차 거리 축제도 열리고 있습니다.

정읍에는 백제가요 〈정읍사〉를 주제로 한 정읍사문화공원이 조성되어 있어요. '달아 그 모습을 높이 높이 돋아 멀리 있는 내 님에게 비춰다오'라

정읍사 노래비

정읍사문화공원

는 가사로 시작되는 〈정읍사〉는 〈무등산곡〉, 〈방등산곡〉, 〈선운산곡〉, 〈지
리산곡〉 등 백제가요 다섯 곡 중 현재 가사가 전해지고 있는 유일한 작품
입니다. 그것도 한글 가사로 말이죠. 행상 나간 남편이 오랫동안 돌아오지
않자, 그의 아내가 망부석에 올라가 남편이 돌아올 날을 기다리며 혹시라
도 밤길을 헤매다 해를 입지나 않을까 걱정하는 내용입니다. 공원에는 망
부상과 정읍사 노래비, 정읍사 여인의 제례를 지내는 사우 등이 건립되어
있고 정읍시립미술관, 정읍사예술회관 등도 있어 관람객이 많이 찾는 공
원으로 발전했답니다.

정읍사문화공원과 함께 정읍사 여인을 테마로 부부·연인 사이의 천년
사랑을 스토리텔링한 '백제가요 정읍사 오솔길'도 조성되어 있어요. 만남,
환희, 고뇌, 언약, 실천, 탄탄대로, 지킴을 소주제로 나누어 인생역정을 담
아낸 오솔길은 총 일곱 구간으로 만들어졌는데, 그 시작점이 바로 정읍사
문화공원이랍니다.

　지금까지 고창과 정읍을 여행해봤어요. 고창과 정읍은 지리적으로 가깝고 문화적·역사적으로도 많은 연관이 있어서 같이 여행하면 더욱더 좋은 지역이에요. 아름다운 자연과 소중한 문화유산을 간직한 고창과 정읍에서 여러분의 인생 여행이 펼쳐지길 기대해봅니다.

CITY

나주

나주항교
나주행병독립운동기념관
나파고택
영산강
나주목문화관
나주배박물관
금학헌
나주읍성
나주혁신도시
금성관
완사천
영산포
등대
빛가람전망대
향암바위
영산강
홍어의 거리
반남고분군
불회사

14

빛의 중심이자
너른 평야 속 풍요로운 도시, 나주

백제는 공주, 신라는 경주, 조선은 전주나 서울 등 당시의 역사를 대표하고 과거 시간들의 자취를 소중하게 담고 있는 도시들이 존재하지요. 이런 도시들은 일찍이 관광도시로 개발되어 많은 유적과 유물을 소중하게 보존하고 있습니다. 이와 견주어 절대 빠지지 않는 도시, 배와 곰탕, 영산강, 그리고 혁신도시로 기억되는 도시가 바로 나주입니다.

나주는 역사 속 호남의 중심지였어요. 마한의 중심지로 시작해, 후삼국시대에는 견훤의 세력권이었던 전주에 맞서 궁예가 보낸 왕건이 세력을 구축한 곳이었죠. 고려시대에는 왕건의 왕위를 물려받은 혜종의 출생지로 어향(御鄕)이라고 불렸습니다. 그러다 전남 지방의 행정, 정치 등의 중심지 역할을 수행하며 나주목으로 지정되었죠. 이에 전주와 나주의 앞 글자를 따서 전라도가 된 거랍니다. 조선시대까지 나주목으로 불리며 많은 역사적 사건과 유물을 품게 된 곳이 이곳 나주입니다. 또 정치와 행정의 중심지 기능을 하면서 나주를 본관으로 하는 성씨가 60여 개나 될 정도로 많은 역사적 인물을 배출한 곳이기도 하고요.

드넓은 평야 속에 비밀스럽게 꽁꽁 숨겨놓은 천년의 역사 이야기와 마주해보세요. 영산강을 돌고 도는 지리적 이점을 활용한 상업 중심지 나주에 담긴 무궁무진한 이야기를 시작해볼까 합니다.

선사시대의 서울, 흥미로운 역사 이야기

서울에는 남산과 그 밑에 위치하는 성북동이란 곳이 있지요. 그런데 이 지명들이 나주에도 있어요. 나주의 남산, 나주의 성북동. 우연의 일치일까요? 〈대동여지도〉에서 서울과 나주 편을 찾아보면 두 도시의 형태가 아주 유사하답니다. 나주 금성산은 서울의 삼각산을 닮았고 한강이 서울과 경

반남 고분군 (ⓒ나종화)

기를 돌고 돌아 풍요를 선물했듯이 영산강도 나주와 그 주변 지역을 휘감고 있어서 과거부터 '작은 서울'이란 의미로 소경(小京)이라 불렸죠. 농경지가 넓고 따뜻한 기후의 영향을 받아 일찍이 신석기 말부터 벼농사를 지었던 흔적이 남아 있고요. 이런 자연환경의 영향으로 다른 지역보다 일찍 토착세력에 의한 찬란한 문화를 꽃피웠죠. 이를 증명해주는 유적지와 유물들이 영산강을 중심으로 많이 분포하고 있습니다.

3세기부터 6세기에 이르는 기간 동안 백제와 별개로 이 지역은 마한시대의 독자적인 문화권을 형성하고 있었습니다. 나주 중심의 세력이 어느 왕조 못지않은 정치적 위상을 가지고 있었죠. 그 사실을 증명해주는 유물과 유적은 나주에서 쉽게 찾아볼 수 있어요. 나주국립박물관 옆 이정표를 따라 걷다 보면 크고 작은 언덕들을 볼 수 있는데, 단순한 언덕이 아니라 고분들이랍니다. 영산강 주변에서는 흔하게 볼 수 있는 고분들임에도 불구하고 나주 반남 고분군이 유명한 이유는 금동관이 출토되었기 때문이에요. 1918년 일제강점기에 조선총독부 고적조사연구회에서 발굴한 금동관은 반남면 신촌리 고분에서 대형옹관, 금동신발 등의 유물들과 함께 출토되었어요. 이렇게 중요한 역사적 가치를 지닌 고분군이 일제강점기에 발굴되었다는 것은 정말 불행이 아닐 수 없습니다. 속전속결로 발굴된 후 황급히 덮어졌고 이후 전국의 많은 도굴꾼들의 표적이 되어 지금은 유물들이 거의 사라져버렸죠.

완만한 구릉지에 위치한 고분군 사이를 걷다 보면 우리가 알지 못하고 어디에도 기록되지 않은 역사 속 왕국의 모습이 어떠했을지 궁금해진답니다. 실제 독무덤의 형태와 고분 건축의 모습이 일본 고대문화의 형태와 유사하다고 해요. 이를 근거로 과거 영산강을 통해 일본으로 마한 문화가 전

완사천

파뎄을 수 있다고 추측하는 역사학자들도 있지만, 명확하게 증명할 수 있는 유적과 유물들이 사라져버린 까닭에 아쉬운 마음만 듭니다.

기차를 이용해 나주역에 도착하면 시청사 주변의 아주 가까운 거리에 작은 샘이 있어요. 영산강의 한 지류인 완사천입니다. 완사천은 시청사가 이전하면서 택지를 조성하는 과정에 시멘트로 샘 주변을 정비해버려서 옛날의 모습은 사라졌지만 그 주변 버드나무가 옛 이야기의 신비함을 더해 주고 있답니다.

이 샘과 관련된 일화는 대부분의 사람들이 알고 있는 대표적인 옛이야기 중 하나예요. 길을 가던 장군이 물을 청하자 버들잎을 띄워서 건넨 지혜로운 여인의 이야기, 들어보셨죠? 이 장군이 바로 궁예의 장수로 견훤과 싸우기 위해 나주로 왔던 왕건이고, 이때 물을 건네준 여인이 바로 고려 2대왕인 혜종을 낳은 정화왕후 오씨 부인이에요. 어렸을 때는 아름다운 사랑 이야기로만 알았는데 이 속에도 역시 역사적 사실이 담겨 있죠. 왕건은 군사 원정

왕건과 오씨 부인

을 할 때 무력도 사용했지만 친선 정책도 함께 사용했다고 해요. 원정의 목적은 호족 세력의 굴복이었기 때문에 무력 사용을 최소화하면서 목적을 달성할 수 있는 방법 중 하나가 호족의 딸들과 결혼하는 거였죠. 그 후 나주 호족 세력의 지원은 왕건이 성공할 수 있었던 중요한 기반이 되었습니다. 그래서 고려 건국 후 나주는 특별행정구역으로 지정되었죠.

나주에 대한 왕건의 배려로 볼 수 있는 대목이랍니다. 옛 모습은 사라졌지만 완사천 옆으로 옛이야기를 재현한 동상이 있어 관광객들의 이해를 돕고 있습니다. 덕분에 자세한 설명 없이도 즐겁게 감상할 수 있어요.

천년 세월 속 나주목, '작은 서울'이라 불리다

앞에서도 잠깐 언급했듯 나주와 서울은 닮은 점이 참 많아요. 서울엔 과거 한양의 도성을 지켰던 사대문이 있잖아요. 그런데 나주읍성에도 사대문이 있답니다. 이 사대문 안에 객사, 동현과 내아 등을 고루 갖추고 있어 과거 행정의 중심지임을 증명해주죠. 조선시대 왜구의 침입에 대비하기 위해 축조된 후 일제강점기에 훼손되었고 그 이후 나주의 도시화로 인해 더욱 심각한 상태가 되었어요. 현재는 지자체의 노력에 의해 예전 모습을 많이 찾았습니다. 그럼 나주읍성 안 천년 고을의 흔적을 찾아 떠나볼까요?

나주읍성

　나주 시내를 돌아다니다 보면 '천년 고도 목사 마을'이란 문구를 흔하게 볼 수 있는데요, 여기서 말하는 목사 마을은 무슨 뜻일까요? 그 궁금증을 해결해줄 수 있는 장소가 바로 나주목문화관입니다. '목'이란 과거 고려시대부터 조선시대까지의 지방행정단위의 하나예요. 지금으로 따지면 도지사가 있는 고장이지요. 역사 속 나주의 위상을 홍보하기 위해 만든 이곳은 총 8개의 주제관으로 구성되어 있고 그중 목사와 관련된 내용이 많아요. 축소 모형으로 재현된 목사 부임 행렬과 나주읍성을 보면 조선시대 나주의 높은 위상을 느낄 수 있답니다.

　문화관을 나와 돌담이 있는 골목으로 50여 미터 이동하면 목사내아 금학헌(琴鶴軒)이 있어요. 이름에서 드러나듯이 거문고 소리를 들으며 학처럼 고고하게 살았다는 이곳은 목사의 살림 공간입니다. 지금은 나주 시민뿐만 아니라 여행객들에게 숙박을 제공하며 전통문화를 체험할 수 있는 곳이어서 인기가 아주 좋답니다. 일제강점기부터 1980년 후반까지 군수

금학헌(ⓒ나종화)

의 관사로 사용되면서 원형이 많이 훼손되었으나 현재는 옛 모습을 찾아 조선시대 관아 건축물의 중요한 자료로 활용되고 있죠.

목사내아 못지않게 중요한 건축물이 하나 더 있는데, 바로 객사였던 금성관입니다. 객사는 고려시대와 조선시대에 고을마다 설치된 관용 숙소로 매월 1일과 15일에 국왕에 대한 예를 올리고 외국 사신이나 정부 고관

금성관(ⓒ나종화)

의 행차가 있을 때마다 연회를 열었던 곳이에요. 나주는 평야가 발달된 데다 지방 행정 중심도시이다 보니 객사가 있었던 건 당연한 일일 거예요. 이곳도 일제강점기에는 청사로 이용되다가 1976년 복원되었어요. 우리나라 중요 건축물들은 모두 일제강점기 때 훼손당했던 것 같아요. 금성관의 첫 번째 출입문인 망화루는 2층으로 올라갈 수 있어서 한눈에 객사 전경을 볼 수 있답니다. 누각에 올라서면 바로 보이는 문이 외삼문인데, 그 왼편으로 줄줄이 늘어선 비석들을 볼 수 있습니다. 선정을 베푼 관리들을 기리기 위해 만들어진 공간이라지만 또 다른 수탈 현장 같기만 해서 씁쓸하기도 합니다.

드라마 〈성균관 스캔들〉의 촬영 장소로 쓰였던 나주향교는 조선시대 교육 시설의 기준으로 보면 전국의 국학 시설 중 성균관 다음으로 큰 곳으로 알려져 있어요. 또 나주향교의 건물 안 제사 공간인 대성전은 조선 후기 향교 건축을 대표하는 곳이죠.

현재는 교육의 장소보다 지역 주민들의 소통과 배움의 장으로 활용되

나주향교 대성전(ⒸEggmoon)

고 있는 나주향교는 '향교랑 놀자'라는
프로그램과 더불어 인문학 강좌와 예절
학교가 있어 방문객들의 발길이 계속 이
어지고 있답니다.

풍요롭고 여유 있는 나주의 이미지를
대변할 수 있는 문화재가 있다면 무엇이
있을까요? 바로 석장승입니다. 사찰 장
승은 절집의 입구를 알려주는 경계 표시
로 부정한 자와 잡귀의 출입을 금한다는
경고의 의미로 세워진 것입니다. 그래서

불회사 석장승

거의 모든 절의 입구에 세워진 장승들은 화가 나 있거나 험상궂은 표정을
하고 있죠. 그러나 나주에 있는 운흥사와 불회사의 석장승은 예외입니다.
인자한 표정이 조금 지나쳐서 오히려 해학적으로 보이는 석장승들을 보면
귀여운 느낌마저 들어요.

불회사

특히 불회사의 석장승들은 주변의 자연풍경과 너무나 잘 어우러져 있어 시간을 내어 꼭 들러볼 만한 곳이에요. 화순 운주사에 가려 외지인들은 잘 모르는 곳이지만 한 번이라도 방문하면 꼭 다시 찾게 되는 사찰이죠. 영산강을 사이에 두고 위치한 두 사찰은 나주 도심에서 40여 분 이동해야 갈 수 있는 곳으로 접근성이 떨어져요. 특히 불회사는 나주 봉황과 다도 사이에 위치한 덕룡산 주변에 고즈넉하게 자리하고 있어서 절의 입구에 들어서면 휴양림에 온 것처럼 숲길이 이어진답니다. 빽빽한 측백나무 숲길과 그 옆 시냇물 소리를 들으며 걷다 보면 마음이 차분해지고 중간중간 쌓여 있는 돌탑들을 보며 마음속으로 소원도 빌어볼 수 있습니다.

사찰 입구인 천왕문을 지나면 불회사의 전각 대양루가 나와요. 이곳 1층에 비로찻집이 있는데요, 불회사에서 직접 만든 비로차를 시음할 수 있는 곳이랍니다. 운이 좋을 때는 주지스님이 나와 신도들과 방문객들에게 덕담을 나눠주기도 합니다. 규모가 큰 곳은 아니지만 아기자기하면서 친근한 느낌의 사찰이죠. '춘(春)불회 추(秋)내장'이라는 말처럼 봄에 방문하면 벚꽃나무와 여러 야생화들이 어우러진 걸 볼 수 있어 정말 황홀하답니다.

영산강 뱃길 따라, 그 안에 숨겨진 이야기

하천의 이동은 지형을 다양한 형태로 변화시킵니다. 천천히 흐르면서 퇴적을 하기도 하고 또는 긴 세월 동안 힘차게 흐르면서 산을 깎아 갖가지 형태의 절벽을 만들기도 해요. 평야 지대를 자유롭게 구불구불 흐르며 심한 유로 변화를 겪는 하천을 '자유곡류하천'이라고 하는데, 한국지리 교과서에 이런 자유곡류하천의 하도 변화 사례로 가장 많이 등장하는 곳이 바

앙암바위(출처 : 나주시청)

로 영산강입니다. 하천의 형태와 관련되어 전해지는 옛이야기들이 많죠. 영산강을 따라 영산포구 쪽으로 이동하다 보면 풍광이 우수한 절벽을 볼 수 있어요. '앙암바우', '아망바우'라고 불리는 이 절벽의 사연은 삼국시대로 거슬러 올라가요.

영산강을 사이에 두고 진부촌과 택촌으로 불리는 두 마을이 있었어요. 진부촌에는 아비사라는 아름다운 여인이, 택촌에는 아랑사라는 어부가 살고 있었죠. 병든 아버지께 드릴 물고기를 잡고 싶은데 잡을 길이 막막하다는 아비사의 사연을 듣고 아랑사가 고기를 잡아줘요. 이를 계기로 둘은 사랑에 빠졌고, 밤마다 앙암바위에서 만나 사랑을 나눴습니다. 이를 시기한 진부촌 청년들이 아랑사를 바위 아래로 떨어뜨립니다. 그 이후 강에서 바위를 타고 올라온 구렁이와 아비사가 사랑을 나누는 모습을 보고 나쁜 징

영산강 황포돛배(© 나종화)

조로 여긴 사람들이 이 둘을 바위 아래로 굴러 떨어뜨려 죽여버립니다. 그 이후 진부촌 젊은이들은 시름시름 앓다가 죽어나갔고 밤마다 몸이 얽힌 두 마리의 구렁이가 진부촌에 나타났다고 해요. 마을 어른들이 씻김굿을 하여 그들의 넋을 위로하고 나서야 아무 일도 일어나지 않았다는 전설이 랍니다.

아랑사와 아비사의 애절한 사랑 이야기가 펼쳐지는 깎아지른 암벽은 황포돛배를 타고 이동할 때나 미천서원 위에서 영산강을 조망할 때 볼 수 있어요. 실제 이 바위는 영산강 절경 중 하나이지만 소용돌이가 쳐서 많은 배들이 침몰해 용이 산다고 믿을 정도로 깊은 소를 이루고 있는 곳이에요. 과거 제주도나 중국으로 가는 배들은 안전한 항해를 위해 제를 올리기도 했습니다.

군산과 목포, 강경 등에 여행을 가면 적산가옥과 근대거리를 통해 일제강점기 수탈의 역사를 느낄 수 있죠. 나주 영산포도 그 도시들과 마찬가지였어요. 전남 내륙 최초로 일본인회가 조성되었고, 국권 침탈 이후 호남선 철도가 개통되면서 영산포역과 등대가 거의 같은 시기에 건설되었죠. 나주평야의 풍부한 쌀들을 영산포에 모아두었다가 밤낮을 가리지 않고 일본으로 실어 날랐어요. 이때 우리나라에서 유일한 내륙 등대인 영산포 등대가 훤히 빛을 밝혀주었죠. 풍요의 땅이 오히려 수탈의 뼈아픈 현장이 되었던 거예요. 얼마나 많은 배들이 모여들었으면 등대가 필요했겠어요.

강가에 위치한 등대이다 보니 뱃길을 밝혀주는 것 이외에 다른 기능이 하나 더 있었어요. 등대에 눈금 표시가 되어 있어 바닷물 유량 변동을 체크할 수 있었죠. 이 기능은 1989년까지 이용되었는데, 이는 바다에 위치한 등대와는 차별화되는 점이었죠. 지금은 황포돛배 선착장 옆에 위치해 영산포 선창거리의 명소로 관광객들이 많이 찾는 장소랍니다.

육상교통이 자리 잡기 전 가장 많이 이용된 수단은 선박이에요. 지금은 도로를 중심으로 상권이 형성된다면 과거에는 뱃길을 따라 상권이 나타나고 거주지가 발달했거든요. 특히 큰 강들은 바다와 내륙을 연결하는 분기점 역할을 하며 과거 조운제도(세곡을 각지의 조창에 모아서 선박에 실어 서울로 보내는 제도)의 중심인 조창이 설치되어 있었죠. 밀물과 썰물의 영향을 받는 서남해 '감조 하천'의 하류에서는 만조 때 바닷물이 강을 따라 역류하는데, 서해 바닷가에서 한참 떨어져 있는 나주 영산포까지 영산강을 따라 바닷물이 들어왔다니 신기하죠.

고려시대 나주 영산포는 왜구의 침입에도 불구하고 바닷길이 연결

영산포 등대(ⓒ 나종화)

되어 명나라 사신이 올 때도 이곳을 거쳐 서울로 갔고 고려 사신도 나주에서 명나라로 출항했답니다. 또 제주도와 전라도로 파견된 관리들도 육로보다는 나주를 거쳐 배를 타고 개경까지 이동했다고 하고요. 이처럼 나주는 바다와 강을 연결하는 역할을 하며 교통의 중심지 노릇을 톡톡히 했죠.

조선시대에도 나주 영산포는 조운선이 1년에 세 번이나 운항하는 등 조운의 중심지였습니다. 그러나 영원할 것 같던 영산포의 조창도 영광 칠산 앞바다의 잦은 해난사고로 인해 1512년 폐지되었어요. 그 뒤로 영산포는 쇠퇴했을까요? 아니요, 오히려 전화위복의 기회가 되었습니다. 조운선 대신 상업선이 들어오면서 상업 중심지로 발돋움했거든요. 강의 규모는 크지 않으나 강과 바다가 연결되어 장삿배가 모이니 항상 북적대는 조선 굴지의 상선 정박처가 되었답니다.

일제강점기에는 목포가 개항되면서 내륙 수운의 중심지로 더욱 주목받았죠. 목포를 거쳐 영산포로 일본인들이 대거 이동하여 집단 거주지가 만들어지고 나주 최초의 근대학교도 영산포에서 개교했습니다. 그러나 1981년 영산강 하굿둑이 건설되면서 영산포로 더 이상 배들이 들어오지 않게 되었고 급격히 쇠퇴하게 됩니다. 지금은 내륙 등대와 관광객들을 태운 황포돛배를 보며 과거 번성했던 영광을 추측할 뿐이죠.

뱃길을 대신하여 등장한 교통수단은 기차입니다. 광주와 목포를 연결하며 영산포 뱃길이 하던 역할을 기차가 하게 되었죠. 목포에서 광주까지 이동할 때 나주역은 교통의 중심지 역할을 했습니다. 나주의 학생들은 이 기차를 타고 광주까지 통학하곤 했죠. 그러나 이 나주역도 지금은 (구)나주역으로 불리고 있습니다. 도로가 발달하고 광주의 시내버스가 나주를 오가며 접근성이 높아지자 나주 시민들은 기차를 이용하지 않게 되었습니

나주역   KTX 나주역

다. 최근 혁신도시의 인구가 증가해 KTX의 이용객이 증가하자 (신)나주역 증축공사를 하고 있어요. 주말이나 월요일 아침 KTX 나주역은 과거 영산포가 그랬듯이 서울과 나주를 오가는 사람들로 북적입니다. 그러나 빠르고 편리한 KTX가 꼭 좋은 것만은 아니에요. 나주에서 서울까지 3시간 정도밖에 걸리지 않다 보니 혁신도시 정착률이 낮은 편입니다. 가족들과 떨어져 홀로 나주에 내려온 공기업 직원들이 많거든요. 교통 발달의 부정적인 측면 중 하나인 빨대효과가 나타나는 거죠.

◆ 빨대효과 ◆

고속철도나 고속도로 개발로 인하여 작은 도시에서 큰 도시로 인구가 유입되는 현상이 발생하는데, 이로 인해 규모가 작은 지방도시의 경우 인구와 경제 규모가 줄어드는 현상을 빨대효과라고 한답니다.

나주가 뱃길을 따라 영산포에 들어온 문물로 상업의 중심지로 성장했다면 나주역은 항일운동의 진원지였어요. 일제는 민족차별교육을 실시해 나주에 중학교를 설립하지 않았어요. 그래서 나주 학생들은 중학교를 가

나주학생독립운동기념관(출처:한국관광공사)　　　남파고택

기 위해 광주까지 기차로 통학해야 했죠. 그들은 나주역발 아침 7시 기차와 광주역발 저녁 5시 기차를 타고 통학했는데 남학생과 여학생이 타는 칸이 구분되어 있었습니다. 남학생 칸은 일본 학생과 한국 학생 사이의 마찰로 인해 분쟁이 끊이질 않았죠. 1929년 10월 30일 오후 5시 30분경 일본 학생이 우리나라 여학생의 댕기 머리를 잡아당기며 희롱했는데 이 일로 인해 큰 싸움이 벌어졌어요. 이 싸움은 일제강점기의 3대 민족운동 중 하나인 1929년 광주학생항일운동의 시발점이 되었습니다. 이렇게 불붙은 항일운동은 이후 11월 3일 광주에서 시작하여 5개월 동안 국내에서만 250여 개교 5만 4,000명의 학생들이 참가한 대규모 시위로 확대되었죠. 나주역은 단순히 통학 열차가 지나가던 역이 아니라, 항일의식이 녹아 있는 장소로 상징성을 가지게 되었고 지금은 (구)나주역 자리에 나주학생독립운동기념관이 세워져 이를 기념하고 있답니다.

　항일운동과 관련 있는 장소가 하나 더 있어요. 바로 남파고택입니다. 광주학생항일운동의 도화선이 된 댕기머리의 주인공이 바로 이 집의 딸인 박기선 학생이었거든요. 또 이를 목격한 후 일본 학생에게 항의한 남학생이 그의 사촌인 박준채였어요. 남파고택을 박경중 가옥이라고도 부르는데 호남 지방의 대표적인 상류계층의 가옥으로 조선시대부터 일제강점기로 넘어가는 근대 가옥의 형태를 잘 보여주고 있습니다. 5대째 후손들이 살면서 지금도 그 모습 그대로 보존 중이니 시간을 내 들러보아도 좋겠지요?

호남의 상징이 된 홍어, 나주의 상징이 된 배와 곰탕

홍어의 산지는 흑산도인데 홍어의 거리는 나주 영산포에 있다는 게 신기하죠? 고려시대부터 조선 초기까지 왜구는 지방에 많은 피해를 끼쳤어요. 바다와 큰 강이 연결되는 나주의 지리적 이점이 왜구의 침략으로 이어졌고 때로 많은 피해를 입기도 했지만, 나주가 전략적 요충지이다 보니 국가에서도 수군기지를 세워 왜구 방어에 나섰죠. 또 대부분의 나주 사람들은 자신의 터전을 지키기 위해 왜구와 맞서 싸웠고 나주와 연관된 지역마다 매향비를 세워 왜구 없는 평안한 세상을 기원했어요. 향나무를 갯벌에 묻었다가 나중에 꺼내 비석을 만든 후 그 앞에 향을 피워 평안을 구하는 민간신앙이 있었거든요.

고려 말, 중앙 정부의 관리 부재로 인해 서남해안 지역은 왜구의 침략이 더욱 거세졌습니다. 특히 영산이라 불리던 흑산도는 풍부한 어족 자원 때문에 왜구들이 빈번하게 침략했고, 따라서 많은 피해를 입게 되었어요. 정확한 기록은 남아 있지 않지만 흑산도는 과거 영산이라고 불리던 섬이었습니다. 이 섬에 살던 사람들은 왜구로 인한 피해가 계속되자 섬을 완전히 비우고 나주 영산강변에 임시 거처를 마련했죠. 그 후 자신들의 고향을 그리워하며 임시 거처를 영산이라고 불렀는데 어느 시점부터 영산포라는 지

383

홍어(© 나종화)

홍어 거리(© 나종화)

나주곰탕(© 나종화)

명으로 자리 잡게 된 거예요. 또 흑산도에서 잡은 홍어를 영산포에서 거래
하면서 지금의 홍어 거리가 형성되기 시작했죠. 지금은 홍어를 상징하는
대표적인 장소로 인식되어 관광객들이 많이 찾는 곳이 되었답니다.

　나주 하면 또 유명한 것이 나주곰탕입니다. 우유 빛깔의 뽀얀 국물을 생
각하신 분들은 나주곰탕을 처음 접하
는 순간 당황하실 거예요. 나주곰탕의
국물은 맑은 고깃국물이거든요. 과거
에 고기는 아주 귀한 음식이었죠. 고기
를 모두 발라내고 남은 뼈로 푹 고아
만든 음식이 곰탕인데요, 이렇게 조리
된 국물은 뽀얀 색깔이 나지만 나주는
고기 부산물들을 고아서 만들었기 때
문에 맑은 국물인 거랍니다. 나주는 왜
고기 부산물들이 풍부했을까요? 상업

소 위령비

의 중심지라 부유해서일까요? 1930년대 나주에는 일본군들에게 제공할 쇠고기 통조림을 만드는 공장이 설립되었어요. 하루 약 200마리에서 300마리의 소를 도축했으니 그 부산물이 어마어마했겠죠. 지금도 공장터에는 그 당시 도축된 소들의 넋을 기리는 위령비가 남아 있어요. 태평양 전쟁 시기에는 일본인 1,200여 명이 근무했는데, 우리 한국인들이 부역에 엄청 시달렸다고 해요. 대신 노동의 대가로 소 부산물들을 주었고, 그걸 나주 5일장에서 끓여 팔기 시작한 것이 나주곰탕의 시초가 되었답니다. 맑고 뜨거운 국물을 후후 불면서 고기 대신 부산물들을 끓여 먹으며 배고픔을 달랜 우리 민족의 애환이 느껴지네요.

나주 배가 유명해진 건 언제부터일까요? 조선시대 임금님의 진상품에 나주 배가 빠지지 않고 등장했으니 500년 이상의 역사를 가진 건 분명합니다. 그러나 워낙 특산물이 많은 나주에서 배는 그렇게 주목받는 작물이 아니었어요. 그런 나주 배가 언제부터 전국의 모든 배들을 대표하게 되었

을까요? 일본이 우리나라를 침략한 후 가난한 일본 농어민들은 바다 건너 우리나라로 들어왔죠. 특히, 나주는 비옥한 충적지를 가지고 있어서 농사를 짓기에 적합했습니다. 1900년 중반부터 일본 농민들은 일본에서 개량된 우수한 배 품종들을 들여와 심으면서 과수원을 경영했고 서로 정보를 교환하고 판매 방법을 개선하기 위해 조합도 결성했어요. 그러다가 광복 이후 일본

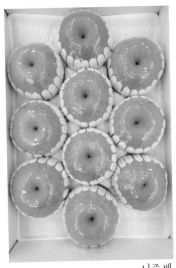

나주 배

인들은 일본으로 돌아갔고 우여곡절 끝에 나주의 농민들이 배 농사를 짓게 되었죠. 그러나 가난과 전쟁으로 인해 과일 농업은 쇠퇴했고 겨우 일본에 수출하면서 명맥을 이어나갔습니다. 국내 수요가 없어 팔지 못하는 상황이 이어지자 일제강점기에 남겨진 통조림 공장을 재가동하며 나주 배를 가공해 수출했죠.

1960년대 이후부터 과일에 대한 수요가 급증하면서 나주 배는 전국적으로 유명해졌어요. 이는 나주의 유리한 자연환경과 오랜 재배 기술이 조화를 이뤘을 뿐만 아니라 나주 배를 키우기 위해 농민들이 흘린 구슬땀이 더해진 결과입니다. 2012년 나주 배는 지리적 표시제에 등록되었습니다. 덕분에 타 지역의 배가 나주 배로 둔갑되는 것을 막을 수 있게 되었죠. 이제는 명실상부 우리나라를 대표하는 배가 되었고요.

● 나주배박물관과 평덕식 재배 ●

평덕식 재배

나주배박물관

나주가 배로 유명한 만큼 배나무들이 지천으로 심겨 있습니다. 배나무 주변은 다른 지역과 다르게 쇠파이프와 철사로 둘러쳐져 있는데, 이를 평덕식 재배라고 해요. 태풍이나 바람에 의한 피해가 큰 남부 지역의 기후를 극복하기 위한 독특한 농업 경관이죠. 특히 배는 꼭지가 가늘고 열매가 커서 바람에 떨어지기 쉽기 때문에 이를 보호하기 위해 농민들이 생각해낸 방법이예요.

배박물관의 뒤편 주차장 쪽에는 평덕식 재배방식으로 심겨 있는 네 종류의 배나무가 있습니다. 사실 배박물관 안의 전시물들은 일반적인 배에 대한 설명이 대부분이어서 평이한 느낌을 주는데 야외에 심어진 배나무들이 박물관의 방문 의미를 되새기게 해준답니다.

대한민국의 빛을 밝히는 곳, 나주 혁신도시

전주와 함께 전라도의 중심도시로 기능을 하던 나주는 육상 교통의 발달과 광주의 성장으로 쇠퇴의 길을 걷게 되었어요. 다양한 문화 유적과 유리한 자연환경이 있음에도 불구하고, 여타 다른 지방 중소도시들처럼 나주도 배와 곰탕의 이미지만 간직한 채 묵묵히 남겨져 있었죠.

이런 나주에 다시 한 번 도약의 기회가 찾아왔습니다. 혁신도시로 지정된 거예요. 다른 도시와의 차이점이 있다면 시·도가 협력하는 공동의 산업 클러스터(집적지)를 형성한다는 점이죠. 광주와 나주의 협력이 아니었다면 한국전력과 같은 큰 공기업이 자리 잡기는 힘들었을 거예요. 광주와 전남의 공동사업이었지만 혁신도시는 나주에 입지하기로 결정되었답니다. 광주 시민들의 대부분이 전남 출신이에요. 전남의 발전이 곧 고향의 발전이라는 생각이 없었다면 불가능한 일이었겠죠.

또 다른 차이점은 시 외곽이 아닌 농촌 지역에 도심이 입지한 것이에요. 광주에서 남평을 지나 나주로 이동하다 보면 높은 빌딩들이 자리한 낯선 풍경을 볼 수 있는데 그곳이 바로 빛의 중심인 빛가람 혁신도시랍니다. 빛가람 주변은 여전히 허허벌판이지만 한전을 중심으로 한 빛가람 내부는

나주 혁신도시(©나종화)

편의시설과 관공서, 아파트가 들어서면서 신도시로 변모하고 있습니다. 특히 혁신도시의 중심에 빛가람 전망대가 있어 모노레일을 타고 올라가면 도시 전체를 조망할 수 있답니다. 자연 친화적인 호수공원과 각양각색의 고층 건물들이 어우러져 있어 미래 도시에 들어와 있는 기분이 들기도 합니다. 인구 순유입으로는 전북 혁신도시 다음으로 두 번째라고 하니 시간이 지날수록 인구가 증가할 거예요. 그러나 농촌 지역에 건설되어 시 외곽에 위치한 다른 혁신도시들보다 시간과 비용이 많이 든다는 점 때문에 가족동반 이주나 교육 만족도는 낮은 편이에요. 이촌향도가 아닌 이도향촌이어서 자리를 잡으려면 향후 많은 노력이 필요할 거라 생각돼요.

하지만 나주는 구도심 재생사업과 관광자원 개발 등을 통해 재도약하고 있고 정책적인 노력과 시민들의 협력에 의해 서서히 변해가고 있어요. 100년 전 지방도시의 중심이었던 나주가 100년 후에는 어떤 모습일까요?

빛가람 전망대

과거 교역의 중심지였던 것처럼 미래에는 빛과 에너지의 중심지로 우뚝 서 있기를 기대해봅니다. 🌱

● 산업 클러스트 ●

비슷한 업종이면서도 다른 기능을 하는 기관이나 기업들이 일정 지역에 모여 있는 것을 말합니다. 대학과 연구소, 기업과 기관들이 서로 정보와 지식을 공유하여 최대 효과를 추구하는 것으로 미국 실리콘밸리, 대덕연구단지가 그 사례랍니다.

목포

목포해상케이블카
북항스테이션

오거리문화센터
(구 동본원사)

큰복사제과점

목포자연사박물관

평화광장

노적봉

목포근대역사관
1관

갓바위

고하도전망대

유달산

연희구원

시화마을

삼학도공원

김대중노벨평화상기념관

목포해상케이블카
고하도 승강장

목포근대역사관
2관

목포어린이바다과학관

15

시작과 연결의 항구도시, 목포

　세발낙지, 민어, 크림치즈 바게트가 있는 곳, 바로 맛의 도시 목포입니다. 목포는 멋의 도시이기도 해요. 최근 인기리에 방영되었던 드라마의 촬영지인 근대역사문화관이 있고, 도로의 시작이자 철도의 끝인 도시이기도 하거든요. 목포는 노래의 도시이기도 합니다. 대표 가수 남진도 있고, 〈목포의 눈물〉이라는 노래도 있죠. 이 노래 가사 속에는 대표적인 목포의 자연환경이 담겨 있습니다.

　"사공의 뱃노래 가물거리면 삼학도 파도 깊이 스며드는데 (…) 유달산 바람도 영산강을 안으니 님 그려 우는 마음 목포의 노래"라는 가사에 나오는 삼학도, 유달산, 영산강 모두 목포의 명소랍니다. 맛과 멋의 도시, 시작과 연결의 도시, 낭만 항구의 도시 목포, 가장 먼저 노랫말 속의 명소들을 찾아 여행을 시작해볼까요?

<목포의 눈물> 속 삼학도, 유달산, 영산강

1935년 일제강점기에 처음 나왔던 <목포의 눈물>은 나라 잃은 설움과 민족의 한을 담고 있습니다. 노래 가사에는 목포의 대표적인 자연경관인 삼학도, 유달산, 영산강이 다 담겨 있는데요, 지금부터 나열된 순서대로 가 볼 예정이에요.

삼학도는 이름 그대로 원래 섬이었지만, 지금은 해안을 매립해 육지와 연결되어 있습니다. 배를 타지 않고 도로로 바로 갈 수 있죠. 항만 시설과 시가지도 이곳으로 확장되었어요. 삼학도는 유달산에서 무술을 연마하는 한 젊은 장수를 연모하던 세 처녀가 그리움에 지쳐 죽은 뒤 학으로 환생했으나 장수가 이를 모르고 쏜 화살에 맞아 죽어 솟아난 섬이라는 전설을 가지고 있습니다. 1968년 이후 목포와 연결되면서 옛 모습을 찾아보기는 힘들어졌어요. 지금은 항만청, 해양경찰대, 법무부 출입국관리사무소 등 정부기관과 기업 건물들이 자리 잡고 있습니다.

그런데 매립 당시 무분별한 공사 추진으로 인해 자연환경이 크게 훼손되고 말았습니다. 목포시는 삼학도가 다시 이름에 걸맞은 섬의 모습을 되찾을 수 있도록 섬 복원 사업을 시행했죠. 덕분에 지금은 삼학도 공원이 조성되어 있습니다. 매립과 복원을 거친 곳이니, 환경생태적인 관점에서도 생각할 거리가 되겠죠?

삼학도에는 김대중노벨평화상기념관과 어린이바다과학관

삼학도 전설 그림

삼학도공원

이 있습니다. 대한민국 제15대 대통령인 고(故) 김대중 대통령은 전남 신안 하의도에서 태어나 목포와 호남을 기반으로 정치 여정을 시작했어요. 민주주의와 인권 신장을 위한 40여 년간의 노력과 6·15 남북공동선언을 이끌어내 한반도의 긴장을 완화하는 등 국제 평화에 기여한 공로를 인

정받아 2000년 12월 10일 한국인으로는 최초로 노벨평화상을 수상했습니다. 이를 기념하기 위해 2013년 6월 15일 김대중노벨평화상기념관이 개관했어요. 전시실은 총 4개로 되어 있으며, 관람 비용은 무료입니다.

김대중노벨평화상기념관

목포어린이바다과학관

목포어린이바다과학관은 어린이들이 직접 바다에 대해 흥미를 가질 수 있도록 돕는 체험과 놀이, 관람거리가 준비되어 있어요. 바다 상상홀에서는 잠수정 입구로 들어가면서 바다 생태계를 경험할 수 있죠. 깊은 바다, 중간 바다, 얕은 바다로 전시실을 나누어 깊이에 따라 나타나는 바다 지형과 생물 등을 체험하는 전시물이 있습니다. 특히, '4D영상관'과 '갯벌생태수조'가 어린이들에게 인기가 많아요. 목포어린이바다과학관은 목포자연사박물관과 함께 어린이들이 재미있게 즐길 수 있는 여행지랍니다.

● 목포자연사박물관 ●

목포자연사박물관은 지상 2층, 연면적 3,000평 규모로, 중앙홀, 지질관 등 7개 전시실에서 지구 46억 년의 자연사를 보여줍니다. 특히 세계에서 단 2점뿐인 공룡화석 프레노케랍토스와 신안군 압해도에서 발굴해 복원한 세계적 규모의 육식공룡 알 둥지화석이 중앙홀에 전시되어 있습니다. 어린이들의 체험 활동 장소로 많이 활용되고 있답니다. 자연사박물관 입장권으로 그 옆 목포문예역사관과 생활도자박물관도 모두 관람 가능하니, 빼놓지 말고 함께 둘러보세요.

유달산   노적봉

　이제 목포를 품에 안고 있는 유달산으로 가볼까요? 유달산(228미터)은 노령산맥의 끝자락에 위치해 다도해로 이어지는 서남단의 산입니다. 유달 산은 해안가에 있지만 기암괴석으로 이루어져 있어요. 하지만 노적봉에서 올라가면 20~30분 만에 정상에 오를 수 있습니다. 바위산이어도 올라가 는 데 그리 힘들지 않답니다. 목포 9경 중 제1경을 차지할 정도로 아름답 고, 정상에 올라가면 목포 시내도 한눈에 조망할 수 있죠.

　노적봉은 유달산에 오르기 전 마주하는 커다란 바위 봉우리인데, 여기 서 조금 올라가면 이순신 장군의 동상을 볼 수 있어요. 노적봉에서 웬 이순 신 장군이 나오냐고요? 노적봉에는 이순신 장군과 관련된 일화가 있기 때 문이지요. 임진왜란 당시 이순신 장군이 적은 수의 군사로 왜군을 물리치 기 위해 이 봉우리를 이엉으로 덮었답니다. 멀리서 봤을 때 군량미를 쌓아 놓은 큰 노적(露積, 곡식을 한곳에 쌓아둔 것)처럼 보이게 했던 거죠. 이걸 본 왜 적들이 저렇게 많은 군량을 쌓아두었으니 군사는 얼마나 많겠냐며 놀라 도망쳤다고 하는데, 여기서 노적봉이라는 지명이 유래되었다고 합니다.

이순신 장군 동상

이순신 장군 동상을 지나 산을 오르다 보면 이난영 노래비에서 반복되어 나오는 〈목포의 눈물〉을 들을 수 있습니다. 이난영 노래비를 지나 이등바위, 일등바위로 향하면 목포 시내와 다도해를 한눈에 볼 수 있죠. 동쪽에서 해가 떠오를 때 그 햇빛을 받아 봉우리가 마치 쇠가 녹아내리는 색으로 변한다고 유달산(鍮達山, 놋쇠 유)이라는 이름을 붙였다고 해요. 물론, 지

이난영 노래비

금 쓰는 유달산(儒達山, 선비 유)의 한자와는 다르지만요. 기암괴석이 있는 돌산이지만, 산 정상이 228미터로 올라가기에 그리 힘들지 않습니다. 그래서 목포를 조망하기에 좋은 곳이죠. 목포 여행은 꼭 유달산에서 시작하세요.

이제 영산강으로 가볼까요? 영산강

유달산에서 본 목포시 전경

은 우리나라 4대 강에 속하는 큰 강입니다. 영산강은 전남 담양군 가마골의 용소에서 시작해서 광주광역시, 나주시, 함평군, 영암군, 무안군, 목포시를 지나 황해로 흐르죠. 영산강 하구에는 하굿둑이 건설되어 있어요. 여기서 하구란 하천과 바다가 만나는 곳으로, 하류 중에서도 가장 하류라고 생각하면 이해하기 쉬워요.

우리나라 서해안과 남해안으로 유입하는 하천은 밀물 때 바닷물이 거꾸로 올라와 염해가 발생하기도 합니다. 이를 막기 위해 금강, 영산강, 낙동강의 하구에 둑을 건설했어요. 하굿둑은 홍수를 예방하고, 농업 및 생활용수를 확보하기도 하며, 교통로로도 이용하기 위해 건설합니다. 그런데 하굿둑이 건설되면 하천과 바닷물의 흐름이 막혀 물이 오염되기도 해요. 담수(민물)와 해수(바닷물)의 흐름이 자유롭지 않아 생태계가 파괴되기도 하지요. 지혜로운 선택과 조율이 필요한 대목입니다.

영산강 하굿둑

영산강하굿둑은 1981년에 완공되었어요. 하굿둑이 건설되기 전에는 나주 영산포까지 배가 다니기도 했죠. 지금은 배가 다니지 못하지만, 하굿 둑을 교통로로 삼아 영암, 해남 등 다른 지역으로 쉽게 이동할 수 있게 되었답니다.

도로와 철도의 시작과 끝

목포라는 지명은 《고려사》에 처음 나옵니다. 나무가 많은 포구라 하여 목포(木浦)라고 불렀다고도 하고, 목화가 많이 난다고 해서 그렇게 불렀다는 설도 있는데, 주요 길목이라고 해서 목포라 이름 붙였다는 설이 가장 유력합니다. 가끔 "여기 목이 좋다"라고 말할 때가 있죠? '목'은 통로에서 다른 곳으로 빠져나갈 수 없는 중요하고 좁은 곳을 뜻하는 우리말이에요. 목 포는 옛날 전라도의 중심지였던 나주로 들어가는 길목이 되는 중요한 포 구였어요. 그래서 예전엔 이곳을 목개라고도 불렀죠. 목개를 한자로 옮기면서 '목'은 소리만 빌려 '木(나무 목)'을 쓰고, '개'는 그 뜻을 가진 한자인 '浦(포구 포)'를 써서 목포라고 옮겨 적었다고 보는 설이 지명의 유래로 가장 유력하답니다.

조선 말기까지만 해도 작은 포구였던 목포는 1897년에는 부산, 인천, 원산에 이어 개항장이 되었습니다. 이때부터 외국인의 거류가 허용되었죠. 서울-목포 간 1번 국도가 1911년, 목포가 종착역인 호남선 철도가 1914년에 개통되었어요. 일제는 수탈을 위한 내륙 진출 기지로 목포를 택했던 거죠. 호남선 철도가 개통될 때 무안군에서 독립했고, 1920년에는 인구 1만 6,000명의 전국 8위의 도시로 성장했습니다. 1935년에는 인구가 6만 명으로 늘어나고, 도시 순위가 전국 6위로 뛰어올랐죠. 이때는 광주보다 도시 규모가 더 컸답니다.

그러나 해방 이후 급격하게 쇠퇴하게 돼요. 호남의 여러 도시들이 그랬던 것처럼 이촌향도의 영향으로 많은 사람이 직장을 찾아 목포를 떠났죠. 1960년대 이후 경제개발로 다른 지역이 크게 발전한 것에 비하면 목포는 정체되었어요. 항구의 기능도 과거에 비해 약해졌고, 지금은 지역 중심지로서의 기능도 광주광역시에 넘겨주고 말았습니다. 전남 서남권의 중심 도시로서의 위상은 육상 교통이 발달하면서 광주권에 편입되어 위축되었습니다. 또한 수도권과 영남권의 많은 도시가 성장한 데 따라 도시 규모도 정체되고 말았죠. 그래서 이제는 10대 도시 순위표에서도 더 이상 목포를 찾아볼 수 없게 되었습니다. 현재 목포의 인구는 24만 명 정도입니다.

목포근대역사관 1관 앞에는 도로원표가 서 있습니다. 우리나라 국도 1, 2호선 기점 기념비랍니다. 우리나라 국도 1, 2호선 모두 목포에서 시작하거든요. 목포가 한반도의 시작점, 출발지라는 의미가 담겨 있죠. 국도 1호

국도 1, 2호선 기념비   목포역

선은 목포-대전-서울-평양-신의주까지 연결된 도로이고, 2호선은 목포-
순천-진주-부산으로 연결됩니다. 국도의 도로 번호를 정할 때에도 규칙
이 있어요. 홀수 번호는 남북 방향의 도로, 짝수 번호는 동서 방향의 도로
에 매기죠.

목포가 종착역인 호남선 철도는 1914년에 개통되었습니다. '비 내리는
호남선'으로 시작하는 노래 〈남행열차〉는 기아 타이거즈 야구 경기 9회에
꼭 등장합니다. 비가 내린다는 것은 슬픔을 의미할 텐데, 어떤 부분에서 꼭
슬펐을까요? 시차가 있지만 호남선이 슬펐던 이유는 바로 일제의 수탈 정
책 때문일 거예요. 호남선 열차가 대전, 논산, 강경, 이리(현 익산)를 거쳐 영
산포를 들렀다 오면서 쌀, 목화 등 농산물을 가득 가져와 목포에서 배에 옮
겨 싣고 일본으로 가져갔거든요.

호남선도 고속철도로 연결되었습니다. 2015년 4월 2일 오송역과 광주
송정역이 고속철도로 연결되면서 광주에서 서울까지 2시간이면 갈 수 있
는 길이 열렸죠. KTX 호남선의 종착역인 '목포역'은 서울역에서 출발하
면 편도로 2시간 42분이 소요됩니다. 아직 모든 노선이 고속철도는 아니

지만, 2025년에 광주송정-목포 구간을 완전한 고속철도로 개통할 예정이에요. 다만 노선에 문제가 제기되어, 무안국제공항을 경유하는 것으로 계획이 변경되었습니다. 전라남도와 광주광역시가 광주공항을 무안공항으로 이전하기로 결정하면서 많은 기능을 옮기게 되었거든요. 그래서 KTX도 무안국제공항을 지나게 된 거죠. 여기에 지역민들의 불만이 있기도 합니다. 현재 이용객이 저조한 무안국제공항 활성화에는 기여하겠지만, 노선이 크게 휘어지기 때문에 KTX가 제 속도가 나지 않을 것이고, 결국에는 시간이 더 걸릴 것으로 보이니까요.

우리나라와 중국 사이의 교역이 늘어나고 있는 추세이고, 향후 통일까지 된다면, 목포는 연결성 측면에서 큰 잠재력을 가진 도시가 될 것으로 보입니다. 언젠가는 목포에서 출발해 대륙을 지나 영국 런던까지 이르는 도로와 철도가 연결될 테니까요. 도로와 철도의 시작이자 끝인 곳이 바로 목포잖아요. 비 내리는 호남선을 타고 오더라도 목포에 오면 멋지고, 재미있는 일, 맛있는 음식이 가득하답니다. 목포의 눈물이 아닌 '웃음'이 가득한 여행이 되면 좋겠습니다.

근대문화유산의 새로운 조명, 목포

이제 목포의 근대역사문화유산 여행을 시작해볼까요? 목포근대역사관 1관(본관)은 목포 최초의 서구식 근대 건축물입니다. 건립 당시의 내외관을 거의 그대로 유지하고 있죠. 목포 개항 이후 1900년 12월 일본영사관으로 지어져 광복 이후에는 목포시청, 시립도서관, 문화원으로 사용되다가 현재는 목포근대역사관 1관으로 운영되고 있답니다. 목포근대역사관 2관(별

낮과 밤의 목포근대역사관 1관

관)은 일제강점기 동양척식주식회사 건물입니다. 1999년 11월 20일 전라남도 기념물 제174호로 지정되었습니다.

목포근대역사관 1관은 드라마 〈호텔 델루나〉의 주요 무대였어요. 〈호텔 델루나〉는 귀신만 머무는 '령빈(靈賓) 전용 호텔' 델루나에서 벌어지는 이야기였죠. 드라마의 인기에 힘입어 과거 하루 100명 정도 방문하던 입장객 수가 지금은 1,500명이 넘었다고 해요. 목포 최고의 핫플레이스로 자리 잡았죠. 내부에는 목포시 지명의 유래, 근대 도시 목포의 개항, 일제의 수탈 등 많은 역사 자료를 전시하고 있습니다. 그리고 당시 일본에서 공수한 붉은 벽돌과 대리석 벽난로 등이 원형 그대로 남아 있고요. 밤에도 불을 켜놓아서 야간에도 운치가 있습니다.

목포근대역사관 2관은 1관 입장권을 보여주면 바로 들어갈 수 있습니다. 전시관에 들어서면 '임산부와 어린아이들, 심신 미약한 자는 주의'라는 안내문이 있습니다. 조선 마지막 왕조 시절부터 해방 때까지 시간순으로 자료를 전시해놓았는데, 일제의 만행을 생생하게 볼 수 있어서 그런 경고

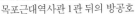
목포근대역사관 1관 뒤의 방공호

목포근대역사관 2관

가 붙은 거랍니다. 교과서에는 담기 어려운 학살 사진이 정말 많거든요. 마음이 많이 아프죠. 목포근대역사관 1관 앞에는 평화의 소녀상이 세워져 있습니다. 과거 일본영사관과 평화의 소녀상이 한 앵글에 담기는 게 보이죠? 우리가 반드시 기억해야만 할 역사랍니다.

목포근대역사관은 드라마 촬영 이후에도 여전히 근대역사관으로 이용되고 있기 때문에 크게 문제될 것이 없지만, 영화나 드라마를 활용하는 장소마케팅으로 문제가 발생하는 경우도 적지 않습니다. 종영 후 인기가 사그라들면 장소를 제대로 활용하지 못하는 일들이 자주 나타나거든요. 목포에는 또 다른 영화 촬영 장소로 유명한 '연희네 슈퍼'가 있습니다. 목포 근대

평화의 소녀상

연희네 슈퍼

초록 택시

역사관에서 1킬로미터 정도 떨어져 있어, 약 10분만 걸으면 갈 수 있죠. 연희네 슈퍼는 2017년 12월에 개봉한 영화 〈1987〉에서 주인공 연희(김태리 역)네 집에서 운영하던 가게입니다. 영화 스토리상으로도 연희와 삼촌(유해진 역)이 이야기를 나누는 중요한 배경이 되는 장소였죠. 슈퍼 내부에는 지금은 찾을 수 없는 옛날 상품들이 소품용으로 전시되어 있습니다.

하지만 영화 개봉으로부터 시간이 꽤 지난 요즘, 어떨까요? 여전히 관광객들이 찾고 있기는 하지만, 그 수가 확연히 줄어들었습니다. 영화 개봉 당시 볼 수 있었던 초록색 택시는 이제 어디로 가버렸는지 보이지도 않고요. 다소 아쉬운 면이 없지 않죠.

연희네 슈퍼는 연희네 슈퍼대로 계속해서 잘 유지되어야겠지만, 그 옆의 시화마을과 연계해서 관광 상품으로 만들면 더 좋지 않을까 싶어요. 최근 목포에서도 골목길 투어가 유행이거든요. 시화마을은 2015년부터 3년에 걸쳐 인문도시사업의 하나로 조성됐어요. 골목마다 아기자기한 집들이 모여 있는 작은 달동네랍니다. 예전에는 주로 어부들이 살던 지역이라고 해요. 이곳에서 목포 출신 문학인 43명의 시화 67점이 목판으로, 주민들의 생애를 담은 시 28점이 벽화로 탄생했어요. 길 곳곳에 예쁜 상점들이 많이

시화마을　　　　　시화마을 골목에서 바라본 서산동 일대

있답니다. 그런데 최근 이곳의 작품들이 훼손되었다는 뉴스를 보았어요. 목포시에서 연희네 슈퍼와 시화마을이 지속 가능한 관광 명소가 될 수 있도록 좀 더 신경을 써야 할 것 같아요.

빛의 거리와 바람직한 도시재생

목포 구도심에는 빛의 거리가 조성되어 있습니다. 전구를 이용한 조명 건축물을 루미나리에라고 해요. 목포 외에도 전국 여러 도시에 설치되어 있죠. 하당 신도시와 옥암 지구가 개발되어 인구가 계속 유출됨에 따라 목포 구도심은 침체를 거듭했습니다. 이를 해결하기 위해 2006년 목포극장과 평화극장 앞에 약 700미터 길이의 빛의 거리가 조성됐습니다. 그런데 왜 빛의 거리를 조성했을까요? 아마 루미나리에가 서울 시청광장에서 커다란 호응을 얻었기 때문일 거예요. 목포에 조성하면 저녁 상권을 활성화할 수 있다고 생각했겠죠.

하지만 여전히 구도심은 한적합니다. 구도심 활성화를 위해서는 다른 콘텐츠, 특히 스토리텔링이 가능한 마케팅이 필요할 것 같아요. 아무 스토

빛의 거리

리와 맥락 없이 형형색색의 조명만 밝힌 루미나리에가 관광객이나 지역
주민들을 끌어모으기는 어렵겠죠. '터무니없다'라는 말이 있어요. '허황하
고 엉뚱하여 어이가 없다'는 뜻이지요. 다른 한편에서는 터무니를 '터'와
'무늬'의 합성어로 소개하기도 합니다. 그 터에 맞는 무늬가 있다는 뜻이에
요. 그게 없을 때 '터무니없다'라는 말을 쓰게 되는 겁니다. 지역의 정체성
을 살리고, 주민들이 함께 참여하여 스토리가 있는 도시재생사업을 진행
하지 않으면, 관광상품이나 볼거리가 아닌 흉물에 그칠 대상에 많은 돈을
쓸 수밖에 없게 됩니다. 도시재생이 제발 '터무늬 있게', '터무늬에 맞게' 진
행되었으면 합니다. 목포시의 장점인 근대문화유산과 강, 산, 섬이 어우러
진 자연환경, 풍부한 예술자원 등을 활용한 문화관광사업에 힘을 기울여
야 할 것 같아요.

　한 가지 아이디어를 내자면, 근대역사문화 공간에 초점을 맞추는 건 어
떨까요? 목포 근대역사문화 공간은 대한제국 개항기부터 일제강점기를
거쳐 해방 이후의 근현대까지의 모습을 동시에 볼 수 있거든요.

근대문화거리 안내판 　　　　　　　오거리 문화센터(구 동본원사)

　　목포의 원도심에는 '옥단이길'이 조성되어 있어요. 옥단이는 목포 원도심에 실존했던 인물로, 목포 출신 극작가 차범석의 작품 〈옥단이!〉의 주인공이기도 해요. 이 길은 1897년 목포 개항 이후 자연발생적으로 형성된 조선인 마을을 연결하는 골목길이에요. 목원동의 주요 공간 20곳을 연결하는 동선이 '옥단이길'로 지정되어 있죠.

　　옥단이길을 돌다 보면 오거리 문화센터(구 동본원사)를 볼 수 있습니다. 지리적 관점으로 봤을 때 사찰이 교회가 된 특이한 장소죠. 요즘에는 각종 문화행사 및 전시회 공간으로 활용되고 있습니다. 코롬방 제과점 바로 옆에 있으니, 맛난 빵을 먹으며 구경할 수도 있어요.

맛과 멋이 흐르는 낭만 항구

　　"목포 구경을 가서 구미(九味) 당기는 음식을 맛보세!"라는 말이 있답니다. 목포 9미에는 홍어삼합, 세발낙지, 민어회, 갈치조림, 꽃게무침, 병어

낙지무침

연포탕

회, 준치무침, 아구탕(찜), 우럭간국이 꼽힙니다. 과거에는 목포가 자랑하
는 다섯 가지 음식으로 5미라고 했었는데, 그새 네 가지의 음식이 더해졌
어요. 홍어삼합은 잘 익은 김치에, 푹 삭힌 홍어 그리고 돼지고기를 함께
싸 먹는 음식이에요. 이때 막걸리와 함께 먹게 되면 홍탁삼합이 되는 거죠.
세발낙지는 전국적으로 알려져 있잖아요? 처음에 세발낙지라고 해서 발
이 3개인 낙지인 줄 알았어요. 세발낙지의 '세(細)'는 가늘다는 뜻이에요.
목포 인근에서 유독 많이 잡히죠. 낙지는 원기회복에 최상의 건강식으로
꼽혀, '갯벌 속의 인삼'이라고도 합니다. 낙지 호롱이, 연포탕, 낙지회무침

민어의 거리

꽃게살무침

등 여러 메뉴로 먹을 수 있습니다.

　민어회는 여름철에 맛이 있어서 많은 사람들이 찾고 있습니다. 더운 여름이면 기력이 많이 떨어지죠? 그래서 예전에는 임금님도 민어를 여름철 보양식으로 즐겨 먹었다고 해요. 담백한 맛이 일품이어서 "백성들도 먹었으면 좋겠다" 하여 백성 민(民) 자가 붙었다고 하네요. 목포에서 민어를 맛볼 수 있는 곳으로는 '민어의 거리'가 유명합니다. 목포 여객선터미널로부터 목포역으로 향하는 길목에서 민어의 거리 안내판을 볼 수 있답니다.

　전국 5대 빵집을 아시나요? 각 지역별로 유명한 빵집들이 있죠. 대전 성심당, 군산 이성당, 전주 풍년제과, 안동 맘모스제과 등등 말이에요. 그렇다면 목포의 유명한 제과점은 어디일까요? 바로 코롬방 제과점이랍니다. 물론 어디에서 선정하느냐에 따라 다른 빵집들을 꼽기도 하지만요. 코롬방 제과는 1949년에 문을 열었으니, 70년이 넘는 역사를 지니고 있습니다. 우리 말로는 비둘기를 뜻하는 프랑스어 '콜롱브(Colombe)'에서 가게 이름이 유래되었다고 해요. 전국 5대 빵집의 명성 때문인지, 저녁에 가면 빵들이 다 팔려 사기 어려울 수도 있어요. 이 빵집에서 가장 인기 있는 메뉴는

코롬방 제과점

은박지에 싸주는 크림치즈바게트

평화광장

춤추는 바다 분수

크림치즈바게트와 새우바게트입니다. 빵에 방부제를 넣지 않으니 구매 후 가급적 빨리 먹거나 냉장 보관하라는 안내문이 매장에 적혀 있어요. 코롬방 제과점은 목포 구도심에 위치하고 있습니다.

이제 바다분수쇼가 멋지게 펼쳐지는 평화광장으로 가볼까요? 1990년대 후반 목포에 하당 신도시가 조성되었습니다. 이때 평화광장이 만들어졌죠. 원래 이름은 미관광장이었는데, 고(故) 김대중 전 대통령의 노벨평화상 수상을 기념하여 평화광장으로 이름을 바꿨답니다. 매년 여름철 목포 최대 축제인 목포해양문화축제가 여기서 개최됩니다. 평화광장은 낮과 밤을 모두 즐길 수 있는 곳이자, 먹는 것과 보는 것을 모두 경험할 수 있는 장소랍니다. 평화광장 저편에는 '갓바위'가 있어요. 산책로가 해상 보행교로 연결되어 있어 많은 사람들이 찾아오지요. 해가 진 뒤에도 조명을 비춰주기 때문에 밤에도 산책하기 좋습니다.

평화광장에는 춤추는 바다 분수가 있습니다. 왼편의 영산강 하굿둑이 하천을 막고 있어, 정말 바다에 설치되어 있는 분수랍니다. 최대 70미터로 분사하여 국내 최대 규모를 자랑합니다. 음악에 맞춰 분수가 따라 움직이

410

고, 레이저로 화려한 빛을 자아내죠. 공연 시간이 계절과 요일에 따라 달라지니 미리 확인하고 가시기 바랍니다.

　관람객들이 직접 사연을 보내고, 사랑하는 사람에게 프러포즈를 하는 공연도 가능해요. 분위기 있는 음악과 화려한 불빛 그리고 뿜어져 나오는 분수가 이야기와 함께 펼쳐지는 '춤추는 바다 분수'는 목포 야경 투어의 백미라 할 수 있죠. 바다 분수가 시작할 때쯤이면 정말 많은 사람들이 광장에 모인답니다.

● 목포 갓바위 ●

갓바위는 두 사람이 나란히 삿갓을 쓰고 서 있는 모습을 한 특이한 바위로, 관광객들이 즐겨 찾는 명소 중 하나예요. 바닷가에 서 있는 이 바위는 큰 것은 8미터, 작은 것은 6미터 정도랍니다. 예전에는 배를 타고 나가야만 갓바위를 볼 수 있었지만, 지금은 해상 보행교를 통해 걸어서 갓바위를 보러 갈 수 있습니다. 포토존까지 친절하게 표시해두어서 많은 사람들이 목포에 다녀온 걸 증명하기 위해 이곳에서 인증샷을 찍기도 합니다. 갓바위는 목포 외 다른 지역에서도 볼 수 있어요. 대표적인 곳이 대구광역시와 경산시 사이에 있는 팔공산입니다. 팔공산 갓바위는 특히 수능 때가 되면 많은 학부모들이 찾아와 기도하는 곳으로도 유명하죠. 목포 갓바위는 타포니(풍화혈)라는 지형입니다. 코르시카섬에서 이러한 지형을 '구멍투성이'라는 뜻의 타포네라(Tafonera)로 부르면서 '타포니'라는 이름이 유래했습니다. 바위의 갈라진 틈에 바닷물의 염분이 달라붙어 돌이 쪼개지면서 만들어진 지형이죠. 전라북도 진안군 마이산에 가면 염분에 의해 만들어진 것은 아니지만, 또 다른 타포니 지형을 볼 수 있습니다. 목포 갓바위는 자연 및 문화적인 가치를 인정받아 2009년에 천연기념물 제500호로 지정되었답니다.

연결성으로 주목받는 도시

예전엔 유달산에 올라가면 신안군청을 볼 수 있었습니다. 신안까지 보여서 신안군청을 볼 수 있었던 게 아니라 신안군청이 원래 목포에 있었거든요. 섬이 아주 많은 신안은 '1004의 섬'이라는 별명을 가지고 있었어요. 육지와 연결되어 있지 않고, 섬이 굉장히 많아 각종 행정 업무를 처리하기가 쉽지 않았죠. 그래서 목포시에 신안군청이 자리 잡고 있었던 거예요. 2011년 4월 '목포 더부살이'를 벗어나 신안군청은 압해도로 이전했습니다. 압해도는 압해대교를 통해 목포와 연결되어 있어요. 1969년 신안군이 무안군에서 떨어져 나온 지 42년 만에 신안 행정구역 내로 신안군청이 들어가게 된 거죠. 하지만 신안 교육지원청은 여전히 목포에 있습니다. 신안도 목포와 연결되어 여러모로 큰 의미를 지니게 됐다고 볼 수 있어요.

천사대교는 전라남도 신안군에 있는 국도 제2호선의 교량입니다. 신안군청이 있는 압해읍의 압해도와 암태면의 암태도를 연결하는 연륙교예요. 국내 최초 사장교와 현수교를 동시에 배치한 교량으로 총 길이는 10.8킬로미터이며, 2019년 4월 4일에 개통했어요. 천사대교는 인천대교, 광안대교, 서해대교에 이어 국내에서 네 번째로 긴 해상 교량이랍니다. 천사대

신안군청

교 개통으로 목포에서 28킬로미터나 떨어진 신안군 암태도는 더 이상 섬이 아닌 육지가 되었습니다. 또한 암태도와 연결된 자은도, 팔금도는 물론, 안좌도, 자라도도 육지와 연결되었습니다. 신안군의 도서 지역 개발에 따라

천사대교

목포와의 연결성이 더 커질 것으로 예상돼요.

목포와 신안의 연결뿐만 아니라 목포 안에서 연결성을 강화한 사건이 최근에 또 있었습니다. 바로 목포 해상케이블카가 개통된 거예요. 2019년 9월 6일에 개통되었는데, '국내 최대'라는 수식어가 따라붙습니다. 먼저 국내 최장 길이로 3.23킬로미터(해상 0.82킬로미터, 육상 2.41킬로미터)입니다.

목포 해상케이블카 북항 스테이션   일반 캐빈(빨간색), 크리스털 캐빈(흰색) 케이블카

413

고하도 전망대

또 목포 해상케이블카 5번 타워는 155미터로, 세계에서 두 번째로 높은 케이블카 주탑이라고 해요. 바닥이 투명한 크리스털 캐빈을 타면 더욱더 다도해를 만끽할 수 있답니다. 탑승 시간은 왕복 40분 정도예요. 북항 스테이션에서 출발해 유달산 정상 유달 스테이션을 지나 고하도 스테이션까지 갈 수 있답니다.

고하도 스테이션에는 해안 산책길과 함께 고하도 전망대가 있습니다. 해안 산책길에는 데크가 설치되어 있어 편안하게 걸을 수 있고요. 고하도 전망대 안에는 목포를 홍보하는 안내판들이 설치되어 있습니다. 전망대 옥상까지 올라가면 목포대교와 유달산 등을 조망할 수 있고요. 그런데 엘리베이터가 없어서 걸어 올라가야 합니다.

목포 해상케이블카를 타면 목포 시내 전경과 유달산, 다도해, 목포항 등을 동시에 감상할 수 있어요. 많은 관광객이 낙조 때에 맞춰 케이블카를 타러 가곤 한답니다. 노을과 다도해가 어우러진 멋진 풍광을 볼 수 있기 때문이지요.

2005년 전남도청이 광주광역시에서 전남 무안군 남악 신도시로 이전해왔습니다. 지자체 입장에서는 도청을 적극적으로 유치하고 싶어 합니다. 남악 신도시는 무안과 목포의 경계에 만들어진 신도시로, 도청이 이전해 오면서 새롭게 조성되었답니다. 전남도청 말고도 이렇게 두 시의 경계에 도청 소재지의 입지를 정한 곳을 종종 찾아볼 수 있어요. 전남도청은 23

목포 해상케이블카와 다도해

층의 건물로, 23층 꼭대기에는 장보고 전망대가 있어서 남악 신도시를 조망할 수 있습니다.

파라그 카나가 쓴 책을 소개하며 이번 여행을 마칠까 합니다.《커넥토 그래피 혁명》이라는 책인데, 과거에는 지리적 한계가 인류와 국가의 문명을 결정했다면, 미래의 인류 문명과 역사를 움직일 새로운 원동력은 바로 '연결성'이라고 주장하는 책이에요. 이 연결 혁명을 통해 도시와 국가 모두가 변화하고 살아갈 것입니다. 지금은 전남 서남부권의 작은 도시에 불과하지만, 통일 한국이 되었을 때 1번 국도와 고속철도로 유럽 대륙까지 연결될 길이 시작될 도시, 목포로 오셔서 맛과 멋을 느껴보시는 건 어떨까요? ✿

전남도청

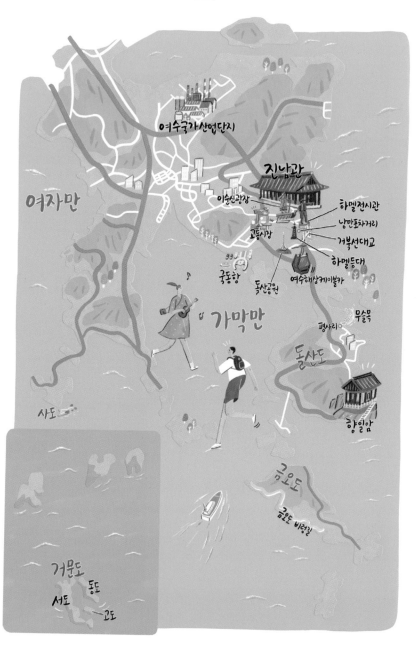

16
낭만이 있는 물의 도시, 여수

'곱다, 아름답다, 맑다'라는 뜻의 려(麗) 자와 물 수(水) 자가 만나, 여수라는 지명이 탄생했습니다. 즉 여수(麗水)는 '물이 좋다' 또는 '아름다운 물', '아름다운 바다'라는 뜻을 가진 곳이죠. 여수와 바다 하면 떠오르는 대표적인 노래가 있어요. 바로 버스커버스커의 〈여수 밤바다〉입니다. 아름다운 가사와 중독성 강한 멜로디 덕분에 많은 사랑을 받은 곡이죠. 여수를 또 한 번 널리 알린 계기가 되었고요.

2012년 발표된 〈여수 밤바다〉라는 노래는 지역 홍보 효과를 톡톡히 일으켰습니다. 노래가 나온 이후 여수의 관광객 수가 어마어마하게 늘었다고 하니까요. 그래서 그런지 여수의 밤거리를 걷다 보면 발표된 지 꽤 시간이 흘렀음에도 불구하고 〈여수 밤바다〉가 여기저기서 흘러나온답니다. 걷는 사람들도 자신도 모르게 흥얼거리게 되는 곡이기도 하고요.

그럼 노래 가사만으로는 다 담지 못하는 여수의 무한 매력 속으로 한번 들어가볼까요?

전라선의 끝이자 만으로 둘러싸인 여수반도

조선시대에 군대가 주둔하는 군영은 병영과 수영으로 편재되어 있었어요. 여수와 부산이 좌수영, 해남과 통영이 우수영이었죠. 그냥 지도에서 보면 여수와 부산이 우측, 해남과 통영이 좌측인데 왜 각각 좌수영과 우수영이 바뀌었을까요? 그건 임금님이 계시는 곳에서 바라보았을 때의 방향을 기준으로 했기 때문이에요. 이것은 서울(한양) 남쪽뿐 아니라 평안도, 함경도도 마찬가지여서 좌도, 우도를 이야기할 때 공통으로 사용되는 기준이랍니다.

"여수에 가서 돈 자랑 하지 말고, 순천에 가서 인물 자랑 하지 말며, 벌교 가서 주먹 자랑 하지 마라"는 옛말이 있어요. 그만큼 여수에서는 돈이 잘 돌았다는 이야기겠죠. 1970년대 중반까지 여수항은 수산물이 풍부하

여수엑스포역

고 일본 무역의 전초기지
여서 돈이 많이 유통되었
기 때문에 전해진 이야기
랍니다. 하지만 이젠 흘러
간 과거 이야기라고 하는
사람들도 많아요. 과거만
큼 여수의 경제가 흥하지
않다는 이야기겠죠? 그렇
지만 한때의 영화는 사라

여수반도

졌어도 최근 다양한 볼거리, 먹거리로 사람들이 많이 찾는 도시로 다시 성
장하고 있답니다. 많은 사람들이 여수를 방문할 수 있게 된 데는 교통의 변
화가 큰 역할을 했어요. 여수에는 전라선의 시종착역이자 우리나라 최남
단에 있는 철도역이기도 한 여수엑스포역이 있거든요.

2012년 여수세계박람회 전후로 고속철도와 자동차도로가 뚫리면서 여
수는 많은 사람들이 방문하는 관광도시로 성장하게 됩니다. 여수는 KTX
가 다니기 시작하고 관광 시설 등이 확충되면서 2015년부터 매년 1,300만
명 이상의 관광객이 방문하는 관광도시가 되었어요.

목포, 부산과 더불어 여수에서도 제주도로 가는 배가 출발하고 있기 때
문에, 차를 가지고 제주도로 들어가려는 사람들이 여수로 많이 오기도 합
니다. 여수반도는 북쪽으로는 순천에 닿아 있지만 사방으로 바다와 접하
고 있어요. 여자만, 가막만, 광양만으로 둘러싸여 있어 고립된 위치처럼 보
일지 모르겠지만, 버스, 고속철도, 선박, 비행기를 모두 이용할 수 있는 몇
안 되는 도시 중 하나랍니다.

전라좌수영, 과거와 현재를 잇다

우리나라 역사상 최대 전란이었던 임진왜란 때 가장 큰 역할을 한 곳이 전라좌수영 본영이 있던 지금의 여수예요. 그래서 여수 하면 임진왜란과 이순신 장군을 빼놓고 이야기할 수가 없죠. 여수를 여행하다 보면 이순신 장군과 관련된 지명이나 이름들을 어렵지 않게 볼 수 있답니다. 광양과 여수를 연결하는 이순신대교, 여수 구도심과 돌산을 연결하는 거북선대교, 이순신광장, 거북선공원 등이 대표적이죠. 이 외에도 이순신 장군과 관련된 지명이나 상점 이름, 음식 이름이 많아요. 뿐만 아니라 매년 5월이면 전라좌수영의 본영인 여수에서 거북선 대축제가 열리는데, 임진왜란 역사에서 여수만이 갖고 있는 의미를 되새기며 승전을 기념하고 평화를 기원하는 축제랍니다.

임진왜란을 치르면서 크고 작은 해상전투가 많았지만, 거북선은 단 한 번도 패한 적이 없어요. 무적함인 거북선은 항상 함대의 선봉장이 되어 맹활약함으로써 전쟁을 승리로 이끄는 데 큰 힘이 되었지요. 그런데 거북선

이순신광장

이순신 장군 동상

은 어디서 만들었을까요? 임진왜란 당시 활용된 거북선은 세 척으로 전라좌수영 선소, 돌산읍 방답진 선소, 그리고 시전동 선소에서 만든 것으로 추정된다고 해요. 그중 한 곳이 여수시청 동남쪽, 망마산 서쪽 기슭인 시전동 바닷가에 자리한 선소마을이죠. 육지의 한 모퉁이가 자연스럽게 굽어 있고, 앞으로는 가덕도와 장도가 방패 역할을 하고 뒤로는 병사들의 훈련장과 적의 동태를 관찰할 수 있는 망마산이 자리하고 있어 천연 요새의 입지 조건을 갖추고 있답니다.

여수 구도심으로 가면 국보 제304호인 진남관이 있어요. 임진왜란 때 이순신이 지휘소로 사용한 진해루는 정유재란 때 불타버리고 선조 32년(1599년) 전라좌수사인 이시언 장군이 진해루터에 진남관을 세웠어요. 진남(鎭南)이란 '남쪽을 진압한다'는 뜻인데, 임금님이 계시는 도성에서 바라본 남쪽, 즉 일본을 의미하죠. 일제강점기에는 여수보통공립학교와 여수중학교, 야간 상업중학원 등으로 사용되기도 했답니다.

진남관에서 이순신광장 쪽으로 내려오면 실제 거북선과 같은 크기로 제작된 거북선 모형이 보여요. 선내 구조는 총 2층으로 당시 병사들이 전투하는 모습을 재현해 놓았으며 하층에는 병사들의 생활상을 그대로 보여주는 인형을 제작해두었답니다.

여수 구도심과 돌산을 연결하는 거북선대교의 바로 아래쪽에는 하멜 전시관이 있어요. 1653

진남관 망해루

이순신광장 전라좌수영 거북선 모형

하멜전시관과 거북선대교

하멜 동상

하멜 등대

여수 해상케이블카와 하멜 등대

년, 네덜란드인 하멜은 일본으로 가던 중 풍랑을 만나 제주도에 표착하게 되었고, 서울, 강진을 거쳐 여수로 이송되어 여수에서 3년 6개월간 생활하다가 13년 만에 고국인 네덜란드로 귀향하게 됩니다. 《하멜표류기》를 통해 잘 알려진 네덜란드 하멜 일행의 제주도 표착부터 여수에서의 삶과 흔적들을 모아 그들이 떠난 장소에 하멜전시관을 건립한 거죠. 하멜이 탈출을 시도한 여수 구항 방파제 끝에 있는 하멜 등대는 10미터 높이의 무인 등대로 밤이면 광양항과 여수항을 오가는 선박들을 위해 불을 밝힌답니다. 많은 여행객들이 인상적인 빨간 등대 앞에서 추억 사진을 남기고 갑니다.

아름다운 밤과 바다, 젊음이 있는 낭만도시

'밤바다, 버스킹, 낭만'은 이제 여수를 이야기할 때 빼놓을 수 없는 단어가 되었어요. 2012년 여수세계박람회를 치르면서 숙소와 교통이 크게 개선되었고 버스커버스커의 〈여수 밤바다〉가 큰 인기를 끌면서 전국에서 관광객이 몰려들었습니다. 여수시에서는 여수를 테마별로 둘러볼 수 있는 '여수낭만버스'를 기획했죠.

여수시는 2014년부터 '여수 밤바다 낭만 버스킹' 거리문화공연을 시작했어요. '여수 밤바다 낭만 버스킹'은 종포해양공원 일원에서 실력 있는 아티스트들이 거리공연을 펼치는 행사랍니다. 이로 인해 여수는 버스킹(거리공연)을 대표하는 도시로 자리 잡아 2017년부터 매년 여름 여수국제버스킹페스티벌을 개최하

여수낭만버스 표지판

여수국제버스킹페스티벌

고 있답니다. 여수가 버스킹의 도시라는 것을 느낄 수 있도록 곳곳이 디자
인되어 있어요. 이순신광장에서부터 종포해양공원까지 이어지는 공원 해
안산책로에서는 기타 연주뿐만 아니라 밴드, 성악, 재즈, 가야금 등 장르를
가리지 않고 버스킹이 이어지고, 사람들은 거리에서 공연을 마음껏 즐길
수 있죠.

여수 거리   여수 거리 바닥 디자인   가야금 길거리 버스킹

낭만포차   교동시장 포장마차촌

교동시장 포장마차의 해물삼합   교동시장 포장마차의 금풍생이 구이

해가 지면 더욱 화려한 모습의 여수 밤바다가 여행자를 기다리고 있습니다. 돌산공원, 돌산대교, 이순신광장, 종포해양공원을 잇는 해변 산책로는 화려한 야경과 함께 여름 버스킹 공연으로 여행의 즐거움을 더해줍니다.

여수 밤바다에는 낭만적인 버스킹만 있는 게 아니랍니다. 여행자들의 허기를 달래줄 낭만포차도 기다리고 있거든요. 낭만버스, 낭만버스킹에 이어 포차 이름도 낭만포차라니! 여수는 정말 낭만도시라 해도 과언이 아니에요. 2016년 5월부터 시작된 낭만포차거리는 연중 저녁부터 밤 시간에 운영되며 해물삼합, 생선구이, 서대회무침 등 각종 해산물 요리와 족발, 곱창순대볶음 등의 요리들이 있어 취향에 맞게 골라 먹는 재미가 있답니다.

낭만포차와는 조금 다른 분위기의 교동시장 포장마차촌도 있어요. 낭만포차가 사람들로 북적북적한 핫플레이스 분위기라면, 교동시장의 포장

마차촌은 오래된 시장 골목 분위기랍니다. 두 곳 모두 나름대로의 매력을 가지고 있어요. 교동시장의 포장마차에서는 여수에서 유명한 군평선이(금 풍생이) 구이도 맛볼 수 있죠.

낭만만 있을 것 같은 여수지만 관광객들이 몰리면서 주차난, 소음, 쓰레 기 문제 등으로 주민들이 불편을 겪고 있어요. 어느 관광지나 마찬가지겠 지만, 늦은 시간에 술을 마시고 소란을 피우거나 쓰레기를 버리는 일 등은 삼가고 지역 주민들의 삶을 존중하는 태도가 꼭 필요합니다. 누군가에게 는 소중한 삶터이니 지역 주민들의 불편을 외면하면 안 되겠지요.

◆━━━━ 꺼지지 않는 불빛, 여수국가산업단지 ━━━━◆

여수국가산업단지는 여수의 밤을 화려하게 수놓는 풍경 중 하나입니다. 1960년대 후 반 만들어지기 시작해 1974년 4월 산업단지로 지정된 이곳은 정유, 비료, 석유화학 계열 120여 개 업체가 입주한 종합석유화학공업기지로, 여수의 꺼지지 않는 심장으로 불린 답니다. LG화학 남문 입구에 전망대가 있는데, 이곳에서 여수국가산업단지를 바라보면 한 폭의 그림 같은 야경을 감상할 수 있어요. 공장의 시설물 안전과 조업을 위해 켜둔 불 빛이 관광자원으로 활용되는 셈이죠. 여수국가산업단지의 야경을 감상하기에 좋은 장

전망대에서 본 여수국가산업단지 야경

소가 또 하나 있답니다. 진달래로 유명한 여수 영취산에 오르면 여수국가산업단지와 광양만의 전경을 감상할 수 있거든요. 봄에 방문하면 활짝 핀 진달래꽃과 여수의 환상적인 야경을 함께 감상할 수 있어 일석이조랍니다.

여수의 맛과 풍경을 만나다

'맛' 하면 빠질 수 없는 식도락의 고장이 바로 여수랍니다. 허영만 화백의 고향 여수가 《식객》의 탄생 토대가 되지 않았을까 싶을 정도로 별미가 넘쳐나죠.

남도 하면 한정식이 유명하죠? 여수의 한정식은 순천과는 또 확연히 달라요. 주로 해산물 위주의 식단이죠. 여수 주변 바다에서 나는 온갖 해산물이 상 위에 오릅니다. 메뉴는 정해져 있는 것이 아니라 제철에 많이 나오는 생선과 해산물, 갓김치를 비롯하여 푸짐한 한상이 차려집니다. 처음에는 찬 음식으로 시작해서 더운 음식으로 마무리를 짓는데, 그래야 여수 한정식의 참 맛을 느낄 수 있답니다. 2인 10만 원이 넘는 고가의 한정식 집부터 1인당 1만 원 내외로 해결할 수 있는 백반집까지 가격대가 다양해서 여행자의 재정 상태에 따라 선택할 수 있습니다.

국동항 주변으로 가면 통장어탕 집들도 어렵지 않게 볼 수 있어요. 돌산대교를 건너기 전인 남산동 골목에는 참장어거리도 있고요. 장어는 구이로도 먹고, 탕으로도 먹고, 샤브샤브로도 먹죠. 구이나 탕은 많이 들어봤는데, 샤브샤브는 독특하죠? 여수의 거의 모든 횟집에서 만날 수 있는 참장어(갯장어) 샤브샤브는 여름철 보양식으로 유명하고 여름부터 가을까지가 제철이에요. 이때만 맛볼 수 있죠. 멀지 않은 곳에 봉산시장이 있는데, 이

여수 돌게장

게장거리

곳에는 게장거리가 있답니다.

돌산대교를 건너 돌산공원에 오르면 여수 도심과 다도해를 한눈에 감상할 수 있습니다. 해가 저물 때쯤 오르면 돌산대교의 야경이 참 멋져요. 돌산대교를 건너면 나오는 돌산읍은 언제부터인가 갓으로 유명해졌어요. 1980년대 말까지만 해도 돌산의 밭은 대부분 보리였는데 이제는 돌산의 어디를 가나 갓밭을 만날 수 있습니다. 겨울에도 영하로 떨어지는 날이 드문 돌산의 따뜻한 날씨 속에서 바닷바람을 맞고 황토에서 자란 갓은 1년에 서너 번 재배가 가능해요. 여수의 식당들에서는 갓김치가 기본 반찬으로 나오는데, 직접 담가 익혀 내는 식당들이 많아 양념에 따라 조금씩 다른

돌산공원에 올라 바라본 여수 야경

갓김치를 맛볼 수 있답니다.

돌산도 중간쯤에 위치하는 무슬목은 임진왜
란 때 이순신 장군이 왜군을 격파한 전승지예
요. 그래서 왜병의 피로 바다가 물들었다는 뜻
으로 '피내'라는 이름으로도 불렸죠. 무슬목은
몽돌이 많은 해수욕장이며, 썰물 때는 백사장
이 드러나 2개의 해변을 즐길 수 있는 독특한

여수 굴구이

곳이에요. 조수 간만의 차에 의해 썰물로 물이 빠지면 모래사장이 드러나
고 밀물이 밀고 들어오면 모래사장이 물에 잠기고 몽돌해변이 된답니다.
원래 밀물 때는 물에 잠겼다가 썰물 때만 사람이 걸어 다닐 수 있는 지형
이었으나 제방이 만들어지면서 육지화되었죠.

무슬목을 지나 나오는 여수의 평사리는 해넘이와 굴구이로 유명합니
다. 영양이 풍부한 굴은 한자로 '돌에서 피는 꽃'이란 의미에서 '석화(石花)'
라 부르며, 9월에서 12월이 제철이에요. 평사는 굴양식장이 넓게 펼쳐져
있어 노을과 함께 굴구이를 맛볼 수 있답니다.

여름에는 참장어 샤브샤브, 겨울에는 굴구이를 맛보러 여수로 떠나보
는 것은 어떨까요? 생각만 해도 여수의 바다 내음이 느껴지지 않나요?

향일암 종각

향일암 원효대사 좌선대

남도에서 유명한 해맞이 장소는 돌산도 끝에 위치한 향일암이에요. 향일암은 백제 의자왕 4년(644년)에 원효대사가 창건하여 원통암으로 불리다가 훗날 해돋이가 아름다워 '해를 향한 암자'라는 뜻의 향일암으로 개칭되었어요. 향일암을 오르는 길은 가파르지만 그렇게 길지는 않아요. 향일암 입구에서 정상까지 느린 걸음으로도 30여 분이면 정상에 도착할 수 있죠. 향일암에서 보는 일출과 일몰이 장관이라 꼭 새해가 아니더라도 이곳을 찾는 사람들이 많지만, 매년 12월 31일에서 1월 1일까지 향일암 일출제가 열리고 있어 일출을 보려고 찾는 관광객들이 참 많답니다.

섬을 품은 도시, 여수

여수는 행정구역상으로 365개(유인도 49개, 무인도 316개, 2019년 기준)의 섬이 있어요. 방파제로 육지와 연결되어 있는 오동도는 '동백섬'이라고 불릴 정도로 동백꽃이 유명한 섬이에요. 섬의 모양이 마치 오동잎처럼 생겼고 오동나무가 유난히 많아 오동도로 불리게 되었다고 하는데, 왜 지금은 오동나무의 흔적은 없고 동백나무만 무성할까요? 고려 말 오동도에 오동나무 열매를 먹으려고 날아든 봉황을 본 신돈이 이를 불길한 징조로 여겨 오동도에 있는 오동나무를 모두 베어내게 했다는 설이 있답니다.

이름은 섬이지만 방파제도 연결되어 있어 동백열차를 타고 들어갈 수도 있고 방파제를 따라 천천히 걸어 들어갈 수도 있어요. 방파제가 끝나는 곳에서 산책길에 오르면 동백꽃이 붉게 떨어진 숲길을 만날 수 있습니다. 섬 전체를 이루고 있는 동백나무는 1월부터 꽃이 피기 시작하고 3월이면 만개해요. 오동도 등대, 해돋이 전망대, 용굴 등을 살피며 돌아보면 되는

오동도(ⓒMOBIUS6)　　　　　　금오도 비렁길(출처:행정안전부)

데, 천천히 걸어도 1~2시간이면 돌아볼 수 있어 부담이 없죠.

　금오도 비렁길은 남해안에서 찾아보기 어려운 금오도 해안단구의 벼랑을 따라 조성되었기 때문에 벼랑의 여수 사투리인 '비렁'을 그대로 사용했어요. 코스는 모두 5개의 구간으로 구성되어 있는데, 한 코스당 거리가 짧은 곳은 3.5킬로미터, 긴 곳은 5킬로미터 정도 되어, 1~2시간가량 소요되는 코스예요. 하루에 5개의 코스를 다 걷는 것보다는 여유 있게 1박 2일이나 2박 3일 코스로 여행하면 더 좋답니다.

　비렁길은 원래 섬 주민들이 땔감과 낚시를 위해 다니던 해안길이었는데 전국적으로 '걷기'가 유행하자 여수시에서 새로 단장했어요. 위험한 곳에는 안전시설을 갖추고 필요한 곳에 안내표지를 세워서 사람들이 걷기 좋은 길로 만든 거죠. 금오도를 가는 방법은 여수 연안여객터미널에서 출발하는 방법과 여수 돌산의 신기항에서 출발하는 방법이 있는데요, 운행 노선과 소요 시간은 변동이 있으니 여행 전에 미리 확인해보시기 바랍니다.

　한국판 '모세의 기적'이 나타나는 섬도 있답니다. 바로 여수항에서 1시간 30분 정도 배를 타고 들어가면 만날 수 있는 섬, 사도예요. 이 섬은 1년

사도(©Stephen Alexander-Larkin)　　거문도(©Jay Huk Shin)

에 몇 차례 주변의 섬들 사이로 바닷길이 열립니다. 사도라는 이름도 바다 한가운데 모래로 쌓은 섬 같다고 해서 붙여진 거예요. 바닷길이 열리면 해초를 채취할 수도 있고, 바닷물이 많이 빠질 때에는 다른 해산물들도 건질 수 있다고 합니다. 사도는 공룡 발자국 화석이 발견된 곳으로도 유명해요. 현재 '여수 낭도리 공룡발자국화석 산지 및 퇴적층'이 천연기념물 제434호로 지정되어 있지요. 이곳에는 중생대 백악기 시대의 퇴적층 위에 남겨진 공룡 발자국 화석이 3,500여 점이나 있습니다. 육식 공룡은 초식 공룡보다 수가 훨씬 적고 몸집도 초식 공룡에 비해 훨씬 작아 발자국 화석을 찾기 힘든데 사도에서는 육식 공룡과 초식 공룡의 발자국 화석이 고르게 발견되었답니다. 사도에서는 공룡 발자국 화석뿐만 아니라 퇴적층, 기암괴석들도 볼 수 있어 지구의 역사를 학습할 수 있는 최고의 장소라고 할 수 있습니다.

　여수의 섬 중 우리나라에서 최초로 테니스와 당구가 시작된 곳이 있어요. 바로 거문도랍니다. 서구 문물이나 근대 문물은 수도나 개항도시를 중심으로 들어오는 것이 일반적인데 테니스와 당구가 처음 들어온 곳이 육지와 멀리 떨어진 섬이라니, 이상하죠? 1885년, 러시아의 조선 진출을 견제한 영국은 2년간 거문도를 불법으로 점령했어요. 이 시기에 영국 군인들이 테니스와 당구 시설을 만들어 사용한 것이 우리나라에 전해진 계기랍니다.

거문도를 여행하다 보면 일본식 건물을 종종 볼 수 있는데요, 여수와 제주도 중간쯤에 위치한 거문도가 일본과 가까워 영국인들이 떠난 섬에 일본인들이 들어와 살면서 흔적을 남겨놓았기 때문이에요. 동도, 서도, 고도 3개의 섬으로 이루어진 거문도는 아름다운 바다 절경을 감상할 수 있는 곳인 동시에 영국과 일본의 침략사를 느낄 수 있는 가슴 아픈 역사를 간직한 곳이기도 해요. 아름다운 바다 절경을 감상할 수 있어 여행객들이 거문도에 오면 꼭 방문하는 거문도 등대는 1905년에 세워진 남해 최초의 등대예요. 거문도 등대 체험 숙소를 일반인에게 개방해 운영하고 있으니 이용해보세요.

한국해운조합에서 만든 앱 '가보고 싶은 섬'은 국내 여객승선권 운항 구간, 운항 시간, 운임 조회가 가능하고 승선권 예약·예매도 가능하답니다. 섬 여행을 계획하고 있는 분들에게 추천드립니다. 멋진 계획을 세워서, 여수만의 낭만과 매력에 푹 빠져보시기 바랍니다. ✈

● 섬과 반도를 이어주는 다리들의 경연장 ●

삼면이 바다로 둘러싸여 있는 여수에는 지형 특성상 유난히 다리들이 많아요. 이순신대교, 돌산대교, 거북선대교, 화태대교, 백야대교 등등 섬과 반도, 섬과 섬을 이어주는 다리들이지요. 최근에는 77번 국도를 따라 5개의 새로운 다리가 개통(2020년 2월 28일 개통)되어 여수시와 고흥군이 해상교량으로 이어지게 되었어요. 여수의 대부분의 섬은 멋진 다리로 육지와 연결되어 편리하게 접근할 수 있게 되었죠. 섬이 육지로 연결되면서 접근성이 좋아지고 이동 시간이 줄어들어 주민들의 삶이 크게 개선되고 관광이 활성화되었습니다. 한편으로는 섬만이 가지고 있는 고유한 특성이 점점 사라지지는 않을까 하는 걱정도 남지만요.

6부

경상도

CITY

경주

천 년을 나아가는 도시, 경주

한반도 동남쪽에 위치한 경주는 인구 약 25만 명의 크지 않은 도시입니다. 하지만 2018년 한 해 관광객이 1,200만 명을 훌쩍 넘을 정도로 우리나라의 대표 관광도시이기도 합니다. 이렇게 많은 사람들이 경주를 찾는 이유는 무엇일까요? 여러 가지를 들 수 있겠지만 도시 전체가 마치 하나의 박물관처럼 신라 천년 고도(古都)의 멋스러움을 그대로 담고 있기 때문일 거예요. 그러니 경주는 책을 읽듯이, 박물관을 관람하듯이 한 곳 한 곳을 음미하면서 여행하는 게 좋답니다.

경주는 신라의 수도로 당시 금성, 왕경이라 불렸습니다. 신라 5대왕 파사 이사금 시절(101년) 초승달 모양의 월성을 건축하며 공식적으로 신라의 수도로서 기능을 하다가 935년 경순왕 때 통일신라가 멸망하기까지 단 한 번의 이전도 없었죠. 생로병사를 겪는 생명체처럼 도시도 흥망성쇠를 지나오기 마련이라 신라 금성같이 천 년 동안 수도였던 도시는 전 세계를 찾아봐도 발견하기 힘듭니다. 신라의 어떤 힘이 금성을 천 년의 수도로 만들었을까요? 그리고 변방의 작은 나라였던 신라가 삼국을 통일하고 당당하게 역사의 주인공이 된 원인은 무엇이었을까요? 태평성대와 영원불멸의 국가를 만들기 위한 신라인들의 이상향이 고스란히 반영된 곳 금성, 즉 경주를 함께 여행해볼까요?

천 년을 이어온 계획도시, 신라 왕경 금성

계획도시의 기틀을 마련한 사람은 21대 왕 소지마립간이었습니다. 마립간은 으뜸을 의미하는 '마립'과 왕을 의미하는 '간'이 합쳐진 말로, '왕 중의 왕'이란 뜻이에요. 고구려의 힘에 눌려 중심지인 월성을 버리고 현재 보문호 주변에 있는 명활산성으로 도피한 지 13년째 되는 해에 소지마립간은 월성을 회복합니다. 그리고 경주를 '방리제'라는 방식에 따라 바둑판 모양으로 도시를 건설하며 강성한 왕국의 토대를 마련하죠. 또한 유라시아 대륙의 초원길에 분포하는 유목민족처럼 영원불멸을 상징하는 황금으로 장식했는데, 이는 황금과 같은 존재가 되어 불멸의 왕국을 건설하고자 하는 뜻이 담겨 있어요. 150여 기에 달하는 왕릉에서 무수한 황금 유물이 쏟아져 나오는 이유를 알겠죠?

27대 선덕여왕은 국가의 위기가 닥쳐 어려움이 생기자 하늘의 뜻이 실현되는 '정토'를 만들고자 했어요. 황룡사 9층 목탑을 지어 부처의 힘으로 신라의 9적을 막겠다는 의지를 천명했죠. 그리고 온 왕경의 백성들이 목탑을 우러러보며 마음을 한곳으로 모을 수 있도록 했답니다.

경주역사유적지구 왕릉군

30대 문무왕 때 완성된 사천왕사, 31대 신문왕 때의 감은사, 35대 경덕왕에서 36대 혜공왕에 걸쳐 완공된 불국사와 석굴암 등 부처의 힘으로 나라를 지키고자 했던 신라인들의 염원이 경주에 담겨 있어요. 또한 옥녀봉-김유신묘-첨성대-월성-선덕여왕릉-불국사-문무대왕릉의 분포가 일직선으로 연결되는데, 이것이 동지의 일출선과 같다고 해요. 동지 이후 태양의 고도가 점점 높아지기 때문에 신라인들은 동지를 시작의 의미로 받아들였다고 합니다.

변방의 작은 나라 신라가 지속적으로 힘을 키우며 천 년을 나아가는 동안 경주는 때로는 '황금의 도시'로, 때로는 '정토'로 신라 지배층의 이상향을 담은 도시가 되었어요. 경주의 수많은 유적과 유물은 신라인들이 얼마나 체계적이고 세밀하게 도시 계

경주역사유적지구 첨성대 주변

획을 세우고 그들의 왕국을 건설하려 했는지 말해준답니다.

역사 위를 거니는 멋스러움, 경주역사유적지구

'신라왕경핵심유적복원정비사업'이라고 들어보셨나요? 2000년에 경주역사지구가 세계유산으로 등재되었어요. 이에 2014년부터 2025년까지 9,450억 원을 들여 신라의 찬란했던 역사와 문화 유적을 발굴하고 복원하는 사업을 진행하게 되는데, 이게 바로 신라왕경핵심유적복원정비사업이에요. 대형 국책 사업이었지만 법적 근거가 미비하고 재원을 마련하기 힘들어 지지부진하다가 2019년 11월 19일 '신라왕경핵심유적복원정비에 관한 특별법'이 국회 본회의를 통과함으로써 다시 박차를 가할 수 있게 됐어요. 그래서 지금 경주 유적지를 다녀보면 곳곳에서 발굴사업이 한창이

복원된 월정교의 북쪽 문루

랍니다. 학술적으로 검증된 지역에 왕
궁을 비롯한 과거의 건축물들이 복원되
고 있는 거죠.

경주 교촌마을 표지석

그중 먼저 복원된 것으로 2018년에
사업이 완료된 월정교는 원효대사가 경
주 남산에서 내려와 요석공주를 만나러
들어가던 다리라고 알려져 있습니다.
《삼국사기》에는 760년(경덕왕 19년)에 월정교와 함께 일정교도 만들어졌다
고 기록되어 있어요. 사진에 보이는 북쪽 문루 현판은 최치원의 글씨체를
따라 만들어졌다고 해요. 화려한 다리를 건너다 보면 신라의 건축술이 얼
마나 발달했었는지 감탄하게 된답니다.

원효대사의 행적을 따라 남쪽에서 월정교를 건너면 교촌마을에 들어서
게 됩니다. 교촌마을에는 "사방 백 리 안에 굶어 죽는 사람이 없게 하라"는
말로 우리나라의 노블리스 오블리제를 실천한 경주 최부잣집 고택과 682
년(신문왕 2년) 신라 국학이 위치했던 경주 향교가 있어 경주의 유서 깊은 유
교 문화를 만날 수 있습니다.

뿐만 아니라 평일에도 줄을 서야 할 정도로 인기가 많은 한식당과 김밥
집도 만날 수 있죠. 신라 역사유적지에서 먹는 한식도 좋고, 옛날 경주 수
학여행을 추억하며 먹는 김밥도 맛있답니다.

교촌마을에서 경주 김씨의 시조 김알지가 태어났다는 계림을 통해 월
성, 첨성대가 위치한 경주역사유적지구로 진입할 수 있어요. 중요한 사적
지일 뿐 아니라 경관이 아름다워 사시사철 경주 시민과 여행객이 찾는 유
명한 곳이죠. 산책로가 깔끔하게 잘 정비되어 있어 편안하게 걸어 다닐 수

1,300년 된 회화나무 　　　　　　　　경주역사유적지구 핑크뮬리

있습니다. 특히, 계림을 대표하는 회화나무를 볼 수 있는데 수령을 대략 1,300년으로 추정하고 있으며 향교, 서원 등에 많이 심겨 있어 학자나무라고도 불립니다. 유구한 경주의 역사를 유일하게 지켜준 나무처럼 둘레가 2미터에 달할 정도로 웅장하지만 많이 고사되고 현재는 수간부 10% 정도만 살아 있다고 해요. 유구한 경주의 역사는 나무 한 그루에도 담겨 있답니다.

최근에는 볏과의 식물인 핑크뮬리를 찾아 가을에 많은 여행객이 몰려들어요. 석양이 지는 가을 들판에 핀 핑크뮬리 앞에서 사진을 찍기 위해 핑크뮬리만큼 많은 사람들이 몰려드는데, 그 모습이 실로 장관이랍니다. 첨성대와 왕릉 사이를 걸을 수도 있지만 워낙 넓어 살짝 부담되기도 하니 자전거, 소형 전동차, 곤충 모양의 관람차를 이용해도 돼요. 그리고 경주역사유적지구, 경계를 이루는 첨성로를 건너면 예쁜 카페, 식당이 즐비해 쉬며 즐길 수 있답니다. 최근에 유명해진 황리단길로도 연결이 되고요.

경주역사유적지구 인근 황남초교네거리부터 내남네거리까지 대릉원을 끼고 있는 지역이 바로 '황리단길'이라고 불리는 거리예요. '경주 황남동의 경리단길'이라는 뜻으로 최근에 많은 사람들이 찾고 있는 그야말로 핫한 거리죠. 주말이나 휴일은 하루 종일 차가 막힐 정도로 유명한 지역

황리단길 주변 정비된 골목길   한옥집을 새단장한 카페

이 되었어요. 원래는 낡은 한옥집이 밀집된 지역으로 경주에서 가장 낙후된 곳 중 하나였죠. 그런데 한옥의 고풍스러운 분위기를 살린 다양한 인테리어의 레스토랑, 카페가 들어서면서 경주만의 독특한 경관으로 사람들의 관심을 받기 시작했습니다.

물론 '황리단길'이라는 지명이 서울의 경리단길을 모방한 데다, 조용한 동네가 상업적으로 바뀌고 땅값, 임대료가 상승하여 원주민이 다른 지역으로 쫓겨나는 '젠트리피케이션' 현상이 생겨 경주만의 역사적인 정체성이 훼손된다고 비판하는 시각도 있어요. 하지만 그 반대쪽에는 문화재 보호 명목으로 오랜 시간 낙후돼왔던 동네가 발전한 것으로 보는 긍정적인 시각도 있죠.

천년 고도의 향기가 여전히 남아 있는 곳에 열심히 삶을 꾸려가는 사람들의 모습이 겹쳐지면서 복원사업이 한창인 경주역사유적지구의 미래는 밝아 보여요. 옛것에 다시 생명력을 불어넣는 작업이기 때문에 더욱 의미 있어 보이기도 하고요.

● 경주의 먹거리 ●

여행에서 **빼놓을** 수 없는 즐거움은 먹는 거겠죠? 경주를 대표하는 먹거리로는 무엇이 있을까요?

우선 대릉원 주변에 있는 황남동 쌈밥거리가 유명해요. 맛도 맛이지만 한옥에서 분위기 있는 식사를 할 수 있다는 점이 큰 매력이랍니다. 황남동 옆에 있는 황오동에서는 밀면과 해장국처럼 서민들이 즐겨 먹는 음식을 맛볼 수 있어요. 몇 대째 이어져 내려오는 맛의 비밀을 가진 식당들이 있으니 꼭 한번 들러보세요. 또 경주 하면 경주법주를 **빼놓을** 수 없겠죠? 전통적으로 내려오는 가양주(집에서 빚은 술)로 조선 숙종 때 궁중에서 음식을 관장하던 사람이 고향으로 내려와 만들기 시작했다고 해요. 그리고 황리단길 주변에는 커피와 디저트로 유명한 카페가 많이 생겼고 불국사와 보문관광단지를 연결하는 보불로 근처엔 한정식, 순두부찌개 식당이 늘어나고 있는 추세입니다.

관광을 위해 만든 장소, 보문권과 동해안권

보문관광단지는 경주역사유적지구에서 동쪽으로 10킬로미터 정도 떨어진 곳에 위치한 보문호 주변에 형성되어 있어요. 세계적인 규모의 호텔과 리조트, 골프장 등 고급 위락시설뿐 아니라 테마파크, 워터파크가 함께 있어 연령층 구별 없이 모두가 좋아하는 장소죠. 최근에는 대중가요박물관 같은 독특한 테마를 가진 박물관도 곳곳에 들어서 매력을 더하고 있습니다. 특히, 보문호 주변 둘레길이 조성되어 있는데 봄철 벚꽃이 필 무렵이 되면 인산인해를 이루곤 해요. 경부고속도로 경주 나들목으로 진입하기 어려울 만큼 차가 막히고 관광버스를 타고 전국 각지에서 사람들이 몰려들거든요.

보문관광단지는 어떻게 만들어졌을까요? 때는 바야흐로 1971년. 박정희 대통령은 포항제철을 방문하고 돌아오는 길에 경주에 들르게 됩니다.

보문호 전경   대중가요박물관

경부고속도로 개통으로 경주를 찾는 사람이 많아졌다는 보고를 들었거든
요. 한데 문화재와 사적이 제대로 관리되지 않는 것을 보고 정부 부처에 지
시하여 그해 경주관광종합계획을 수립하게 돼요. 그에 따라 경주는 관광
도시로 정비되기 시작한 거죠.

　문화재와 사적이 많은 토함산 자락이나 경주 남산, 경주 시내는 역사적
인 의미가 강하니 관광단지로 꾸미기 어려웠을 테고, 보문호 주변은 다른
사적지와 떨어져 있는 데다 경치가 수려하니 호수를 중심으로 위락단지를
건설하기로 결정합니다. 보문호와 덕동호는 토함산 자락에서 발원해서 경
주 시가지를 가로질러 형산강으로 흘러들어가는 경주 북천의 상류 부근에
있는 큰 호수인데요, 보문호가 1962년에 먼저 만들어졌으나 관광지로 개
발되었기 때문에 1975년 덕동호를 건설하게 돼요. 덕동호는 현재 경주 시
민들의 상수원으로 주변 지역을 보호하고 있죠. 참 덕동호로 수몰된 지역
에는 '고선사지'가 잠겨 있어요. 함께 있던 국보 제38호 고선사지 삼층석
탑은 현재 경주박물관 남쪽 마당에 옮겨져 있고요.

감은사지 삼층석탑

국토 개발이 한창이던 시기에 산업단지 만들듯 경주를 역사문화 관광지로 개발한 느낌을 지울 수 없지만, 우리 역사와 문화를 소중하게 여기고 보존하고자 노력한 수많은 사람들의 의지가 깃들어 있다는 생각을 하면 그것대로 의미가 크게 다가와요.

보문관광단지에서 4번 국도를 따라 토함산을 넘어 동해안으로 나아가면 경주 양북면 소재지가 나옵니다. 크지 않은 마을이지만 교통의 결절지로 북쪽으로 포항, 동쪽으로 감포항, 남쪽으로 울산 방면으로 갈 수 있는 교통의 요지랍니다. 이곳에서 14번 국도와 929번 지방도를 따라 7킬로미터 정도 이동하면 감은사지와 문무대왕릉을 볼 수 있어요.

감은사는 문무왕이 부처님의 힘을 빌려 왜구의 침략을 막겠다고 세운 절이에요. 하지만 문무왕은 완성된 절을 보지 못했고, 아들인 신문왕 2년 682년에 이르러서야 완공이 되죠. 삼국을 통일한 용맹한 문무왕이었지만 왜구의 침략으로 얼마나 고민을 했는지 죽어서도 동해의 용이 되어 왜구

문무대왕릉

를 막겠다는 유언을 남기고 동해 대왕암 아래 안장되었다는 이야기, 들어
보셨죠? 신문왕은 감은사 금당 아래에 용혈을 파서 용이 된 아버지가 해류
를 따라 드나들 수 있는 구조로 만들었다고 해요. 지금은 금당을 비롯한 건
물은 모두 사라지고 터만 남아 있으며 웅장한 두 탑만이 신라인의 호국의
지를 보여주며 서 있답니다.

문무대왕릉이 잘 내려다보이는 곳에 세워진 '이견대'는 신문왕이 동해
의 용으로부터 검은 옥대와 만파식적을 받았던 장소로 전해 내려오는 곳
이에요. 용을 보고 나라의 이익을 얻었다는 의미로 '이견대'라고 했고, 역
대 왕들은 여기에 참배해야 했죠. 지금 볼 수 있는 건축물은 1970년에 발
굴한 건데, 옛터를 찾아 1979년 '이견정'이라는 이름으로 복원해놓았어요.
문무대왕릉뿐 아니라 광활한 동해와 해안단구 등 해안지형도 살펴볼 수
있는 장소랍니다.

문무대왕릉이 보이는 봉길 해수욕장에는 굿을 하는 '굿당'이 많아요. 대

이견정

이견정에서 바라본 문무대왕릉

왕암을 향해 소원을 담아 빌어 이를 성취하려는 사람들의 발길이 끊이질 않죠. 소원을 비는 사람들의 뒷모습에서 문무왕의 호국을 위한 강렬한 염원이 아직 남아 있는 듯 보여요.

봉길 해수욕장에서 31번 국도를 따라 울산 방면인 남쪽으로 이동하면 읍천항이 나옵니다. 아름다운 해안을 따라가다 보면 도로가 갑자기 내륙으로 꺾이는데, 월성 원자력발전소가 해안에 입지한 까닭이에요. 읍천항은 겉으로 보기에 일반적인 어촌마을로 보이지만 원자력발전소에서 공원뿐 아니라 스포츠센터를 세워 꽤나 도시적인 이미지를 가지고 있어요. 하지만 읍천항이 유명해진 것은 독특한 모양의 주상절리를 볼 수 있기 때문이랍니다. 과거 군사시설이 있어 접근이 불가능했던 해안이 개방되면서

주상절리 전망대

주상절리 파도소리 길

경주 양남 주상절리

사람들이 즐겨 찾는 장소가 되었어요.

　주상절리는 용암이 급격하게 식으면서 육각기둥 모양으로 절리가 발달된 지형을 말해요. 화산섬인 제주에서 흔히 볼 수 있는 지형인데, 경주 양남 주상절리군은 2012년 대한민국의 천연기념물 제536호로 지정되었습니다. 언뜻 보기에도 수평으로 누워 있고, 부채꼴 모양으로 퍼져 보이는 등 규모, 크기, 생김새가 다른 지역의 주상절리군과 많이 다르죠? 인근에 위치한 읍천항으로 연결된 파도소리 길을 따라 걸으면 마음이 편안해진답니다. 최근에는 전망대가 건설되어 더욱 관람하기 편리한 환경이 만들어졌으니 꼭 들러보세요.

　원자력발전소 홍보관 옆에는 신라 석씨 왕조의 시조인 '석탈해왕 탄강유

석탈해왕 탄강유허비각　　　　　　석탈해왕을 소개한 읍천항 벽화

허'(임금이나 성인의 탄생과 관련된 유적지)가 있어요. 기록에 의하면 왜국에서 천 리 떨어진 다파나국 왕비가 이상하게도 알을 낳자 바다에 띄워 보냈고, 동해의 용이 보호하며 아진포에 도달했다고 하죠. 아진포는 유적지 주변 해변이라고 전해지는데 석탈해가 도달했다고 전해지는 바위는 안타깝게도 월성원자력 3, 4호기 건설로 콘크리트 밑에 묻혀버렸다고 해요. 읍천항에서는 석탈해 왕과 아진포 관련 벽화를 그려 장소 마케팅에 활용하고 있습니다.

불교의 힘으로 세운 나라

신라를 이야기할 때 불교를 빼놓고는 말할 수 없을 거예요. 경주에 남아 있는 대다수의 사적과 문화재가 불교와 관련된 것들이니까요. 신라의 집권 세력은 백성들의 마음을 한곳으로 모아야 할 필요성이 있었고, 불교는 좋은 구심점이 되어주었죠.

경주 시내에서 남천을 건너 바라보이는 산이 경주 남산입니다. 남북으로 길게 뻗어 있는 남산에는 왕릉 13기, 산성 4개소, 절터 150개소, 불상 130구, 탑 100여 기, 석등 22기, 연화대 19점 등 700여 점의 문화 유적이 있습니다. 단순히 등산하는 것이 아니라 노천 박물관을 관람하는 느낌을 주죠. 바위 안에 있는 부처님이 밖으로 나오는 것 같은 유적을 바라볼 때면 신라인들에게 경주 남산이 매우 성스러운 장소였음을 알 수 있어요. 경주 남산연구소(www.kjnamsan.org)에 신청하면 주말, 공휴일에 전문 안내인의 안내를 받을 수 있으니, 남산에 대해 자세히 알고 싶은 사람이라면 참여해보는 것도 좋겠죠?

경주에서 7번 국도를 따라 울산 방향인 남쪽으로 내려오면 그 유명한 불

불국사 대웅전

국사와 석굴암이 있어요. 불국사와 석굴암은 신라의 모든 예술, 건축술이 집약된 가장 훌륭한 문화재로 인식되어 1995년 12월, 우리나라 최초로 세계유산에 등재되었죠. 불국사와 석굴암은 751년(경덕왕 10년)에 재상 김대성이 창건하기 시작하여 774년(혜공왕 10년)에야 완공되었어요. 이 땅에 부처님의 나라를 세우고자 했던 신라인의 염원이 담긴 장소이다 보니 불국사 경내를 거닐거나 주차장부터 석굴암까지 걸어들어가는 길목에서 예술적인 아름다움을 넘어선 경건함까지 느낄 수 있답니다.

불국사 석가탑

불국사에서 석굴암으로 올라가는

길목에서 석굴암 반대쪽으로 3킬로미터 정도 이동하면 7기의 풍력발전소가 있습니다. 석양이 아름답고 전망이 좋아 불국사와 석굴암을 방문할 때 필수코스로 언급될 만큼 새로운 관광지로 부상 중이죠. 2012년 10월에 1단계로 운행

경주 풍력발전소

되었고, 2017년 12월 경주시 양남면의 2단계 풍력발전소가 운행에 들어가 윈드벨트(Wind Belt)를 완성하기 위해 지속적으로 준비 중이라고 해요.

다만, 아쉬운 점은 불국사 아래쪽으로 대단위 아파트가 입주해 있다는 사실이에요. 한국수력원자력 본사가 경주로 이전하면서 사택으로 활용되고 있거든요. 문화재청에서 실시하는 '고도(古都) 이미지 찾기 사업'이 있어요. 이 사업은 옛 도시의 주거환경 및 가로경관 개선을 통해 고도의 역사문화 환경 이미지를 회복하기 위한 것인데요, 고도 지정지구 내에서 한옥 또는 한옥 건축양식으로 주택 등을 신축, 개축, 재축, 증축, 수선 시 사업

불국사 앞에 자리한 아파트들

비를 보조해주죠. 그런데 세계문화유산으로 등재된 불국사 앞에 한옥도 아닌 대규모 아파트 단지가 들어섰다는 것은 여러모로 아쉬움이 남는 사실이랍니다.

● 골굴사 선무도와 템플스테이 ●

골굴사

골굴사 템플스테이

경주에는 유명한 사찰이 여러 곳 있어 인터넷으로 신청하면 편리하게 템플스테이를 체험할 수 있어요. 그중 골굴사는 승가에서 전승되어온 무술인 선무도 본산으로, 선무도 공연 및 체험 프로그램이 내국인뿐 아니라 외국인에게도 호응이 좋답니다. 국내 유일의 석굴사원으로, 서역(인도)에서 온 광유성인과 일행이 창건한 것으로 알려져 있죠. 응회암 절벽에 새겨진 보물 제581호인 마애여래불과 12개의 석굴을 볼 수 있습니다.

아름다운 동족촌, 양동마을

경주에서 포항 방면으로 7번 국도를 따라 20분 정도 달리면 경주 양동마을이 나옵니다. 경주는 신라와 관련된 사적이 많지만, 양동마을은 조선 전기 동족 마을의 전형을 보여주고 있습니다. 이 점을 높이 사 1984년 대한민국의 국가민속문화재 제189호로 지정되었고, 2010년 7월 안동 하회마을과 함께 유네스코 세계문화유산으로 등재되었습니다. 2013년 유네스코 세계문화유산협약 선포 40주년 기념 세계 최고의 모범 유산(The Best Model Case)으로 선정되어 이제는 세계적으로 주목받는 장소라고 할 수 있답니다.

양동마을 전경

　조선 영남학파의 선구자라 불리는 회재 이언적 선생을 배출한 여주 이씨와 선생의 외가 경주 손씨가 함께 살아온 마을입니다. 조선 후기에 쓰인 《택리지》에서는 하늘에서 내려다보면 물(勿)을 닮아 길한 땅이라고 양동마을을 평가했다고 합니다.

　서백당은 경주 손씨 종가이자, 회재 이언적 선생의 외가로서 선생이 출생한 집이에요. 마당 가운데 짧은 담으로 경계가 서 있는 곳은 남녀의 공간을 구분하기 위한 것이라고 해요. 마당 한쪽을 웅장하게 차지하고 있는 향나무는 수령 600세 이상의 고목으로서 높이가 7미터, 가지의 폭이 약 12미터나 된다니 정말 놀랍죠? 재벌가에서 탐을 내 고액을 주고 매입하려고 했으나 자손들이 나무를 지켰다고 하네요.

　경주는 우리 역사에서 가장 중요한 도시 중의 하나라고 할 수 있어요. 한정된 지면에 경주의 모든 것을 담아낼 수는 없겠죠. 천 년 동안 신라의 수도로 기능하면서 얼마나 많은 이야기가 담겨 있을지 상상이 가세요?

중요민속자료 제23호 양동 서백당　　　경상북도 기념물 제8호 서백당 향나무

　　참, 경주 하면 꼭 기억해야 할 사실이 또 있습니다. 첫 번째는 가슴 아프
지만 여러 전쟁과 국난을 겪어오면서 도시가 거의 방치됐었다는 사실이고
요, 두 번째는 경주의 역사적·문화적 의미를 찾아내고 보존해왔던 수많은
사람들의 노력이 있었기 때문에 지금껏 도시가 사랑받고 있다는 점이랍니
다. 앞으로 천 년이 지난다 해도 경주가 우리나라의 상징이 되는 도시이길
바라봅니다.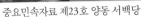

18

산업도시에서 생태도시로, 더 라이징 시티, 울산

하늘에서 울산을 내려다보면 어떤 모습일까요? 역시 해안을 따라 끝없이 들어선 공장들이 가장 먼저 눈에 띌 거예요. 1962년 특정공업지구로 지정되면서 시작된 산업화의 물결은 울산을 석유화학, 자동차, 조선공업을 주축으로 하는 우리나라에서 가장 대표적인 중화학공업 도시로 만들었답니다.

울산에 있는 공단을 지나갈 때면 이런 상상을 하게 돼요. 마치 공간 이동을 해서 미래 도시의 어느 한 곳으로 갑자기 날아와버린 것은 아닐까, 하고. 자동차가 날아다니고 우주복 같은 옷을 입은 주인공이 나오는 애니메이션에서 본 것 같은 그런 공간. 그런데 미래 도시에서 조금만 벗어나 곳곳에 남겨진 중생대 공룡 유적지를 가면 갑자기 공룡의 시대로 툭 떨어진 느낌이 들죠. 이렇게 하나의 도시 공간에 무수한 시간의 지층이 겹겹이 쌓인 곳이 또 있을까요? 자, 그럼 매력이 넘쳐흐르는 울산으로 여행을 떠나봅시다.

울산국가산업단지   유곡동 공룡발자국 유적지

아름다운 해안이 세계적인 공업단지로

2015년 개통된 울산대교의 길이는 1.4킬로미터예요. 그동안 태화강으로 갈라져 통행이 불편했던 울산 남구와 동구의 공단을 이어주죠. 가장 큰 매력은 울산항 위를 날아가듯 지나며 광활한 동해 바다와 함께 세계적인 조선소와 자동차, 석유화학 공단을 구경할 수 있다는 거예요. 밤늦게 울산대교를 달리면 태화강을 따라 빛나는 가로등의 행렬과 공단의 야경이 색다른 묘미를 주기도 해요. 울산대교와 함께 새로운 명소로 떠오르는 곳이 있는데, 바로 울산대교 전망대예요. 전망대에 오르면 울산 해안 지역을 가득 메운 공단과 도심을 한눈에 내려다볼 수 있답니다.

이처럼 울산은 세계 최고의 공업도시로 불릴 만큼 공업이 압도적인 도시입니다. 앞서 말했듯 1962년 특정공업지구로 선정된 이래 아름다운 해안이 공업단지로 바뀌었고, 전국에서 일자리를 찾아 많은 사람들이 몰려들었습니다. 지리 교과서에 나오는 산업화·도시화의 전형적인 사례가 바

울산대교 전망대에서 내려다본 석유화학·조선·자동차 단지

로 울산이죠. 기후가 온난하고 태화강이라는 큰 강과 주변 충적지가 있으며 조수 간만의 차가 크지 않아 항만과 공장의 입지에 유력한 곳이었기에 가능한 일이었어요. 울산 3대 산업인 자동차, 조선, 석유화학의 각 기업 홈페이지에 접속해 견학을 신청하면 더욱 가까이에서 울산의 공업을 체험할

울산대교

석유화학 단지

459

공업탑

수 있답니다.

공장지대를 벗어나도 울산이 공업도시라는 것을 알려주는 장소들이 곳곳에 있습니다. 첫 번째로 울산 남구 신정동에 있는 공업탑 로터 리입니다. 1962년 특정공업지구로 지정되고 난 뒤 울산에 들어서는 입구에 세운, 공업을 상징하는 탑이거든요. 8.8미터 높이의 5개 콘 크리트 기둥 위에 월계수를 두른 지구 형상이 올려진 모양이죠. 대중교통을 이용해 울산대공원과 울산박물관을 방문한 다면 가는 길에 쉽게 찾아볼 수 있습니다.

두 번째로 추천하는 장소는 바로 한양화학 사택입니다. 1960년대부터 국가의 계획에 따라 거대한 공장들이 지어진 울산에는 전국에서 젊은 노 동자들이 많이 모여들기 시작했어요. 도시 기반 시설이 거의 없었기 때문 에 기업들은 노동자와 가족들이 지낼 수 있는 사택을 지어야 했지요. 사택 이란 이름 그대로 회사에서 지어준 집이란 뜻이에요. 그 시절 사택 앞에서 통근 버스를 타고 출퇴근하는 노동 자들의 모습은 울산만의 독특한 풍 경이었어요. 하지만 세월이 지나면 서 울산 특유의 주거 형태였던 사 택은 고층의 아파트 단지로 재개발 되어 거의 사라졌답니다. 부동산 열 풍이 불면서 약사동 한국비료 사택 은 삼성아파트로, 야음동 영남화학

옛 한양화학 사택

사택은 동부아파트로, 신정동 동양나일론 사택은 롯데아파트 등으로 바뀌고 말았으니까요. 옆쪽의 한양화학 사택처럼 숲속에 고즈넉이 자리 잡은 사택은 선망의 대상이었어요. 현재 지역의 전문가들은 노동자 주거문화의 표본인 한양화학 사택을 산업문화재로 지정해야 한다는 목소리를 내고 있답니다.

● 산책길이 아름다운 대왕암공원 ●

대왕암공원 소나무 숲

대왕암에서 본 동해

대왕암 진입로

대왕암공원에서 바라본
조선소와 울산 동구 시가지

문무대왕의 왕비가 문무대왕을 따라 나라를 지키는 호국의 용이 되기 위해 잠겼다는 전설이 있어 주민들로부터 '댕바위'로 불린 대왕암. 이곳은 진입로부터 해안까지 송림과 해안 산책로의 경치가 아름다워 예로부터 울산의 대표적인 공원으로 개발되었어요. 얼마 전 TV 예능 프로인 〈슈퍼맨이 돌아왔다〉의 축구선수 박주호와 나은이, 건후도 다녀갔죠. 주말이나 휴일이면 발 디딜 틈이 없을 정도로 많은 사람이 방문하는 곳이고요, 울산을 방문하면 꼭 들러봐야 할 정도로 대표적인 곳이랍니다.

일제강점기 때 해안에 등대를 만들면서 울산의 끝에 위치한다는 의미로 '울기(蔚埼)등대'라고 이름 붙였는데, 등대 100주년을 맞이하여 일제 잔재를 청산하기 위해 '울기(蔚氣)등대'로 한자를 변경했어요. 이에 공원 이름도 울기공원에서 대왕암공원으로 바뀌었고요. 쭉쭉 뻗은 소나무 숲을 걸으며 사이로 비치는 대왕암과 광활한 동해를 바라보면 대왕암공원이라는 이름이 훨씬 더 잘 어울린다는 생각이 들죠. 대왕암에 서서 지는 해를 바라보면 그 웅장함이 마음을 숙연하게 합니다. 거대한 용의 등을 따라 해가 넘어가는 장면이 그야말로 장관이랍니다.

대왕암공원은 주차장에서 대왕암까지 왕복 최소 2킬로미터 정도를 걸을 수 있습니다. 동해 바다가 내려다보이는 소나무 숲을 걷는다고 상상해보세요. 봄날에 벚꽃이 흩날리고 겨울에는 동백이 긴 터널을 만드는 곳. 그리고 거대한 파도에 흩어지는 물보라 뒤로 가끔 보이는 해녀들이 물질하는 모습까지 정말 낭만적이지 않나요? 해안 산책로에서 몽돌이 자르르 파도에 구르는 맑은 소리를 들을 수도 있고, 햇살 가득한 날 잔잔한 바다 위로 반짝이는 물결을 볼 수도 있죠. 아마 도시 속에서 짧은 산책이 주는 위안을 얻을 수 있을 거예요.

고래가 여전히 살아 숨 쉬는 장생포

근대 울산과 고래의 관계를 알아보려면 장생포항으로 가야 해요. 장생포항은 울산을 가로지르는 태화강이 바다와 만나는 하구 남쪽에 있어요. 일본인들이 귀신고래를 비롯하여 여러 종류의 고래를 포획하기 위해 1909년 동양포경주식회사의 울산사업소를 장생포항에 설립하면서 우리나라 근대 포경산업이 시작되었다고 볼 수 있습니다. 당시에 300여 명이 일했다고 하니 얼마나 번성했는지 짐작할 수 있겠죠? 광복 이후에는 일본인들이 남겨놓고 간 두 척의 배로 계속 고래를 잡았다고 해요.

예전에 얼마나 고래가 많았는지 정부는 1962년 장생포 앞바다를 '귀신

고래 회유해면'이라는 이름으로 천연기념물 제126호로 지정했어요. 1914년 앤드류스라는 미국인에 의해 처음 알려진 한국계 귀신고래는 여름에 오호츠크 해에서 먹이를 먹고 에너지를 비축한 뒤 겨울철 우리나라 동해안을 따라 남하하다 장생포 앞에서

고래박물관에 있는 고래 뼈 모형

출산과 육아를 하고 따뜻한 봄이 오면 다시 돌아간다고 해서 '회유해면'이라는 이름이 붙었답니다. 평균 수명은 50~60년, 최대 길이 16미터, 몸무게 36톤에 이르렀다고 하네요.

　고래를 잡아서 돌아오면 마을은 축제가 벌어졌어요. 가장 큰 구경거리는 고래 해체 작업이었답니다. 고래를 해체하는 데 사용한 칼의 길이가 1미터 정도였다고 하니 놀랍죠? 몸길이 5미터가량의 밍크고래는 해체하는 데

박물관 앞에 전시된 포경선

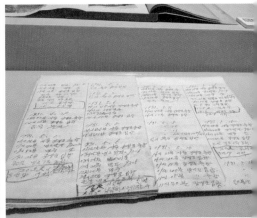

출항 일지(고래박물관 전시)

고래박물관   고래박물관의 고래 조형물

2~3시간이 걸리고, 7~9미터 길이의 고래는 6시간 정도가 걸렸다고 해요. 그것보다 더 큰 고래는 15시간도 걸렸다니 어마어마한 작업이었던 거예요. 이렇듯 장생포항은 고래잡이 덕에 울산 최고의 부자 동네로 알려졌답니다.

그러나 1987년 국제포경회의(IWC)에서 고래잡이를 금지하는 협약을 맺은 이후로 울산의 고래 산업은 사양화되었죠. 거대한 작살을 쏘며 거친 바다에서 고래와의 목숨을 건 싸움을 하던 장생포항 사나이들은 이제 할아버지가 되었고, 그들의 목숨을 건 무용담은 이야기로만 남아 있습니다. 상상해보세요. 고래를 잡으러 나가는 사람들이 살아 돌아오기만을 기원하며 출항 의식인 '당산제'를 지내는 가족들의 마음, 그리고 고래를 잡고 돌아오는 자들을 맞이하는 입항 의식 '풍경제'를 지내는 마을 사람들의 모습을. 울산이 고래의 도시라고 말할 수 있는 것은 그들의 삶 속에 녹아 있는 그 시간과 경험들이 있기 때문이랍니다.

고래잡이는 한편으로 생각하면 살아 있는 생명을 해치는 거니까 잔인하게 보일 수 있지만, 고래를 잡아 장생포 사람들이 삶을 이어갔으니 그들에게 있어 고래는 귀한 손님이었던 셈이죠. 이제 고래뿐 아니라 마을과 장생포 사람들도 급격한 산업화의 물결에 밀려 흩어져버렸지만 울산시는 고

고래바다여행선 　　　　　　　　　　고래문화유적 모노레일

래축제를 개최하고 장생포항을 고래문화특구로 지정해 울산의 대표적인 관광지로 조성하고 있어요. 고래박물관, 고래바다여행선, 고래 문화마을 등을 방문하면 대양을 유영하던 고래 이야기뿐 아니라 고래와 싸우며 살아온 사람들의 이야기를 함께 들을 수 있답니다.

산업단지에 숨어 있는 명소들

울산에 공장만 있는 것은 아닙니다. 알고 보면 매우 유명한 장소들이 숨어 있답니다. 우선 말씀드릴 곳은 처용암이에요. 울산은 경주와 가까이 있어 신라시대의 유적지가 많습니다. 처용암은 신라의 국제 무역항으로 알려진 개운포가 위치한 외황강에 떠 있는 바위랍니다.《삼국유사》에 따르면 신라 제49대 헌강왕이 울산 바다에 행차했을 때 마침 구름과 안개가 너무 자욱해 일관에게 이유를 물었다고 해요. 일관은 이는 동해 용왕의 조화이므로 그의 마음을 풀어주어야 한다고 답하죠. 그래서 왕은 용을 위한 절을 지으라고 명을 내렸답니다. 그러자 구름과 안개가 걷히고 용이 아들 일곱을 데리고 왕의 앞에 나타나 왕의 덕을 찬양하며 춤을 추고 음악을 연주

처용암

목도

했대요. 왕은 용의 아들 중 일곱째를 데리고 경주로 돌아왔는데 그가 처용이었어요. 처용암은 그 이야기의 배경이 되는 장소죠.

두 번째로 소개할 곳은 우리나라 동해안 쪽에 있는 유일한 상록수림인 천연기념물 제65호 목도예요. 처용암이 떠 있는 외황강 하구 쪽으로 2킬로미터 정도 떨어진 곳에 있어요. 사진에서 보시다시피 공단 사이에 위치해 있고 표지판이 없어 지나치기 쉬운 곳이죠. 허가 없이는 출입할 수 없기 때문에 건너다볼 수밖에 없지만 천연기념물 제330호이자 멸종위기 야생생물 1급으로 지정된 수달이 서식하는 소중한 곳이랍니다.

세 번째 주인공은 울주 반구대 암각화와 천전리 각석입니다. 국보 제285호 반구대 암각화는 울산역에서 경주 방향으로 35번 국도를 따라 10분 정도 떨어진 곳에 있어요. 300여 점의 암각화 중에 60여 점 정도가 고래예요. 실제로 고래 사냥을 하지 않았다면 그릴 수 없을 정도로 상세한 그림이 많답니다. 2009년 울산 신항만 도로공사 진행 중에 신석기 유물층에서 동물의 뼈로 만든 화살촉인 골촉이 박힌 고래 뼈가 출토되어 선사시대 사람들이 고래잡이를 했던 사실을 뒷받침해주기도 했어요.

특이한 것은 반구대 암각화가 지금 해안에서 직선거리로 무려 20킬로

암각화(네모 안)와 여름철 수위(점선)

반구대 암각화 탁본 모형

미터나 떨어진 내륙의 산속에 있다는 점이에요. 깊은 산속의 고래 암각화라니 생각만 해도 흥미롭지 않나요? 7000년 전에는 내륙 깊은 곳까지 바다였다고 해요. 반구대 암각화를 새긴 사람들이 살던 시기에는 반구대 암각화가 그려진 부근까지 바다였기 때문에 고래잡이가 가능했다는 말이죠.

암각화를 처음 발견했을 당시 이야기를 해볼까요? 사연댐이라고 공업용수를 공급하기 위해 댐을 건설하게 되었는데 이 때문에 수위가 높아지자 산중턱에 있던 암각화에 접근할 수 있게 된 거예요. 한데 이 소중한 암각화가 갈수기에는 모습을 드러내고 여름에는 물밑에 잠겨버려요. 관리가 제대로 안 되고 있는 거죠. 암각화 보존을 위해 댐의 수위를 낮추면 되지만 울산 시민의 주요 식수원인 사연댐의 수위를 무조건 낮출 수도 없어서 간단한 문제가 아닙니다. 수년째 문화재청과 울산시는 이 문제를 해결하기 위해 협의하고 있지만 뾰족한 수가 나오지 않는 실정이에요. 반구대 암각화가 세계문화유산에 등재되지 못하는 가장 큰 원인이랍니다.

반구대 암각화에서 대곡천 상류로 2킬로미터 정도 올라가면 국보 제147호 천전리 각석을 만날 수 있어요. 산자락에 만들어진 '선사문화길'을 따라 걸어도 나오죠. 천전리 각석은 선사시대부터 신라시대와 조선시대까

천전리 각석

공룡 발자국 화석의 크기

지 긴 시간 동안의 문양이 새겨진 것으로 알려져 있어요. 그러니 이곳에서는 선사시대의 기하학적인 문양도 볼 수 있겠죠?

또한 천전리 각석 주변 암석은 1억 년 전 공룡이 살던 중생대 백악기에 형성된 퇴적암이라 공룡 발자국이 흩어져 분포해 신비로움을 더해요. 세계 최대 크기의 초식공룡으로 알려진 한외룡을 중심으로 200여 점의 발자국을 볼 수 있답니다.

깊은 산속에 위치해 접근하기가 쉽지 않지만 암각화박물관, 반구대 암각화, 공룡 발자국 화석, 천전리 각석으로 이어지는 '선사문화길'은 꼭 한 번 걸어보길 추천합니다. 공룡과 고래, 사람의 흔적이 어우러져 있는 암각의 세계를 경험할 수 있는 좋은 기회니까요.

울산인 듯 울산 아닌 울산 같은 곳, 언양

울산의 서부 지역 중심지인 언양읍은 1914년 울산에 통합되기 전까지 행정적으로 분리된 곳이었어요. 조선시대에는 읍성, 향교를 자체적으로 가지고 있었을 만큼 지역 중심지였죠. 동해안을 따라 공업단지가 형성되면서 산업화·도시화가 진행되다 보니 서부 내륙에 위치한 언양은 상대적으로 낙후된 곳이 되고 말았습니다. 하지만 언양이 가진 강점은 지리적 위

치가 좋다는 거예요. 울산으로
들어오려면 언양을 거쳐야만 하
거든요. 또 경주에서 김해로 이
어지는 거의 직선에 가까운 양산
단층 위에 자리를 잡고 있어서
고구려의 광개토대왕이 금관가
야를 치러 가던 길이자, 경부고

복원된 언양읍성 남문(영화루)

속도로와 울산고속도로가 지나고 있는 교통의 요지랍니다. 2010년 고속
철도 역이 들어섰고 컨벤션센터도 들어올 예정이라 점점 역세권이 확장될
것으로 기대하고 있죠.

언양읍에서 중요한 상징적 유적으로는 언양읍성이 있어요. 고려 말 토
성으로 지어졌는데 조선 전기에 석성으로 개축되었죠. 우리나라에서는 보
기 힘든 평지에 지어진 데다가 치성, 옹성, 해자 같은 성벽 시설을 모두 갖
추고 있고 사대문까지 있어 크
진 않지만, 선조들의 우수한 축
성술이 모두 담겨 있는 읍성이에
요. 그런 가치를 인정받아 해미
읍성, 진주성, 고창읍성 등에 이
어 1966년 사적 제153호로 지정
되었습니다.

또 영남 알프스 산지 중 하나
인 가지산 아래 신라시대에 창
건된 석남사가 있는데, 언양읍

화장산에서 내려다본 언양읍성 터

석남사 계곡

에서 차로 10분 정도 가면 나옵니다. 매표소부터 절까지 들어오는 숲길이 아름다워 20분 정도 걷는 동안 마음까지 깨끗해진다는 느낌을 받을 만큼 힐링이 되는 장소예요. 석남사는 보물 제 369호인 승탑이 유명하고 화강암으로 만든 삼층석탑, 수조가 지역 문화재로 지정되어 있답니다.

해안 지역과는 다른 울산이 가진 역사적 의미를 생각해보고 싶다면 꼭 언양에 들르길 추천해요. 언양에서 북쪽인 경주 방면으로는 반구대 암각화와 천전리 각석이 있는 대곡천이 나오는데, 그곳에선 선사시대의 문화와 공룡 유적을 볼 수 있답니다. 또 서쪽인 밀양 방면으로는 신라시대 창건

석남사 승탑

된 석남사와 숲길, 영남 알프스의 유명한 계곡인 배내골의 아름다운 경치를 만날 수 있어요. 남쪽인 양산 방면으로 가면 온천 관광단지인 등억온천단지와 자수정 동굴, 벚꽃거리로 유명한 작천정 계곡으로 갈 수 있으니 그냥 지나칠 수 없겠죠?

참, 100년 전통 시장인 언양 알프스 시장도 구경할 만해요. 언양의 대표 음식인 언양 불고기도 빼놓지 말고 먹어보세요. 주말뿐 아니라 평일에도 줄 서서 기다려야 할 정도로 맛있는 집들이 많답니다.

● 진정한 한우를 맛볼 수 있는 곳, 언양·봉계 한우 특구 ●

울주군 방목지

울산 울주군을 대표하는 '언양·봉계 한우 불고기 특구'는 2006년 전국에서 최초로 먹거리 특구로 지정되었습니다. 봉계리는 경주와 경계를 이루는 마을로 언양에서 경주 방면으로 25분가량 떨어져 있어요. 영남 알프스와 인접한 울주군은 산지가 많고 태화강 상류의 깨끗한 물을 공급 받을 수 있어 소를 방목하는 목장이 많죠. 특히, 봉계리는 1979년부터 한우개량단지로 지정되고 청보리를 사료로 활용해서 고기의 맛이 좋기로 유명하답니다.

언양 불고기는 고기를 다져서 양념으로 버무린 후 마치 전처럼 구워서 먹고, 봉계 불고기는 말 그대로 생고기를 석쇠에 구워 먹어요. 특히, 언양 특산물인 미나리와 함께 먹으면 풍미가 좋죠. 언양과 봉계는 고속도로 나들목에 인접해 있고 경주와 부산으로 이어지는 교통의 요지에 위치해 있어 울산 지역뿐 아니라 다른 지역에서도 찾아오는 곳이에요.

울산의 생태적 상징, 영남 알프스와 태화강

1,000미터 이상의 높고 험준한 산 9개가 이어져 있는 이곳은 '영남 알프스'라고 불리는 장소랍니다. 마치 알프스를 옮겨놓은 것 같아서 이렇게 이름이 붙었겠죠. 시원하게 뻗은 능선을 오르면 넓은 억새 평원이 나타나고 아름답고 깊은 계곡 곳곳에는 울산 석남사, 청도 운문사, 양산 통도사, 밀양 표충사 등 유명 사찰도 많아 사시사철 사람들의 발길이 끊이지 않습니다.

그렇다 보니 울산뿐 아니라 경계를 이루고 있는 인근의 양산, 밀양, 청도, 경주에서도 경쟁적으로 산악 관광지를 만들려고 해서 환경적으로 논란이 되기도 합니다. 예를 들어 밀양시에서 천황산 케이블카를 만들자 울산 울주군에서도 신불산에 케이블카를 놓겠다고 하여 환경단체의 반발을 샀죠. 하지만 지역경제 활성화에 도움이 될 뿐만 아니라 장애인, 노약자 등 평소 등산이 어려운 사람들의 접근성을 높일 수 있다는 찬성 여론도 만만치 않아요. 그만큼 매력이 많은 곳이라는 뜻이겠죠?

천황산(밀양)에서 내려다본 전경

통도사(양산)에서 본 영취산

울산 울주군에서는 억새로 유명한 간월재로 오르는 등산로 입구에 '영남 알프스 웰컴 복합단지'를 건설하고 '울주 산악 영화제'를 개최하는 등 꾸준히 문화적 콘텐츠를 도입하려는 노력을 하고 있어요. 산과 산악인을 주제로 한 세계적인 영화들이 매년 이곳에서 상영되는 거죠. 벌써 4회째 개최되었는데 산과 영화를 잇는 독특한 아이디어에 매년 호응이 좋습니다. 9월경에 울산을 방문하면 꼭 한 번 축제에 참가해보는 것도 좋은 경험이 될 거예요.

서부의 영남 알프스와 동해안을 이어주는 태화강은 이제 울산의 상징이라고 해도 과언이 아닙

영남 알프스 웰컴 복합단지

태화강 산책로   태화강 국가정원

니다. 태화강은 여름철에는 백로, 겨울철에는 까마귀가 찾아오는 철새 도래지이자 1급수에만 산다는 은어와 연어가 회귀하는 생태 하천이랍니다.

도시화가 급격히 진행되면서 생활하수가 처리되지 않은 채 그대로 방출되어 악취가 진동하는 오염된 하천이 바로 태화강이었는데, 2004년 시민과 함께 울산시에서 추진한 에코폴리스 울산 선언 이후 각고의 노력 끝에 국가정원으로 인정받게 되었어요.

1990년대 시작된 지방자치가 어느 정도 무르익어가던 2000년대 대부분의 지방자치단체에서는 경쟁적으로 경제 성장을 위한 기업 유치에 노력을 기울였습니다. 하지만 전국에서 가장 급격한 경제 성장을 보여왔던 울산은 오히려 생태도시를 만들어야 한다는 요구가 많았죠. 시민들이 쉴 수 있는 제대로 된 공원 하나 없었기 때문이에요. 따라서 하천 주변에 아무렇게나 방치되어오던 경작지와 십리대밭을 공원으로 만들고, 태화강 생태관과 철새 홍보관을 지어 생태하천으로의 부활을 알리기 시작했습니다.

1인당 지역 소득이 전국에서 가장 높았던 울산 시민들에게 태화강의 부활은 하나의 자부심이 되고 있어요. 경제적인 것 외에는 딱히 내세울 것이 없었던 울산에 생태적으로 자랑거리가 생긴 거니까요. 겨울 철새인 까마

태화강 국가정원 십리대밭

귀가 큰 역할을 하고 있죠. 겨울철 석양이 질 무렵 삼호교 부근 떼까마귀와 갈까마귀의 군무를 본다면 무슨 말인지 이해가 될 거예요. 주의해야 할 점은 까마귀들이 전깃줄에 줄지어 앉아 있기 때문에 그 아래는 배설물의 피해가 만만치 않다는 점이에요. 그래서 삼호교 근처에 주차를 했다가는 낭패를 볼 수 있어요. 인근 거주민들도 피해를 호소하고 있기 때문에 공생의 방법을 고민 중이라고 하네요. 그만큼 울산의 자랑거리라고 생각하는 것이겠죠.

공장, 거대한 기계, 굴뚝, 단조로운 작업복 그리고 종일 멈추지 않는 소음. 자연과 단절되고 환경을 파괴하며 만든 도시. 삶의 여러 필수조건 중 오직 경제적 측면만 강조되어온 도시가 지금껏 알려진 우리나라 대표적인 공업도시 울산이에요.

하지만 한편으로는 세계적으로 소중한 보물을 많이 가지고 있는 도시이기도 해요. 특히, 최근에는 생태에 관심을 가지면서 더욱더 살기 좋은 도시로 거듭나고 있죠. 무채색의 도시에서 이제 울산만의 색깔을 만들며 한 단계 무르익어가는 진정한 '라이징 시티(Rising City)'가 되어가고 있답니다.

CITY ▶
창원

주남저수지
람사르문화관

가고파 꼬부랑길
벽화마을
창동예술촌
창원광장
3.15아산의거기념탑
성산패총
무학산
문신미술관
임항선 그린웨이
신마산 통술거리
안민고개
마산제일여자고등학교
벚꽃테마공원
구 마산헌병분견대
진해우체국
진해승천로터리
·진해군항제
·진해군항마을역사관
·흑백다방
웅천읍성

19

마산과 진해를 아우른
새로운 도시, 창원

마지막으로 떠날 도시는 창원이에요. 최근에 마산, 진해, 창원 세 도시를 통합하면서 통합도시의 이름으로 창원을 선택한 것을 보면, 창원이란 이름의 역사가 오래되었고, 세 도시 중에 창원이 가장 큰 도시임이 짐작되시죠? 역사적으로 이 지역은 마산만을 중심으로 서쪽에 진해, 동쪽에 웅천이 있었고, 그 사이에 회원과 의창이 있었거든요. 지금 통합창원시에 회원구와 의창구가 있는 이유죠. 조선시대에 왜구의 약탈을 방어하기 위해 회원과 의창을 통합해서 더 큰 고을을 만들었는데 그것이 바로 창원이었어요. 회원과 의창에서 한 글자씩 가져와 창원이 된 거죠. 그 중심은 의창구 서상동, 소답동이었습니다. 참고로, 남북한이 함께 부르는 동요로 유명한 〈고향의 봄〉의 고향이 바로 소답동이랍니다.

| 구한말까지의 창원 | 1960~70년대의 창원 | 1980~90년대의 창원 |

　　일제강점기에 이 지역의 행정구역과 도시 형성은 큰 변화를 보입니다. 일본은 작은 포구였던 마산을 개항해 자신들의 거주지인 조계지를 설정하고, 마산만 서쪽에 있던 진해라는 지명을 동쪽에 군항을 건설하면서 그쪽으로 옮겨옵니다. 그러면서 기존의 웅천은 잊히고 말죠. 일본과 왕래가 잦았던 마산은 경공업을 바탕으로 빠른 속도로 발전해서 어느덧 이 지역의 맹주로 자리하게 돼요. 그러던 것이 1980년대 중화학 공업단지가 건설되면서 급속도로 발전한 창원 신시가지를 중심으로 마산과 진해를 통합하는 통합창원시가 탄생하게 된 거죠. 서두가 너무 길었나요? 자세한 건 여행을 하면서 얘기하기로 하고, 그럼 지금부터 창창한 평원, 창원으로 떠나볼까요?

창원의 보석, 주남저수지

　　창원에는 우리나라에서 가장 유명한 철새들의 휴식처인 주남저수지가 위치하고 있어요. 창원의 자랑일 뿐만 아니라 우리 모두의 자랑이자 소중한 자산이죠. 동남아시아에서 더위를 피해 온 여름 철새들과 시베리아에서 추위를 피해 온 수많은 겨울 철새들이 주남저수지를 안식처 삼아 체력

을 비축하고 돌아갑니다. 습지는 철새
등 생물에게도 중요하지만 홍수와 가
뭄을 조절하고, 토양 침식을 방지하며,
오염된 물을 정화하는 등 다양한 환경
적 기능도 수행해요. 이런 중요성 덕분
에 일찍이 세계 각국은 람사르협약을
맺어 습지를 보호하고 있답니다. 국제
환경올림픽이라고 부르는 람사르총회
는 매 3년마다 개최되고 있는데요, 우
리나라는 2008년 주남저수지가 위치
한 경상남도에서 열려 이곳의 생태적

람사르문화관

우수성을 전 세계에 알렸었죠. 그때 자료가 람사르문화관에 잘 전시되어
있습니다.

　여기서 잠깐, 이렇게 중요한 람사르 습지인데 왜 저수지라고 부를까요?
습지나 늪지가 아니고 말이에요. 원래 주남저수지는 자연 그대로 생긴 습
지였어요. 우리나라는 계절에 따른 강수량의 변화가 커서 대부분의 하천
은 홍수 발생(범람)이 잦았죠. 낙동강 또한 예외는 아니었어요. 이처럼 홍수
때마다 반복되는 강물의 범람으로 인해 하천 주변에는 넓은 범람원 평야
가 만들어져요. 홍수가 날 때 상대적으로 굵은 입자는 하천의 가까운 곳에
쌓이는데, 이렇게 쌓인 모래는 주변보다 높아지게 되고 넘쳐흐른 물이 다
시 강으로 배수되는 것을 막죠. 이를 '자연제방'이라고 해요. 이 제방 때문
에 그 뒤편에는 넘친 물이 오래 머물게 되고 진흙 같은 부유물이 가라앉아
늪지대가 형성된답니다. 이를 두고 '배후습지'라고 불러요. 그래서 대하천

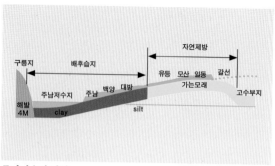

주남저수지 단면

의 하류는 대부분 강을 중심으로 양쪽으로 자연제방, 배후습지 순으로 단면이 형성됩니다.

인간의 간섭이 적었던 100년 전까지 낙동강의 홍수는 반복되었고, 사람들은 그나마 지대가 높은 자연제방에서 과수원과 밭농사를 일구며 살았습니다. 넓은 배후습지는 버려진 땅으로 인식되고 있었죠. 한데 일제강점기 일본의 자본가들이 이곳을 최초로 눈여겨보기 시작했어요. 비교적 큰돈을 써가며 점점이 흩어진 산자락 사이로 제방을 쌓아 배후습지를 옥토로 만들었던 거예요. 제방을 기준으로 상대적으로 지대가 높은 낙동강 쪽은 넓은 평야를 만들고, 지대가 낮은 산 밑에는 가뭄과 홍수 때 물을 통제할 수 있는 저수지를 조성했는데, 이렇게 만들어진 곳이 바로 주남저수지랍니다.

사실 주남저수지는 하나가 아니라 셋으로 이루어졌어요. 가운데 주남저수지가 있고, 동남쪽에 동판저수지, 북쪽으로 산남저수지가 있으니까요. 이를 통칭 주남저수지라고 부르는데, 세 저수지는 각기 저마다 뚜렷한 특징이 있습니다. 가장 작은 산남저수지는 찾는 사람도 적고 수심이 얕아 작은 철새들의 좋은 쉼터이며 풍경도 한가롭죠. 반면 대부분의 관람객 편

산남저수지

주남저수지

동판저수지

람사르문화관

주남삼거리

주남저수지 주변

의시설이 몰려 있는 주남저수지는 시원시원하고 다양한 풍경을 선사해요. 곳곳에 탐조대가 설치되어 있으며 보는 곳과 방문 시간에 따라 느낌이 다 르답니다. 한편 살짝 비켜 앉은 동판저수지는 크기는 주남저수지와 비슷 한데 풍성한 왕버들 나무와 마을이 둘러싸고 있어서 찾는 이도 적고 물이 깊어 고니처럼 큰 철새들의 쉼터가 되어주고 있어요.

산남리 죽동마을에서 대산면 소재지까지 쭉 뻗은 멋진 메타세쿼이아 가로수길로 이동해볼까요? 이 길이 바로 일제강점기에 조성된 촌정제방 의 일부예요. 이렇게 조성한 제방으로 인해서 버려졌던 늪지대는 비옥한 곡창지대로 변모하게 되는데, 군데군데 그때의 시설물을 관찰할 수 있답 니다. 주남저수지 물은 동쪽에서 주천을 통해 낙동강으로 흘러나가요. 주 천에는 언제 누가 만들었는지 모르는 멋진 돌다리가 남아 있는데, 그 돌다 리에서 하류 쪽으로 더 가면 주남교라는 조그마한 콘크리트 다리가 나옵 니다. 대표적인 근대농업 유산으로 지금은 배수문의 기능을 잃고 강태공 들의 낚시터 역할을 하면서 이따금 차량이 지나가는 한적한 다리예요. 교 각의 양옆을 보면 원래 수문이었던 걸 알려주는 홈이 있는데요, 한때는 이 홈을 통해 여닫는 철문이 있었을 것이라 예측할 수 있죠.

주남저수지의 풍경

주남저수지에서 꼭 들러봐야 할 곳이 있다면 바로 주남저수지 생태학습관입니다. 규모는 크지 않지만 디오라마를 통해 이곳을 찾는 계절별 철새들과 습지 생태계에 없어서는 안 될 꽃과 식물들, 그리고 그들과 함께 살아가는 곤충과 어류까지 가까이서 관찰할 수 있는 소중한 공간이에요. 생태학습관 인근에 있는, 람사르협약에 대해 알려주는 문화관과 환경교육을 담당하는 주남환경스쿨도 빼놓지 말고 보고 가세요. 환경스쿨은 폐교를 활용한 덕에 반복되는 홍보물이 거슬리긴 하지만 각종 새들의 표본과 창원의 변천사, 그리고 여러 소품이 인형으로 꾸며져 있어서 볼만답니다.

● 연꽃의 두 얼굴 ●

연꽃

자연과 인간이 만들어놓은 철새들의 낙원, 주남저수지에서는 세계적인 보호종 노랑부리저어새와 재두루미는 물론, 가창오리 수천 마리가 군무를 펼치는 장관도 볼 수 있어요. 철새를 관찰하는 탐조객은 여름보다는 개리와 오리류 등 대형 조류를 볼 수 있는 겨울에 많죠. 관광객의 계절적인 쏠림을 막기 위해 창원시에서는 계절에 따른 다양한 테마를 경험할 수 있도록 해놓았는데요, 봄에는 유채꽃을, 가을에는 코스모스를 넓게 심어서 많은 사람들에게 호응을 받았답니다. 그렇다면 주남저수지의 여름은 누가 책임질까요? 바로 늪지대의 여왕, 연꽃입니다. 진흙탕물 속에서 더러운 물을 정화하며 피는 우아한 꽃과 시원한 연잎은 보는 이의 마음까지 감동시키기에 충분하죠.

하지만 언제부터인가 연꽃 군락의 이상증식으로 인해 철새들의 낙원이 위협을 받고 있습니다. 연구에 따르면 연꽃 군락은 빠른 속도로 주남저수지의 수면을 잠식하고 있는데 그 진행 속도가 정말 놀랍습니다. 2004년 1.4%, 2013년 12.5%, 2015년 30.6%, 2017년 60%의 속도로 연꽃 군락이 수면을 차지한답니다. 연구자들은 연꽃 군락의 빠른 성장을 연(蓮)

생장기의 강수량에 달렸다고 보고 있어요. 최근 여름철 강수량이 예년보다 줄어들면서 주남저수지의 수심이 낮아졌습니다. 연은 수심이 높아지면 위로 자라는 데 에너지를 사용하지만, 수심이 얕아지면 연근에 에너지를 축적해서 확장성이 강해진다고 해요. 이렇게 수면을 덮은 연꽃은 철새들의 서식지를 위협하죠. 연꽃대들이 새들의 이동을 막고 먹이활동을 방해하기 때문이에요. 또 연꽃은 물이 정체되면서 부영양화의 심화로 수생식물이나 여러 생물이 자라는 데 방해가 되고 이것이 생물의 다양성을 해치는 것으로까지 발전한다니 문제가 아닐 수 없어요. 이에 따라 창원시에서는 여러 연구와 방법으로 연꽃 군락을 줄이기 위해 노력한다고 합니다. 아무리 아름다운 것도 과하면 문제가 되네요.

도시는 살아 있는 생명체, 마산 지역

도시 곁 평온한 대자연을 주남저수지에서 만났다면, 이제 대자연의 약육강식이 느껴지는 도시라는 생명체를 경험할 차례입니다. 도시 중에서도 바로 옛 마산시 지역을 둘러볼 건데요, 아마 우리나라 도시 중에서 마산시만큼 드라마틱한 곳도 없을 거예요. 한때 전국 7위권을 유지하던 마산시는 현재 이름 자체를 잃어버리고 창원시 마산회원구, 마산합포구로 명맥을 유지하고 있으니까요.

마산시 지역의 도시화는 대동법 시행으로 비롯된 쌀의 운반을 위한 조창에서 시작됩니다. 기록에 따르면, 1760년(영조 36년)에 대동미의 징수를 위해 창원부에 둔 조창의 터가 있었다는 거예요. 마산시의 최대 번화가로 한때 서울 명동의 땅값과 비슷했다는 창동에 조창의 흔적이 남아 있죠. 가보면 의아해하실지도 모르겠어요. 현재의 바닷가와는 상당한 거리가 있기 때문이죠. 지금 해안선은 매립이 여러 차례 진행되면서 나아간 것이고 예전 해안선은 남성동 우체국 앞길이었어요. 우체국 뒤편에 있는 제일은행 건물터에 조창의 중심 건물이 위치했었다고 하니 그 전방에 있는 시가지는 다 매립된 공간인 거죠.

이렇게 시작된 마산의 역사에서 중요한 사건이 일어나는데 바로 일본에 의한 개항입니다. 일제는 1899년 마산을 개항한 후 기존 마산 시가지 남쪽에 자

신마산 통술거리

국민의 생활공간을 마련했는데, 이를 조계지라고 합니다. 기존 조선인 중심의 거주지는 구마산으로 부르고, 일본인들의 생활공간인 조계지 지역을 신마산으로 부르게 되었는데 이런 지역 구분은 지금까지도 유효하답니다.

마산의 뒷산인 무학산(761미터)은 해안가에 위치해 있지만 비교적 높은 산입니다. 이러다 보니 경사가 상당하고 해안가는 평지가 비좁은 편이나 반대로 수심이 깊어 큰 배도 댈 수 있었죠. 여기에 진해만에서 또 들어앉은 마산만은 천혜의 항구였답니다. 일본인들이 마산의 이런 면을 보고 조계지로 삼지 않았나 싶을 정도로 말이에요. 이때부터 마산은 본격적으로 인구가 늘고 시가지가 형성됩니다. 시간이 많이 지났지만 일본이 남기고 간 흔적들은 곳곳에 남아 있습니다.

마산 시가지를 걷다 보면 색다른 경관으로 만나는 이름 없는 일본식 가옥들이 있는데, 그중에서도 가장 대표적인 건물이 옛날 마산헌병분견대로 사용된 곳이에요. 일본식 기와를 얹고 붉은 벽돌이 고풍스러운 이 건물은 전형적인 일본식 관공서 건물로 중앙에 복도를 두고 양옆으로 방을 배치했습니다. 헌병대 건물이라는 건 일제강점기 시절 수많은 이들의 피가 스

마산헌병분견대 건물

며 있는 곳이라는 뜻이겠죠. 전시된 사진들과 설명을 보고 나서 지하에 있는 좁은 취조실로 들어서면 소름이 돋을 정도로 기분이 이상해져요.

다음은 마산제일여자고등학교에 가볼까요? 이곳을 방문한다면 해안가 부두 쪽에 차를 주차해두고 걸어서 올라가야 제 맛을 느낄 수 있어요. 잘 정돈된 계단은 원래 일본인들이 조성한 마산신사의 앞 계단이고 여고가 자리 잡은 공간은 옛 신사 자리예요. 지금은 신사의 건물이나 부속물 대부분이 사라졌지만, 교문이 독특하고 옛 신사의 주춧돌들이 화단의 조경석으로 남아 있습니다.

일제강점기에 도시로 발전한 마산은 한국전쟁 중 피난민들이 정착함으로써 인구가 급격히 늘게 돼요. 더욱이 산업화 시기에 한일합섬과 수출자유지역이 설립되면서 1990년대 인구 50만을 넘어서기에 이르죠. 인구가

마산제일여자고등학교

창동 예술촌

50만 명이 넘으면 구(區)가 설치되는데 이렇게 생겨난 구가 회원구와 합포구예요. 이 무렵이 마산의 전성기로 어느 도시 부러울 게 없었습니다. 당시 창동은 서울 명동에 비견될 정도였으며 울산보다 인구나 구매력이 높은 명실상부한 경남의 중심이었죠. 하지만 많은 극장, 서점, 빵집, 금은방 그리고 어느 도시보다 빠르게 자리 잡은 백화점까지 인파에 떠밀려 다녔던 시절은 이 도시의 상징인 벚꽃처럼 흩어져버리고 말았어요.

이후 창동은 을씨년스러운 도심으로 변한 채 세월을 지나왔습니다. 다행히 지금은 도시재생사업이 어느 정도 자리를 잡아가고 있답니다. 먹거리로 유명했던 부림시장은 옛 명성대로 갖은 음식들과 창작촌이 자리해 있고, 〈오동동타령〉의 발상지인 오동동 문화의 거리는 통술, 아귀찜과 미더덕 요릿집들이 모여 있는 특화거리로 탈바꿈했어요. 부림시장과 오동동 문화의 거리는 다 창동을 중심으로 위치한 곳인데, 이 외에도 다양한 예술가들이 자리 잡은 상상길이 조성되어 있어 천천히 걸으면서 다양한 체험과 쇼핑도 할 수 있답니다. 도시재생사업이 계획대로 이루어져서 수많은 추억이 서린 옛 도심으로 활성화되길 기대해봅니다.

● 마산의 명물, 아귀찜 ●

가장 대중적으로 알려진 창원의 음식으로는 마산 아귀찜이 있습니다. 이름처럼 못생긴 아귀는 몸의 3분의 2가 입으로 탐욕으로 살다 죽어 굶주림의 형벌을 받은 귀신인 아귀의 이름을 받았지만 의외로 맛이 좋아 인기가 많답니다. 아귀 살 자체에는 별맛이 없어 횟감 등으로는 사용하지 않지만, 식감이 좋아 아귀찜은 인기가 있는 음식입니다. 그런데 식감을 살려 칼칼한 양념장을 넣고 찌는 아귀찜의 역사는 그리 길지 않답니다.

다른 도시에서는 맛볼 수 없는 마산만의 아귀찜이 있는데요, 바로 말린 아귀로 만든 건아귀찜입니다. 현지 사람들은 건아귀찜을, 외지인은 생아귀찜을 선호한다고 해요. 마산에서는 아귀 말고도 다양한 생선을 말려서 요리 재료로 씁니다. 그리고 마산의 명물로는 미더덕도 유명하죠. 주재료는 아니지만 그래도 해물탕을 끓일 때 없으면 섭섭한 것이 미

더덕이잖아요? 마산에는 미더덕찜 요리도 인기가 많습니다. 참, 미더덕과 비슷하지만 식감과 맛이 떨어지는 오만둥이가 있으니 헷갈리지 마세요. 그리고 마산의 상차림은 소박하여 본 요리에 충실한 게 특징이죠. 따라서 반찬이 많지 않으니 큰 기대는 안 하시는 게 좋답니다.

도시는 누적된 경관 지층, 진해 지역

　사람도 개명을 해 이름을 바꾸듯 지명도 알게 모르게 바뀌는 경우가 있어요. 진해도 원래 이름은 웅천이었답니다. 억누를 진(鎭), 바다 해(海). 일본인들은 한반도의 해상권을 장악하기 위해 부산과 마산 사이 웅천군 웅서면에 신도시를 조성하고 이름을 진해(鎭海)라고 정했습니다. 그런데 진해는 이때 새로 생겨난 이름이 아니라 지금 마산합포구 진동면, 진북면 등 삼진지역이라고 하는 곳에 위치한 엄연한 군 단위 이름이었습니다. 일본은 본인들이 원하

는 지명을 마음대로 갖다 붙였지요. 해방 이후에도 해군기지가 유지되면서 이 이름은 변하지 않고 지금까지 이어져오고 있습니다.

웅천읍성

진해 지역의 역사적인 중심지는 웅천동으로 지금은 웅천읍성이 복원되어 도시 속 역사지구로 남아 있습니다. 웅천은 일본과의 지리적 이점 때문에 중요한 고을이었어요. 조선시대 이전부터 제포라는 이름으로 일본인들에게 시장을 개방했으며 삼포왜란 때의 그 삼포 중 하나가 제포였습니다. 나머지 둘은 동래와 울산이고요. 임진왜란 때 왜군은 웅천으로 상륙했고 수세에 몰리면 왜성을 쌓아 장기전에 대비했죠. 고려시대부터 왜구의 침입을 막기 위해 쌓은 제포성지와 웅천왜성, 제포의 왜관을 통제하기 위해 쌓은 웅천읍성 등은 모두 등록문화재로 지정되어 있어요. 특히, 웅천읍성은 사진 찍기 좋은 곳으로 소문났으니 꼭 한번 들러보세요.

진해의 진면목은 진해 근대역사 테마거리로 조성된 시내 중심가에 가야 볼 수 있습니다. 1912년 일본은 최초의 계획도시로 지금의 진해시가지를 조성해요. 그때 핵심적인 가로망은 방사형이었죠. 방사형 도시는 원형 로터리를 조성하는데 진해에는 방향에 따라 북원, 중원, 남원이라는 세 로터리가 있습니다. 이순신 장군 동상이 있는 북원로터리와 김구 선생의 친필이 있는 남원로터리는 오거리로 조성되어 있으며, 그 중앙에 진해의 상징과도 같은 팔거리의 중원로터리가 있죠. 일본이 원형의 방사상로터리를 조성한 것을 두고 일본군의 상징인 욱일기를 표현하려고 했다는 주장도

489

중원로터리

있지만, 호주 캔버라, 프랑스 파리 등에서는 흔히 볼 수 있는 경관이랍니다.

중원로터리는 현재 조성 초기의 모습은 많이 사라졌지만, 몇 곳에 중요한 가치를 보이는 건축물들이 보석처럼 남아 있어요. 먼저 들를 곳은 중원로터리 서편 편백로 초입에 있는 진해군항마을역사관입니다. 역사관 건물 자체가 일제강점기 건물로 역사적인 건축물이죠. 역사관 안을 들어가보면 동네 할아버지들이 친절하게 안내해주고 계신답니다. 지금은 볼 수 없는 소중한 사진들이 매우 크게 전시되어 있어 옛날 중원로터리 주변을 상상해볼 수 있어요. 중원동로와 백구로가 만나는 곳에는 장옥이 남아 있어 장옥거리라고 하는데, 현재는 연립주택과 비슷한 2층의 남루한 건물로 자리하고 있지만 옛 생활상을 볼 수 있는 소중한 자료랍니다. 장옥거리 바로 뒷길에 지금은 식당으로 이용되고 있는 고풍스러운 일식 가옥이 있는데 구 진해해군통제부 병원장 사택이라고 하네요.

로터리 동남편을 보면 모서리에 진해우체국이 자리하고 있어요. 외관은

진해군항마을역사관

구 진해해군통제부 병원장 사택

진해우체국   진해역   흑백다방

비록 소박하지만 진해의 랜드마크 역할을 하고 있답니다. 러시아 공사관 자리에 건축됐다는 이유로 겉모습은 러시아풍이고 실내는 일본식의 기본인 목재 건축물로 되어 있죠. 이번엔 로터리에서 북쪽으로 가볼까요? 쭉 뻗은 중원로 끝에 진해역이 아담하게 자리 잡고 있네요. 진해역은 1926년 건립된 역사로 지금은 등록문화재로 지정 보호되고 있습니다.

자, 이번엔 북서쪽으로 가볼까요. 백구로 왼편에 위치한 흑백(黑白)다방이 보일 거예요. 이름은 다방인데 지금은 문화전시 공간으로 사용되고 있죠. 한때 인근 유명 문화인의 사랑방 역할을 했다고 해요. 지금은 옛 목조가옥 구조를 가감 없이 보여주는 운치 있는 공간이랍니다.

중원로터리 동편으로 이동하면 육중한 건물이 산 정상에 서 있는데 이 것이 진해탑입니다. 원래 일본인들이 러일전쟁의 승리를 기념하기 위해 승전탑을 세웠는데, 해군이 그걸 허물고 조성한 해군탑이에요. 탑 정상에 올라보면, 중원로터리, 군항이라는 것을 알려주는 군함들, 멀리 점점이 떠 있는 다도해의 섬까지 진해가 보여줄 수 있는 모든 것을 볼 수 있습니다. 벚꽃이 피는 시절에 진해 전체가 꽃 궁전이 되는 진풍경도 압권이랍니다.

진해 하면 군항제를 빼놓을 수 없죠. 다들 들어본 적 있을 거예요. 맞아

진해탑에서 보는 전경

요, 우리나라 제일의 벚꽃 축제입니다. 1963년부터 매년 봄이면 이순신 장군의 나라사랑 정신을 기리는 기념행사로 알려진 벚꽃 축제가 열립니다. 이 시기엔 전국에서 진해로 많은 인파가 몰려 인산인해를 이루죠. 1년에 딱 한 번, 1910년대 준공된 근대 건축물인 해군기지사령부 본관, 해군진해군수사령부 제1, 제2별관 등 등록문화재로 지정된 건축물들을 볼 수 있답니다. 벚꽃의 원산지 논쟁은 아직도 뜨겁지만 역사와 마찬가지로 벚꽃도 더 사랑하는 사람들의 것이 아닐까 싶어요. 진해는 진해구청에서 새로운 벚꽃을 꾸준히 심어 시내 어디를 가도 벚꽃 천지입니다.

군항제

특히, 창원에서 진해로 넘어가는 안민고개 진입로, 여좌천 양안, 경화역 철로 주변 등이 유명하죠. 2014년에는 국내 최초로 벚꽃 테마공원도 개장했어요. 요즘은 여타 도시에서도 벚나무를 많이 심어 대표적인 봄 축제로 벚꽃 축제를 내세우고 있지만 진해의 벚꽃은 전국의 으뜸이라고 모두가 인정합니다. 사람이 붐빈다는 걸 각오하고 간다면 환상적인 꽃 대궐을 볼 수 있을 거예요.

계획도시로 새롭게 태어난 창원 지역

진해구에서 벚꽃길이 멋진 안민고개를 넘으면 성산구가 나옵니다. 지금은 터널이 뚫려 쉽게 넘어가지만, 그 옛날 웅천과 창원이 왜 다른 고을로 살아왔는지를 알 수 있을 정도로 가파른 고갯마루를 넘어야 했습니다. 안민고개를 넘는 고갯길은 봄이면 벚꽃 터널로 장관입니다. 밤에 오르면 양쪽으로 보이는 야경도 매우 인상 깊죠. 시가지의 크기가 작은 진해처럼 원형 로터리는 찾아보기 어렵지만, 북쪽으로 보이는 창원시는 불빛만으로도 신도시라는 느낌이 팍 듭니다. 창원시는 직사각형의 바둑판 같은 시가지의 모습을 하고 있거든요. 지금의 창원은 1970년대 공업단지를 건설하면서 주거지와 공장지대를 직교형으로 설계한 계획도시랍니다.

1973년, 창원국가산업단지 건설이 진행되던 중에 이 지역에서 재미있는 문화재가 발견되어 고고학계가 흥분했던 일이 있었어요. 넓디넓은 농촌 지역을 상전벽해의 공업단지로 조성하는 공사는 그 당시 막 눈뜨기 시작한 문화재 발굴단에게 있어 관심 밖의 일이었습니다. 왜냐하면 신석기, 청동기시대 해안가 사람들이 주기적으로 먹고 버린 조개껍질 쓰레기장인

안민고개 야경

패총(貝塚)이 서너 곳에서 발견된 것이 전부였기 때문이죠. 하지만 곧 산정부에서 성(城)의 흔적이 발견되면서 주목을 받기 시작했습니다. 이름이 성산(城山)이었는데도 불구하고 그 누구도 그 생각은 하지 못했던 거예요. 그러는 사이 패총에서 어로, 수렵도구와 장신구, 신앙생활 용품뿐만 아니라 기원전 중국 한나라 때의 동전까지 나왔죠. 게다가 철을 이용한 기계단지를 조성하려는 곳에 철을 제련하던 야철지까지 발견되면서 유물 몇 점만 건지고 공단을 조성하려던 기존 계획을 바꿔 유적지 전체를 보존하는 것

성산패총

으로 결정을 내렸어요. 그래서 지금 성산패총은 광활한 공단 한 가운데 위치하게 되었습니다. 전시실을 둘러보면 정말 많은 유물들이 있다는 것을 알 수 있어요. 이걸 그냥 밀어버리고 공단을 조성했다면 삼한시대 때 벌써 중국

메타세쿼이아 가로수

과 국제교역을 했었다는 사실도 모르고 살았을 거예요. 생각만 해도 아찔하지 않나요? 지금은 창원 도심에서 바닷가를 나가려고 하면 꽤 먼 거리지만, 삼국시대만 해도 지금 공단까지 마산만 바다였다는 것을 성산패총이 알려주고 있는 셈입니다.

통합 창원시의 도심으로 가면 이곳이 계획도시가 맞구나 하고 생각할 거예요. 구획이 잘된 도로뿐만 아니라 다양한 경관에서 느낄 수 있는데 우선 전봇대가 없어서 어떻게 사진을 찍든 걸리적거리는 전선이 없고, 아름다운 연못이 있는 용지공원을 필두로 공단과 주거지역을 나누는 창원대로를 따라 끝없는 공원이 늘어서 있는 것도 그렇죠. 도로에는 늘씬한 메타세쿼이아 가로수가 시원하게 심겨 있어 모든 공원이 연결되어 있는 듯한 착각에 빠질 정도고요. 자전거특별시라는 슬로건답게 공공자전거인 누비자와 전용도로도 많이 보입니다. 압권은 세계적인 도시 광장이라는 창원광장인데요, 서울광장의 두 배 크기로 지름만 200미터가 넘는답니다.

창원광장만 돌아도 쇼핑, 먹거리, 즐길 거리 등이 모두 해결돼요. 북으로 이어진 관공서 블록을 따라 오르면 시청, 경찰서 등 시 단위의 행정관청이 나오고, 용지공원을 지나면 조달청, 고용노동청, 도교육청, 병무청 등

창원광장

도청소재지급 도시가 가지고 있어야 할 기관들이 보이죠. 그리고 그 길은 도청으로 자연스럽게 이어집니다. 이 길은 그냥 걷기만 해도 좋은데, 그 너머에 있는 국립창원대학교는 보너스라고 할까요? 도교육청 너머 서쪽으로 난 용지로 239번길을 따라 들어가면 오른쪽으로 창원 청춘들의 아지트 가로수길 카페거리가 나와요. 어느 카페에 들어가 잠깐 쉴까 고민하는 것도 행복한 일 아니겠어요?

통합창원시의 미래는 밝다

이쯤 되니 예전의 마산과 진해를 어떻게 불러야 하나 곰곰이 생각해보게 되네요. 마산시, 진해시라고 하자니 사라진 옛 이름이고, 마산회원구, 마산합포구, 진해구라고 부르려니 입에 익숙하지 않고요. 창원시도 옛 창원시를 이야기하는 건지, 통합창원시를 이야기하는 건지, 통합 후 거의 10년이 지났지만 시간도 메꾸지 못하는 심리적 간극이 아직 남아 있는 것 같아요.

1990년까지 마산 시민들은 현재와 같은 상태를 상상조차 못 했을 거예요. 1970년대 산업단지가 개발된 건 창원이 아닌 마산의 개발이었다고 모두 생각했거든요. 그런데 1983년도에 경남도청이 부산에서 창원시로 이

창원의 이름을 달고 있는 마산합포구청
(옛 마산시청)

전하게 돼요. 물론 창원의 성장과 더불어 마산도 1990년도까지는 인구가 늘어 50만 명이 넘어감으로써 회원구와 합포구가 생겼죠. 바야흐로 대도시로 가는 길목이라 생각했답니다. 하지만 창원의 급속한 성장은 마산시 인구의 흡수를 통해서 이루어졌어요. 2000년 마산시 인구는 40만 명 이하로 줄면서 10년 만에 구제가 폐지되죠. 2010년 통합창원시 출범 당시 창원의 인구가 50만, 마산이 40만 명이었어요. 그러니 통합 과정에서 큰 소리 한번 못 내보고 마산시의 이름은 마산회원구, 마산합포구에 붙어 명맥만 유지하게 됐죠.

마산시 지역은 인구만 급속히 줄어든 게 아니라 상권도 위축되면서 시내 중심가 상가가 점점 문을 닫고 말았어요. 경남 제일의 임대료와 권리금은 하염없이 추락하고 5곳이 넘던 백화점도 하나둘 없어지게 됐죠. 하지만 마산 시민들의 마음처럼 허해진 중심가 창동에 요즘 새바람이 분답니다. 앞에서 소개한 창동의 도시재생사업에 더해 옛 마산항을 향하던 임항선 철길을 따라 아름다운 걷기 길이 생겼기 때문이에요. 마산 임항선은 마산항으로 석탄이나 군수물자 등을 운반하던 화물전용 철길이었는데, 2011년 2월 폐

임항선 그린웨이

3·15의거탑

선됐거든요. 이에 창원시에서는 마산 구도심에 활력을 불어넣고자 철로를 그대로 두고 콘크리트 도심에 옛 추억을 고스란히 간직한 멋진 녹색길을 만들었답니다.

임항선 그린웨이 철길은 화려했던 마산항과 그 주변에 깊이 밴 삶의 애환을 들려줍니다. 그린웨이 출발지인 옛 마산세관 앞은 마산 가고파 국화 축제장으로 이용되고 있어요. 마산이 한때 국내 국화의 70%를 생산해서 일본으로 수출했다고 해요. 지금도 마산 외곽의 화훼단지에서는 국화를 많이 생산하고 있어 국화 축제도 열리죠. 이 출발지에는 한때 마산항 여객선터미널이 있었어요. 부산에서 목포까지 뱃길의 중간 기착지이면서 진해, 통영, 거제, 삼천포 등 연안 여객선의 집결지였지만 육로교통의 발달로 사라진 지 오래랍니다. 지금은 등대 모양의 탑과 노래비만 지나간 흔적을 말해주고 있을 뿐입니다.

아파트 단지가 끝나는 지점쯤에서 큰길을 건너면 '김주열 열사 시신 인양지'라는 표지석이 나와요. 1960년 3월 15일, 대통령 선거는 심각한 부정 선거로 마산에서 제일 먼저 저항이 일어났죠. 한데 4월 11일 마산 앞바다

몽고정

에서 10대로 추정되는 소년이 눈에 최루탄이 박힌 채 떠오른 거예요. 이에 시민들은 격분해서 2차 대규모 봉기로 이어졌고, 이는 4·19혁명의 도화선이 되었죠. 그린웨이를 걷다 보면 기념탑 등 3·15 마산의거의 현장을 만날 수 있습니다.

그린웨이는 경상남도 문화재자료 제82호인 몽고정(蒙古井)으로 향하게 됩니다. 고려와 몽고 연합군은 이곳 마산에 일본 정벌을 위한 진을 설치했는데, 그때 군사들에게 물을 공급하기 위해 만든 우물로 추정하고 있어요. 전에는 고려정이었는데 일제강점기에 몽고정으로 바뀌었다고 해요. 몽고정을 비롯해 마산의 물맛이 뛰어나 이후 일본인들은 마산에 수많은 양조공장을 세우게 됩니다. 그중 한 회사가 아직도 그 옆에 있는데 바로 간장으로 유명한 회사예요. 그린웨이를 사이에 두고 1960년 3월 15일 가장 치열했던 투쟁의 흔적도 있습니다. 총알 자국이 무학초등학교 담벼락에 아직도 남아 있고, 이를 기념하기 위해 몽고정 바로 옆에 3·15의거탑

가고파 꼬부랑 벽화마을

이 세워져 있죠.

탑에는 "저마다 뜨거운 가슴으로 민주의 깃발을 올리던 그날, 1960년 3월 15일! 더러는 독재의 총알에 꽃이슬이 되고 더러는 불구의 몸이 되었으나 우리들은 다하여 싸웠고 또한 싸워서 이겼다. 보라, 우리 모두 손잡고 외치던 의거의 거리에 우뚝 솟은 마산의 얼을. 이 고장 3월에 빗발친 자유와 민권의 존엄이 여기 영글었도다"라고 쓰여 있어요. 이 글만 봐도 민주화 과정에서 주인공으로 나선 마산 시민들의 자부심이 느껴지죠.

기념탑 뒤편으로 가면 마산이 낳은 세계적인 조각가 문신의 작품을 감상할 수 있는 창원시립 문신미술관이 있습니다. 또 항구마을의 달동네로 서민들의 애환이 골목마다 서려 있는 꼬부랑 벽화마을도 나오죠.

다시 그린웨이로 돌아오면 50년의 역사를 가진 신신예식장이 보이는데요, 영화 〈국제시장〉에도 등장하는 의미 있는 장소로 무료로 운영되는 예식장에서 예식을 올린 커플이 수천 쌍에 이른다고 해요. 이후 그린웨이는 옛 북마산역으로 향하는데 이곳에는 옛모습 그대로 북마산 역사가 복원되어 있고 쉼터도 만들어놓았습니다. 여기까지 걸어서 둘러보았다면 그린웨이를 알차게 경험한 것이 된답니다.

통합창원시에서는 세 도시를 진정으로 통합하기 위한 노력을 많이 하고 있습니다. 그중에서도 마산 구도심 재생을 위한 다각적인 사업들은 그린웨이를 걷다 보면 그 효과가 천천히 나타나고 있는 것을 느낄 수 있습니다. 아쉬운 점은 창원의 현재가 있도록 디딤돌이 되어준 마산과 진해의 근현대 유적들이 아직 빛을 보지 못하고 개발이라는 그늘에 가려져 있다는 사실입니다. 시민들의 관심과 노력으로 하나씩 복원되어 옛 영화를 되찾는 날이 빨리 오길 기대해봅니다. 🌱

도서·문헌·기사

- 《라이프 인 안산》, 2019.
- 《안산하모니》, Vol.66, 2019.
- 강길부, 《강길부의 울산 땅이름 이야기》, 도서출판 해든디앤피, 2007.
- 강신욱, 〈110년 전 충북도청 충주→충주 이전 왜?… "일제수탈정책"〉, 《뉴시스》, 2018.5.5.
- 강창숙 외, 《한국지리지 충청북도》, 충청북도, 2016.
- 강태우, 〈사통팔달의 요충지… 바이오·첨단기업 유치해 新산업도시로 진화〉, 《한국경제》, 2018.12.28.
- 강태우, 〈조길형 충주시장 "누구나 살고 싶어하는 명품도시 만들겠다"〉, 《한국경제》, 2018.12.28.
- 강태우, 〈대한민국 도시이야기-아산〉, 《한국경제신문》, 2018.11.2.
- 경기도문화재단, 《경기도 건축문화유산 제1권 전통민가 편》, 경기도문화재단, 2003.
- 고석태, 〈서충주 대표하는 랜드마크… 주변 산업용지에 현대모비스 등 입주 완료〉, 《조선일보》, 2019.2.28.
- 고양문화원, 《고양의 경의선 이야기》, 고양문화원 민속학 자료 시리즈 8, 2019.
- 고양문화원, 《고양의 한강 이야기》, 고양문화원 민속학 자료 시리즈 3, 2016.
- 고양문화원, 《벽제관 육각정 바로알리기 성과보고회 자료집》, 2019.
- 고양문화원, 《역사로 문화로 찾아가는 행주산성》, 고양문화원 민속학 자료 시리즈 2, 2015.
- 고양문화원, 《일산 신도시 30년 이야기》, 고양문화원 민속학 자료 시리즈 7, 2019.
- 고창교육지원청, 《교실 밖 교과서, 고창》, 2016.

- 고창군, 《한반도 첫수도 고창 100선 자랑거리》, 2019.
- 곽재구, 〈충주, 풍경과 삶이 어우러진 이상향〉, 《KOREANA》 제31권 2호, 2017.
- 국토지리정보원, 《대한민국 지도집 1》, 2017.
- 국토지리정보원, 《한국지명유래집 전라, 제주편》, 2010.
- 권기봉, 《서울을 거닐며 사라져가는 역사를 만나다》, 알마, 2008.
- 권동희, 《한국의 지형》, 한울아카데미, 2006.
- 권순응, 〈남한강의 문화지리와 로컬리티〉, 《어문연구학회》, 2019.
- 권혁재, 《한국지리-각 지방의 자연과 생활, 지방편》, 법문사, 1995.
- 길을 찾는 사람들, 《강원도 걷기 여행》, 황금시간, 2010.
- 김규환, 〈"봉평은 예나 지금이나 하얀 메밀꽃!"〉, 《오마이뉴스》, 2017. 3. 9.
- 김날일, 《수원을 걷는 건, 화성을 걷는 것이다》, 난다, 2018.
- 김대홍, 《마산 진해 창원-여행자를 위한 도시 인문학》, 가지, 2018.
- 김명연, 김은정, 〈근린환경 접근성은 공동주택가격에 영향을 미치는가?: 서울시 강남3구와 강북3구의 비교를 중심으로〉, 《한국지역개발학회지》 31(2), 2019.
- 김미영, 〈호텔과 강남의 탄생〉, 《서울학연구》 (62), 2016.
- 김미향, 〈강남 · 서초구 전철역 3개 이상인 동 65%…'교통이 기회이자 권력'〉, 《한겨레》, 2019. 8. 3.
- 김민수, 《한국 도시디자인 탐사》, 그린비, 2009.
- 김윤림, 〈서초구 내일 '프랑스 장터' 서래마을 은행나무공원서〉, 《문화일보》, 2013. 12. 13.
- 김일영, 〈유명한 여수, 알려지지 않은 여수 재생〉, 《국토》, 2019.
- 김정인, 〈[김정인 교수의 풍수칼럼]정조가 세운 계획도시, 수원의 풍수지리(1)〉, 《충청매일》, 2018. 6. 7.
- 김종경, 《김종경의 울산탐구》, 도서출판 푸른고래, 2010.
- 김진애, 《김진애의 우리도시 예찬》, 안그라픽스, 2003.
- 나주시 · 무등역사연구회, 《한국사 속의 나주》, 도서출판선인, 2018.
- 노규엽, 〈임금님과 양반들의 기력 보충해주던 민어 제철이 오고 있다!〉, 《여행스케치》, 2018. 6. 5.
- 동학농민혁명기념재단, 《녹두꽃》, 2019.

- 문철헌, 〈근대문화역사와 낭만 품은 항구도시 목포〉, 《광주매일신문》, 2019. 6. 17.
- 문화재청, 《이야기가 있는 문화유산 여행길 충청권》, 문화재청 활용정책과, 2013.
- 민병준 외, 《해설 대동여지도》, 진선출판사, 2018.
- 박경만, 〈'장항습지'가 '장항육지' 됐다〉, 《한겨레》, 2019. 1. 7.
- 박광춘, 〈충주 사과나무이야기길, '스트리트 갤러리' 운영〉, 《충청신문》, 2019. 9. 3.
- 박배균 외, 〈대치동의 지역지리2-대치동은 어떻게 대한민국의 사교육 1번지가 되었나?〉, 《한국지역지리학회 학술대회발표집》, 2017.
- 박배균, 장진범, 〈강남 만들기, 강남 따라하기와 한국의 도시 이데올로기〉, 《한국지역지리학회지》 22(2), 2016.
- 박배균, 황진태, 《강남 만들기, 강남 따라하기》, 동녘, 2017.
- 박상용, 강경민, 〈대한민국 도시이야기-천안〉, 《한국경제신문》, 2016. 6. 8.
- 박상준, 허희재, 《서울 이런 곳 와보셨나요? 100》, 한길사, 2008.
- 박세환, 〈동계올림픽을 통해 본 기후변화 이슈〉, 《코네틱리포트》, 2018.
- 박소현, 이금숙, 〈수도권 1기 신도시 지역산업의 성장과 고용효과의 변화 분석: 고양시와 성남시를 대상으로〉, 《한국경제지리학회지》 제20권 제1호, 2017.
- 박은경, 〈이주개발 新모델 농촌에서 문화예술마을로-충남 아산 '지중해마을'〉, 《신동아》, 2014.
- 박재환, 일상성-일상생활연구회, 《현대 울산인의 삶과 문화》, 울산학연구센터, 2006.
- 박정원, 〈[축제 따라 걷기 | 강릉단오제와 대관령옛길] 유네스코가 인정한 최고(最古)의 축제… 신사임당이 걸었던 최고(最高)의 옛길〉, 《월간 산》 524호, 2013. 6. 18.
- 박종국, 〈충주 시민단체, 사과나무 축제 중단 요구〉, 《연합신문》, 2019. 10. 15.
- 반영환, 최진연, 《한국의 성곽》, 대원사, 1995.
- 발레리 줄레조, 《아파트 공화국》, 후마니타스, 2007.
- 배성동, 《영남알프스 하늘억새길 둘레길》, 울산광역시 울주군, 2013.
- 백윤미, 〈속도내는 3기 신도시에 깊어지는 일산 한숨… "창릉 분양하면 다 죽는다"〉, 《조선비즈》, 2020. 3. 5.
- 백종연, 〈목포·명륜동·망상해변까지, 아이유 호텔에 체크인 해볼까?〉, 《중앙일보》, 2019. 8. 28.

- 변진경, 나경희, 〈사교육 1번지 대치동 아이들의 길밥 보고서〉, 《시사인 647호》, 2020. 2. 11.
- 변평섭, 〈아름다움에 감탄…슬픈 역사에 한탄〉, 《충청투데이》, 2020. 1. 2.
- 부산은행, 《울산, 역사향기를 찾아서》, 효민디앤피, 2008.
- 뿌리깊은나무, 《한국의 발견, 전라남도》, 뿌리깊은나무, 1988.
- 서울역사박물관, 《동대문 시장》, 2011.
- 서울역사박물관, 《명동 : 공간의 형성과 변화》, 2011.
- 서천석, 〈제51회 여수거북선축제, 밤바다를 수놓다〉, 《월간 주민자치》, 68호, 2017.
- 손석진, 〈경주관광종합개발 10개년 사업 (1)〉, 《서라벌신문》, 2013. 3. 12.
- 손석진, 〈경주관광종합개발 10개년 사업 (2)〉, 《서라벌신문》, 2013. 3. 20.
- 손석진, 〈경주관광종합개발 10개년 사업 (3)〉, 《서라벌신문》, 2013. 3. 26.
- 송규봉, 〈GIS Map으로 보는 서울시민의 산책 또는 보행〉, 《서울 타임스》, 2012. 2. 12.
- 송의호, 〈경주 월성은 800년 간 신라 왕궁터〉, 《중앙일보》, 2014. 9. 24.
- 신정일, 《신정일의 新택리지-전라도》, 타임북스, 2010.
- 안산시사편찬위원회, 《안산시사 1~10》, 안산시사편찬위원회, 2011.
- 야마모토 조호, 김선희, 양인실, 노상호, 이현경, 《명동 길거리 문화사》, 한국학중앙연구원출판부, 2019.
- 엄정훈, 《한국지리를 보다 2》, 리베르스쿨, 2016.
- 연갑수 외, 2008년 서울생활문화 자료조사 《강남 이야기로 보다》, 서울역사박물관, 2009.
- 울산광역시, 《울산을 한권에 담다》, 2017.
- 울산광역시, 《울산의 문화재》, 2009.
- 유경종, 〈고양 땅을 실핏줄처럼 적시는 79개 '생태하천'〉, 《고양신문》, 2019. 6. 21.
- 유경종, 〈뭇 생명의 천국 장항습지, '가시박'과 쓰레기로 덮인 죽음의 벨트로 추락〉, 《고양신문》, 2019. 1. 4.
- 유경종, 〈북한산 효자비부터 덕양산 진강정까지, 창릉천변에 저장된 역사의 흔적들〉, 《고양신문》, 2019. 7. 25.
- 유경종, 〈북한산에서 발원해 한강까지 이어지는 물길 · 바람길… 창릉천〉, 《고양신문》, 2019. 7. 19.

- 유경종, 〈역사와 추억이 같이 흐르는 아름다운 고양의 물줄기 '공릉천'〉, 《고양신문》, 2019. 7. 6.
- 유성운, 〈1조 더 들여 무안 경유…KTX가 'ㄷ자'로 휜다〉, 《중앙일보》, 2017. 12. 7.
- 유철상, 《서울여행 바이블》, 상상출판, 2012.
- 유현준, 《도시는 무엇으로 사는가》, 을유문화사, 2015.
- 유홍준, 《나의 문화유산답사기-남한강 편》, 창비, 2015.
- 윤재준, 전상천, 〈경기도에서 트레비분수를 찾다〉, 《경인일보》, 2012. 3. 12.
- 윤정중, 김은미, 〈우리나라 신도시의 인구 및 주거특성 변화 : 분당, 일산 등 1기 신도시를 중심으로〉, 《LHIJ》, 2014.
- 윤희철, 《그림 그리는 건축가의 서울 산책》, 이종, 2017.
- 이귀원, 〈역대 동계올림픽 개최지, 지구온난화로 30년후 재개최 어려워〉, 《연합뉴스》, 2018. 1. 12.
- 이규환, 서승제, 〈서울시 자치구간 지역격차에 관한 연구 : 강남 3구와 강북 3구의 비교〉, 《한국공공관리확보》 23(4), 2009.
- 이근희 외, 《아지트 인 서울》, 랜덤하우스코리아, 2009.
- 이기봉, 《고대도시 경주의 탄생》, 푸른역사, 2007.
- 이동영, 김주용, 신숙정, 〈일산 새도시 지역의 지질과 출토 토기의 분석〉, 《박물관기요》 9, 1993.
- 이사벨라 버드 비숍, 《한국과 그 이웃나라들》, 살림, 1994.
- 이영완, 〈[사이언스] 동계올림픽을 흔드는 손, 지구온난화〉, 《조선일보》, 2014. 2. 13.
- 이영희, 〈전통온천과 신설온천의 지질학적 특성 비교〉, 《대한지리학회지》 제42권 제6호, 2007.
- 이오영, 〈옛 건물로 충주비료공장을 추억하다〉, 《충청일보》, 2019. 10. 28.
- 이윤옥, 〈안창호가 '죄스럽다'던 그녀, 흔적을 찾아볼 수 없었다〉, 《오마이뉴스》, 2018. 8. 15.
- 이융조, 〈일산신도시 문화유적 발굴조사와 가와지볍씨발굴의 의미〉, 《고양600년 기념 학술세미나 자료집》, 2013.
- 이융조, 정종현, 〈가와지볍씨 인문학 강좌〉, 《고양 가와지볍씨 박물관 연구자료 5》,

2017.

- 이재언,《한국의 섬-전남 여수》, 아름다운 사람들, 2010.
- 이종화,〈수원 화성행궁권역의 공간구조 변화에 관한 연구〉, 2017.
- 이중환,《완역 정본 택리지》, 휴머니스트, 2018
- 이지효,〈'세계 最古' 소로리볍씨 박물관 건립 목소리〉,《중부매일》, 2019. 5. 27.
- 이창업, 이철영,《그리움이 묻어나는 울산의 옛길》, 울산학연구센터, 2009.
- 이출재, 천인호,〈상시미동에 의한 풍수명당의 실증분석과 시사점—아산 외암민속 마을을 중심으로〉,《한국부동산경영학회 통권19호》, 2019.
- 이한성,〈겸재는 웅어 보내고, 척재는 답시 쓰고〉,《CNB저널》, 2019. 11. 25.
- 이한성,〈산 권력에 저항한 추강이 낚싯대 드리운 곳〉,《CNB저널》, 2019. 12. 9.
- 이한성,〈행주산성의 '행(幸)'과 웅어 유래는?〉,《CNB저널》, 2019. 11. 11.
- 이한우,〈신라왕경 핵심유적 복원정비에 관한 특별법 제정〉,《울산신문》, 2019. 11. 20.
- 이현군,《옛 지도를 들고 서울을 걷다》, 청어람미디어, 2009.
- 이현군,《옛지도를 들고 우리 역사의 수도를 걷다》, 청어람미디어, 2012.
- 이현수,《이현수 교수의 서울사용설명서 2084》, 선북디자인, 2008.
- 임동헌,《강원도 고갯길 여행》, 송정문화사, 2009.
- 전라북도교육청,《동학농민혁명》, 2015.
- 전상봉,〈강남 부동산 불패의 서막, 말죽거리 신화〉,《오마이뉴스》, 2017. 7. 24.
- 전혜진 외,《여행의 달인-여수·순천》, 리더스하우스, 2012.
- 정구칠,〈충주 비내섬, 드라마·영화 촬영지로 인기〉,《중부매일》, 2016. 3. 30.
- 정만모,〈신도시 도시이미지의 형성요소가 도시환경 인지에 미치는 영향에 관한 연구 분당, 일산 신도시를 중심으로〉, 2008.
- 정명숙,〈앙코르 울산〉,《경상일보》, 2006.
- 정수열,〈강남의 경계 긋기〉,《대한지리학회지》 53(2), 2018.
- 정윤수,〈목포는 설움이다 이난영이다〉,《신동아》, 2015. 4. 27.
- 정태관,〈목포 경제 어둡게 하는 야간조명사업〉,《한겨레》, 2010. 3. 16.
- 정태관,〈목포 원도심 제대로 살리려면〉,《한겨레》, 2016. 5. 4.
- 주강현,《주강현의 관해기 3 동쪽바다》, 웅진지식하우스, 2006.

- 주영하 외,《사라져가는 우리의 오일장을 찾아서》, 민속원, 2003.
- 주영하, 전성현, 강재석,《사라져가는 우리의 오일장을 찾아서》, 민속원, 2003.
- 지성배,《여수 밤바다, 갈대정원 순천에 물들다》, 북스타, 2014.
- 지주형,〈강남 개발과 강남적 도시성의 형성〉,《한국지역지리학회지》22(2), 2016.
- 찰리 어셔,《찰리와 리즈의 서울 지하철 여행기》, 서울셀렉션, 2014.
- 채희천,〈역사지리체계로 본 충주 미륵리사지에 관한 연구〉, 충주대학교 산업대학원, 2002. 12.
- 최영재,〈지하수, 25도 넘으면 맹물도 온천〉,《시사저널》1584호, 2020.
- 최재용,《우리 땅 이야기》, 21세기북스, 2015.
- 최종필,〈신안 군청 42년만에 '내집 마련'〉,《서울신문》, 2011. 4. 26.
- 충주시,《충주 맛 여행》, 충주시 관광과, 2016.
- 충주시,《충주여행 30선》, 충주시 관광과, 2016.
- 충주시,《충주여행》, 충주시 관광과, 2015.
- 한국관광공사,《사시사철 주말여행 프로젝트》, 꿈의 지도, 2015.
- 한국문화유산답사회,《답사 여행의 길잡이 12 충북》, 돌베개, 1998.
- 한국문화유산답사회,《답사여행의 길잡이 7 경기남부와 남한강》, 돌베개, 1996.
- 한국문화유산답사회,《답사여행의 길잡이 2 경주》, 돌베개, 2005.
- 한다원, 이승욱,〈[신도시 30년]②일산은 '신도시'가 아니었다〉,《시사저널》, 2019. 11. 27.
- 한삼건,《울산 택리지》, 도서출판 종, 2011.
- 행정안전부,〈2018년 전국 온천 현황〉, 2018.
- 홍주표,〈충주 앙성면 비내섬, 미군 군사훈련지 이전되나〉,《충주신문》, 2019. 3. 24.
- 홍천수 외,《하루쯤 서울 산책》, 디스커버리미디어, 2017.
- 황진태,〈발전주의 도시 매트릭스의 구축〉,《한국지역지리학회지》22(2), 2016.
- 황진태, 강수영,〈대치동의 지역지리1 – 도시정치생태학의 측면에서 바라본 대치동의 정치-생태적 도시화〉,《한국지역지리학회 학술대회발표집》, 2017.

- 고양시 문화관광 http://www.goyang.go.kr/visitgoyang/index.asp
- 고양시청 www.goyang.go.kr
- 고창군청 http://www.gochang.go.kr
- 구글지도 https://www.google.com/maps
- 단원구청 홈페이지 www.ansan.go.kr/danwongu
- 문화재청 문화유산정보 http://www.cha.go.kr/korea/heritage
- 삼성전자 뉴스룸 https://news.samsung.com
- 상록구청 홈페이지 www.ansan.go.kr/sangnokgu
- 서울시설공단 http://www.sisul.or.kr
- 수원문화원 http://www.suwonsarang.com
- 수원시청 http://www.suwon.go.kr
- 아산시청 www.asan.go.kr
- 아산시청 공식 블로그 https://m.blog.naver.com/PostList.nhn?blogId=asanstory
- 안산시 외국인주민지원본부 https://global.ansan.go.kr
- 안산시청 홈페이지 www.ansan.go.kr
- 여행스케치 http://www.ktsketch.co.kr
- 정읍시청 http://www.jeongeup.go.kr
- 천안시청 www.cheonan.go.kr
- 천안시청 공식 블로그 https://m.blog.naver.com/PostList.nhn?blogId=fastcheonan
- 충주기업도시 http://www.nexpolis.com/nexpolis
- 충주시 블로그 https://blog.naver.com/goodchungju
- 충주시 홈페이지 https://www.chungju.go.kr
- 카카오지도 https://map.kakao.com
- 한국농수산식품유통공사 더술닷컴 https://thesool.com
- 한국향토문화전자대전 http://chungju.grandculture.net
- 행정안전부 국가기록원 http://www.archives.go.kr
- 기타 도서에 소개된 도시의 지자체 사이트들

지리쌤과 함께하는
우리나라 도시 여행 3

1판 1쇄 2020년 9월 15일 | 1판 3쇄 2023년 5월 15일

지은이 전국지리교사모임
펴낸이 윤혜준
편집장 구본근
지도 일러스트 최청운

펴낸곳 도서출판 폭스코너 | **출판등록** 제2015-000059호(2015년 3월 11일)
주소 서울시 마포구 대흥로6길 23 3층(우 04162)
전화 02-3291-3397 | **팩스** 02-3291-3338
이메일 foxcorner15@naver.com | **인스타그램** @foxcorner15

종이 일문지업(주) | **인쇄 · 제작** 수이북스

ⓒ전국지리교사모임, 2020

ISBN 979-11-87514-50-3 (03980)